“十三五”国家重点出版物出版规划项目
交通安全科学与技术学术著作丛书

三峡-葛洲坝梯级枢纽安全高效通航管理技术

齐俊麟 著

科学出版社
北京

内 容 简 介

三峡-葛洲坝梯级枢纽是长江经济带现代化综合立体交通走廊建设的重要组成部分。本书对通航调度、安全管控、通航保障、通航能力分析及评价等进行理论研究和方法探索。结合三峡-葛洲坝梯级枢纽的大型船闸、升船机、锚地、航道等通航基础设施的运维管理及其信息化建设，书中重点介绍通航调度组织技术、船舶过闸安全检查技术、船闸安全运行与监测技术、通航保障技术等，总结凝练成功经验、理论方法及技术成果，为数字化、智能化的长江黄金水道构筑提供有力的技术支持。

本书可供从事交通运输、航道工程、港口和水利工程研究的人员使用，也可供高等院校相关专业师生参考。

图书在版编目（CIP）数据

三峡-葛洲坝梯级枢纽安全高效通航管理技术/齐俊麟著. —北京：科学出版社，2023.12

（交通安全科学与技术学术著作丛书）

"十三五"国家重点出版物出版规划项目

ISBN 978-7-03-074337-4

Ⅰ. ①三… Ⅱ. ①齐… Ⅲ. ①三峡水利工程–通航–研究②葛洲坝–水利枢纽–通航–研究 Ⅳ. ①TV632

中国版本图书馆 CIP 数据核字（2022）第 240267 号

责任编辑：张艳芬 / 责任校对：崔向琳

责任印制：师艳茹 / 封面设计：无极书装

科 学 出 版 社 出版

北京东黄城根北街 16 号

邮政编码：100717

http://www.sciencep.com

北京九州迅驰传媒文化有限公司 印刷

科学出版社发行 各地新华书店经销

*

2023 年 12 月第 一 版 开本：720×1000 1/16

2023 年 12 月第一次印刷 印张：17 1/4

字数：348 000

定价：158.00 元

（如有印装质量问题，我社负责调换）

“交通安全科学与技术学术著作丛书”序

交通安全作为交通的永恒主题，已成为世界各国政府和人民普遍关注的重大问题，直接影响经济发展和社会和谐。提升我国交通安全水平，符合新时代人民日益增长的美好生活需要。

“交通安全科学与技术学术著作丛书”的出版体现了我国交通运输领域的科研工作者响应“交通强国”战略，把国家号召落实到交通安全科学研究实践和宣传教育中。丛书由科学出版社发起，我国交通运输领域知名专家学者联合撰写，入选首批“十三五”国家重点出版物出版规划项目。丛书汇聚了水路、道路、铁路及航空等交通安全领域的众多科研成果，从交通安全规划、安全管理、辅助驾驶、搜救装备、交通行为、安全评价等方面，系统论述我国交通安全领域的重大技术发展，将有效促进交通运输工程、船舶与海洋工程、汽车工程、计算机科学技术和安全科学工程等相关学科的融合与发展。

丛书的策划、组织、编写和出版得到了作者和编委会的积极响应，以及各界专家的关怀和支持。特别是，丛书得到了吴有生院士、范维澄院士、翟婉明院士、丁荣军院士、李骏院士和郑健龙院士的指导和鼓励，在此表示由衷的感谢！科学出版社魏英杰编审为此丛书的选题、策划、申报和出版做了许多烦琐而富有成效的工作，特表谢意。

交通安全科学与技术是一个应用性很强的方向，得益于国家对交通安全技术的持续资金投入和政策支持，丛书结合 973 计划、863 计划和国家自然科学基金、国家支撑计划、重点研发任务专项等国家和省部级科研成果，是作者在长期科学研究和实践中通过不断探索撰写而成的，汇聚了我国交通安全领域最新的研究成果和发展动态。

我深信这套丛书的出版，必将推动我国交通安全科学与技术研究工作的深入开展，在技术创新、人才培养、安全教育和工程应用等方面发挥积极的作用。

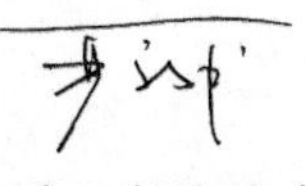

中国工程院院士

武汉理工大学交通运输工程学科首席教授

国家水运安全工程技术研究中心主任

序

鉴于水路运输成本低、能耗小、污染少，发展水运不但能有力支撑国家重大战略实施，而且顺应中国经济高质量发展的需要，符合建设资源节约型和环境友好型社会的要求。梯级枢纽是提高内河航道等级、降低航运成本的重要基础设施，是内河航运的关键节点，其安全高效的运营将直接关系到内河航运畅通和沿江经济发展，其战略地位在构建“双循环”新发展格局的背景下尤为重要。

长江是横贯我国东西的水运大动脉，素有“黄金水道”之称。三峡大坝和葛洲坝两座大坝横卧大江，相距仅仅38公里。2003年6月16日，三峡船闸试通航，设计通过能力双向1亿t。两坝船闸及升船机与坝上库区航道、两坝间急流航道和坝下天然航道，共同构成通航环境极其复杂多变的三峡-葛洲坝梯级通航枢纽。其中，世界上规模最大、连续级数最多的三峡船闸和提升重量最大、技术最为复杂的三峡升船机是名副其实的“大国重器”，保障三峡-葛洲坝梯级枢纽安全高效通航必须克服若干重大挑战。

该书针对内河梯级枢纽通航领域共性问题，系统阐述了通航管控理论、通航调度组织、通航能力评估、联合通航调度、过闸安全检查、船闸安全监测与安全运行、船闸快速检修、航道数字化运维、通航锚地及航道配套设施建设、通航安全一体化在线监管等内容。绝大部分内容来自作者团队在运营、管理三峡-葛洲坝梯级枢纽的创新实践，可以说是多年技术创新的系统总结，旨在构建一套集理论方法、核心技术及支持平台于一体的管控保障体系。该书的创新成果都经过了实践的充分验证，效果十分显著，开创了国内外对梯级枢纽安全高效通航管理开展系统研究的先河。通航初期，三峡-葛洲坝梯级枢纽过坝运量只有3460万t，随着成果的不断应用，2011年过坝运量首次突破1亿t，提前19年达到设计通过能力。2021年过坝运量进一步达到1.5亿t，超过规划通航运量的50%，实现了从“用好-管好”到“好用-好管”、从“赋职”到“赋能”的嬗变，促进了长江中上游经济的快速发展。同时，三峡-葛洲坝梯级枢纽也成为长江黄金水道上的白金河段。

该书填补了国内外梯级枢纽通航领域的空白，对国内外梯级枢纽通航管理具有很好的借鉴意义。相信该书的出版有助于提高我国各梯级枢纽的通航安全性和通航效率，促进我国水运事业的高质量发展。

金东寒

中国工程院院士

2022 年 8 月 27 日

前　言

内河航运是国家综合立体交通运输体系的重要组成部分。作为横贯东西水运大动脉的长江航运，占内河运量80%以上，是长江经济带高质量发展的关键所在。葛洲坝三座船闸、三峡双线五级船闸、升船机及其枢纽航道构成的梯级通航枢纽，极大地改善了长江中上游航道条件，是长江黄金水道的咽喉要津，在长江经济带中的战略地位尤为突出。长江三峡通航管理局作为主管长江三峡河段通航业务的专门机构，肩负长江三峡河段的安全管理、海事监管、航道维护、调度指挥、锚地管理、通信信息保障、船闸及升船机运行维护等航运管理职能，为三峡-葛洲坝梯级枢纽的日常运维提供保障。

葛洲坝水利枢纽通航四十多年、三峡水利枢纽通航二十多年来。长江三峡通航管理局通过多项科研项目技术攻关，积极采用现代信息技术、创新提出通航新理论、不断提升管理水平、持续挖掘通航潜力、保障枢纽安全畅通，取得了丰硕成果，研发形成多项行业技术标准、管理标准、技术发明专利等，培养了诸多内河通航管理技术人才，从理论方法创建、关键技术突破、系统平台研发等方面实现了三峡-葛洲坝梯级枢纽运行控制最优化、联合调度智能化、船闸检修快速化、安全管控立体化，为内河高效安全通航提供了理论技术支撑，为建设“东西畅通、南北辐射、有效覆盖、立体互联”的长江经济带现代化综合立体交通走廊提供了航运支持。

依靠最新科技发展，不断提高三峡河段船舶过闸效率和水域安全性，高效发挥三峡-葛洲坝梯级枢纽水上物流通道作用，让三峡-葛洲坝梯级枢纽从“用好-管好”到“好用-好管”，实现从“赋职”到“赋能”的嬗变。本书第1～5章聚焦三峡-葛洲坝梯级枢纽高效通航，涉及三峡-葛洲坝梯级枢纽通航管控理论、梯级枢纽通航匹配运行调度组织方法、三峡-葛洲坝梯级枢纽通航能力分析、梯级枢纽通航调度技术及平台等。第6～8章聚焦三峡-葛洲坝梯级枢纽安全通航，涉及船舶过闸安全检查技术及系统、船闸水工建筑物和设备运行安全监测技术及系统、高水头连续船闸安全运行技术及系统等。第9～12章聚焦三峡-葛洲坝梯级枢纽通航保障，涉及枢纽航道维护、三峡梯级枢纽通航锚地及航运配套设施、梯级枢纽通航安全一体化在线监管信息平台、枢纽通航现代化管理综合评价方法等。

本书的相关成果得到国家自然科学基金面上项目(71874132)的资助。在本书撰写过程中，长江三峡通航管理局李然、王光平、金锋、张勇、张红、南航、侯国佼、陈国仿、郑琴霞、邹静、熊锦玲、王婷婷、潘诚，以及武汉理工大学的张煜、范世东、田宏伟、刘梦兰等，贡献了他们的智慧，在此一并表示感谢。

限于作者水平，书中难免存在不妥之处，恳请读者指正。

作　者

目　录

第1章 绪 论

1.1 内河及长江航运在国家战略中的地位

1. 加快发展内河及长江航运已经上升为国家战略

我国内河航运资源丰富，其中流域面积在100平方公里以上的河流有5万多条，河流总长43万公里，具有发展水运的优越条件。2013年年底，我国内河航道通航里程为12.5万公里，位居世界第一，内河航道主要分布在长江、珠江、黑龙江、淮河水系。这些航道承载着约占社会货运总量11%和货物周转总量47%的货运量。

内河水运具有运能大、占地少、能耗低等优势，加快发展内河水运，实现水运与公路、铁路、航空、管道等运输方式的有机衔接，发挥各种运输方式的比较优势和组合效益，有利于优化交通运输结构，降低社会综合物流成本，转变交通运输发展方式，增强国防交通功能，构建现代综合运输体系。

大力发展内河水运有利于加快降低能源资源消耗，发展低碳经济，减少污染物排放，符合建设资源节约型、环境友好型社会的总体要求，对于加快转变经济发展方式具有重要的现实意义。

2011年，《关于加快长江等内河水运发展的意见》(国发〔2011〕2号)印发，标志着发展长江等内河水运上升为国家战略。2014年，《关于依托黄金水道推动长江经济带发展的指导意见》(国发〔2014〕39号)印发，明确了长江黄金水道是长江经济带发展重要依托和沿江综合立体交通走廊的主骨架。2016年，《长江经济带发展规划纲要》出台，规划了长江黄金水道功能的宏伟蓝图。2019年，《交通运输部关于推进长江航运高质量发展的意见》(交水发〔2019〕87号)指出，到2035年建成长江航运高质量发展体系，长江航运发展水平进入世界内河先进行列，在综合运输体系中的优势和作用充分发挥，为长江经济带提供坚实支撑。2019年，《交通强国建设纲要》印发，要求到2035年基本建成交通强国，到21世纪中叶全面建成人民满意、保障有力、世界前列的交通强国。

2. 长江航运在内河水运中的战略地位

长江是世界上通航里程最长的河流，通航总里程7万余公里，约占全国内河通航里程的70%，年运量约占内河运量80%。长江干线是我国内河水上交通运输的大动脉，素有“黄金水道”之称。70年来，长江干线货物通过量由改革开放之初的不到4000万t，增长到2018年的26.9亿t，连续多年稳居世界内河第一。

长江黄金水道的资源优势、经济优势、生态优势不断凸显，在国家战略中的主通道作用、综合立体交通走廊中的主骨架作用、沿江产业布局中的主支撑作用、多式联运中的主枢纽作用、生态文明建设中的主基调作用日益增强。

目前，长江黄金水道成为长江经济带的基本依托，连接“一带一路”的纽带。同时，以长江为主轴构建的与公路、铁路、航空、管道相衔接的沿江综合立体交通走廊，上海、武汉、重庆三大航运中心及沿江主要港口充分发挥了主枢纽作用。高效畅通便捷的长江航运，支撑了沿江经济社会的高速发展，集聚了近一半的全国500强企业。目前，沿江经济社会发展所需的约85%的铁矿石、83%的电煤和85%的外贸货物运输量(中上游地区达90%)主要依靠长江航运实现，对沿江经济发展做出巨大贡献。

1.2　梯级通航建筑物通航管理在内河航运中的作用

通航建筑物是航道的关键节点，其运行状况直接关系到航道畅通，影响经济的运行稳定。我国在“二横一纵十八线”内河水运网上建设了众多通航枢纽，每条河流上都建有通航建筑物。据不完全统计，全国共有通航建筑物1089座(船闸1041座，升船机48座)。2019年，全国水路货运量747225万t，约占货运总量的62.9%，其中绝大部分货物通过通航建筑物进行转运。

枢纽通航管理具体包括通航建筑物运行维护、通航调度指挥、通航安全监管、航道及配套设施保障、枢纽通航服务等。管理单位应当以现代化的管理理念为引导，运用标准化、规范化的管理方法，通过现代化装备和信息化技术等先进手段，对枢纽通航实施行政管理、公共服务与支持保障，实现枢纽通航管理的安全、畅通、和谐、高效运行，适应经济社会发展的需求。枢纽通航管理具体如下。

1. 通航管理体制机制

在枢纽通航管理体制建设方面，加强立法，完善通航管理体制；明晰枢纽通航建筑物事权范围，落实通航管理经费安排，保障枢纽通航管理的有效开展；完善涉水管理部门的利益协调体制，提高航运管理部门在枢纽管理上的话语权，促进水资源的综合利用，充分发挥枢纽综合效益，实现枢纽管理各方的协调发展。

在枢纽通航管理机制建设方面，建立枢纽通航协同管理模式。在充分发挥枢纽通航管理各相关专业优势的同时，集合枢纽通航管理资源，优化枢纽通航管理流程，实施高效联动，提高管理效率，建立与港口、船公司等服务对象的信息沟通反馈机制，有效开展服务。

2. 通航管理业务

在通航建筑物运行维护水平提升方面，加强通航建筑物管理制度建设。建立并完善通航建筑物运行管理制度，设备巡视、检查、检修、故障与缺陷管理制度，以及安全生产、消防安全、安全保卫管理制度，形成一套完备有效的通航建筑物运行维护管理制度体系，提高通航建筑物运行维护管理的规范化、标准化水平。加强通航建筑物运行维护标准建设，制定并完善通航建筑物设备设施运行操作、维护检修、安全检测等技术标准，规范通航建筑物设备设施的运行操作、故障处理、维护保养、修理改造和检测、监测等行为，保障通航建筑物的运行安全可靠。

在枢纽通航调度指挥水平提升方面，建立良好的通航环境信息采集通道，通过与专业部门建立信息沟通协调机制和信息技术手段的广泛使用，及时获取枢纽通航管理水文、气象等信息，以及采集航道、船闸运行、船舶流等信息，实现对通航信息的充分掌握，实时调度组织，提高枢纽通航调度指挥的有效性。

在枢纽通航安全监管水平提高方面，实施船舶远程可视化监控，有效掌握船舶航行、停泊、作业动态，提供助航和信息服务，及时纠正违章和危险行为。整合优化通航安全监管资源，实现远程监控与现场监管的有机结合。建立危险品船舶、特殊任务船舶、重点急运物资船舶等重点船舶的专项保障机制，全程跟踪重点保障船舶，保障其过闸过程处于可控状态。

在枢纽航道养护管理水平提高方面，建立航道养护管理体系，科学制定并严格落实养护计划，规范养护行为，重视航道及航道设施的日常养护、安全生产、基础资料收集和统计等工作，加快电子航道图推广应用，为航道管理提供决策和分析依据。同时，开展环保、节能航道养护装备研制，加强航道管理与养护技术创新，加大新材料、新能源、新光源的研究和推广应用力度，积极推动绿色航道发展。

3. 通航支持保障

在枢纽通航科研及信息化水平提升方面，建立枢纽通航技术研发团队和科技创新平台，研究通航建筑物运行维护、通航调度指挥、通航安全监管、航道及配套设施保障、枢纽通航服务等方面的关键技术，解决制约枢纽通航发展的技术难题，提高枢纽通航管理水平和保障能力。

在基础设施和装备水平强化方面，紧密结合经济、社会发展趋势，充分考虑航运发展前景，加强航道、船闸等通航设施的规划和建设，保证资金投入，优化高等级航道结构，适应通航需求发展并适度超前。加强通航建筑物检修装备配置，配备快速检修设备，研制检修专用工装，适应快速检修的要求。通航建筑物巡视检查工具与设备、设备设施状态检测、安全监测仪器与设备、快速检修设备及专用工装等齐全先进，能有效提高检修质量和效率。

在应急处置能力建设方面，制订应急处置预案，适时开展应急演练，实行远程监管和现场应急处置的有效联动，提高应急处置水平，及时发现并处置险情；建立健全水上安全事故救助社会化协作机制，有效开展事故救助；强化设备故障管理，建立设备故障分析制度，凝练设备运行故障排查处理方法，提高故障处置能力。

1.3 三峡-葛洲坝梯级枢纽通航管理的引领和示范作用

1. 创建综合管理模式

建立枢纽防洪、航运、发电等涉水行业较为有效的协调机制，建立海事、航道、公安及沿江港航企业的全线联动机制，建立地方政府牵头的应急搜救、综合治理、治安消防等协调工作机制。

实现辖区内海事、航道、通信、船闸、调度、锚地等部门的统一领导、统一调度、统一执法、统一协调、统一规划，以高度集中的综合管理为特点的管理模式运转高效，促进航运生产力发展，适应两坝特殊江段的管理。

2. 系列技术成果

在通航建筑物运行维护方面，先后编制完成《葛洲坝船闸运行操作规程》、《三峡船闸管理规程》、《三峡船闸运行维护规程》、《葛洲坝船闸检修规程》、《三峡船闸安全检测技术规程》、《三峡船闸检修规程》等制度规程；优化闸阀门启闭参数，缩短船闸运行过程中的输水时间和船闸开关门时间；增加“间歇开阀”运行工艺，抑制船闸输水过程中的空化声振；升级改造葛洲坝船闸集中控制系统，通过管控中心实现三座船闸的联动控制。

在调度指挥方面，制定《通航管理办法》、《三峡-葛洲坝水利枢纽通航调度规程》、《三峡船闸通航调度技术规程》等通航管理制度，明确调度原则、程序和调度方式。制定《三峡及葛洲坝水利枢纽船舶过坝申报管理办法》，规范船舶申报、违章处置等行为。制定《三峡通航诚信管理办法》，有效推进船舶诚实守信、安全营运，规范长江三峡河段通航管理秩序，营造良好通航环境。制定《三峡通航绿色通道管理制度》，开辟重点船舶过闸水上绿色通道，确保特种任务船舶、旅客、鲜活货、集装箱、商品车、电煤等重点物资的及时过坝。建设集成三峡-葛洲坝船舶综合监管系统、两坝枢纽船舶联合调度系统和远程申报系统，实现船舶调度由传统管理向现代服务的转型。通过现代化技术手段实现过闸船舶远程申报和精确定位、实时计划编制和动态调整、船舶计划和通航信息发送。推行船舶过闸各流程无缝衔接的链式调度，总结推广预排档、细排档、精排档的“罗静排档法”，实行船舶导航墙待闸、三峡船闸一闸室待闸、闸室间同步移泊等系列措施，减少船舶进闸和移泊时间，提高日均运行闸次。

在辖区安全监管方面，建立基于闭路电视监控(closed circuit television，CCTV)系统、船舶交通管理(vessel traffic service，VTS)系统、GPS(global positioning system，全球定位系统)、船舶自动识别系统(automatic identification system，AIS)等多种现代化手段的船舶监管系统，配套出台《长江三峡-葛洲坝VTS运行管理规则》，明确船舶过坝监管流程，实现对船舶的远程不间断监视，提升辖区水域的船舶交通监管水平。实行海巡艇重点水域驻守和巡航制度，维护辖区水上交通秩序，确保重点要害水域的安全畅通。对过闸船舶实施安全检查，整改隐患，杜绝船舶带“病”过闸。

在航道养护方面，设有仙人桥、太平溪、黄陵庙、南津关、石牌、庙咀6个航道工作站。严格按照《内河助航标志》、《内河助航标志的主要外形尺寸》、《内河航道维护技术规范》和《长江航道局航道维护管理工作规定》做好辖区59公里航道及航道设施的养护和管理工作。针对辖区航道特点，编制《航道业务指导手册》、《航标工作规定实施细则》、《航标维护现场管理规定》等，明确航道维护各项工作要求、工作流程，并通过量化考核确保各项制度得到贯彻落实。严格待闸船舶锚泊管理，实施普通船舶、危险品船舶分类分区锚泊，保持良好的待闸秩序。开发待闸船舶锚泊管理信息系统，优化锚地指泊流程，提高船舶指泊准确率。

1.4 三峡-葛洲坝梯级枢纽高效安全保障通航管理技术体系

1. 梯级枢纽通航管控理论与调度组织技术

梯级枢纽通航管控理论与调度组织技术包括梯级枢纽通航管控模型及其调控理论、安全态势评价理论、梯级枢纽通航能力分析及其匹配运行技术、梯级枢纽通航调度原则及其模型算法。

2. 梯级枢纽通航安全监管及运行监测技术

梯级枢纽通航安全监管及运行监测技术包括船舶过闸安检体系及支撑平台、水工建筑物安全监测技术及系统、船闸设备运行技术与安全监测技术及系统、大型船闸快速安全检修技术及系统。

3. 梯级枢纽通航保障技术

梯级枢纽通航保障技术包括枢纽航道维护技术、锚地及航运配套设施建设关键技术、通航安全一体化在线监管信息化平台、枢纽通航现代化管理综合评价方法。

第 2 章　三峡-葛洲坝梯级枢纽通航管控理论

2.1　梯级枢纽通航管控模型

三峡-葛洲坝梯级枢纽通航过程复杂，通航需求大、航道资源紧张、上下游通航水位变化快、通航作业环节多，同时伴有大风、大雾等特殊天气，对通航组织管理、调度、设备维护等形成巨大挑战。因此，需要构建智能化的管控模型，适应复杂多变的通航环境和管理需求，提升通航的安全性和效率。

基于智能化信息技术和智能决策理论方法，围绕通航过程中涉及的多环节、多主体及多基础设施设备等对象，形成集预测、运作、监控及响应为核心布局的智能化三峡-葛洲坝梯级枢纽通航智能管控模型(图 2-1)。

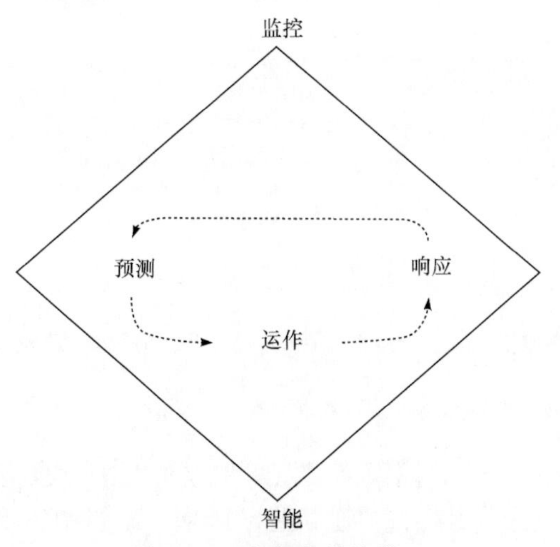

图 2-1　通航智能管控模型

管控模型以全程智能化监控为基础，对通航过程中各类船闸、升船机等设施设备，航道及相关设施，通航船舶、水文、气象等因素进行智能化监控，融合智能决策方法，对通航要素进行高效组织和调度优化，进行三峡-葛洲坝梯级枢纽的全流域分区分情况管控。同时，对于预计出现的通航环境及需求变化，进行科学预决策，构建智能化快速响应机制，提升反应速度和作业安全性，为智能预测和决策提供信息支持。

1. 基于全流程监控的通航调度和资源管理模型

三峡-葛洲坝梯级枢纽已建成包括高精定位、智能化视频识别、深度感知等多种监控手段和系统的智能化全流程监控平台，可以实时获取设施、设备、环境信息。基于上述实时状态信息，为了分析数据源，构建基于全流程监控的通航调度和资源管理模型(图 2-2)，对闸室、闸门、升船机、锚地、通航建筑物等状态进行准确采集和评估，对通航船舶位置、船速、吃水、状态等进行有效跟踪，对水文、气象及航道通行环境等进行及时准确测量，实现通航状态可视化、通航行为分析、通航安全检测与预警、通航资源动态组织。同时，可以实现通航预测与通航设施设备管理的联动，提升通航安全性和效率。

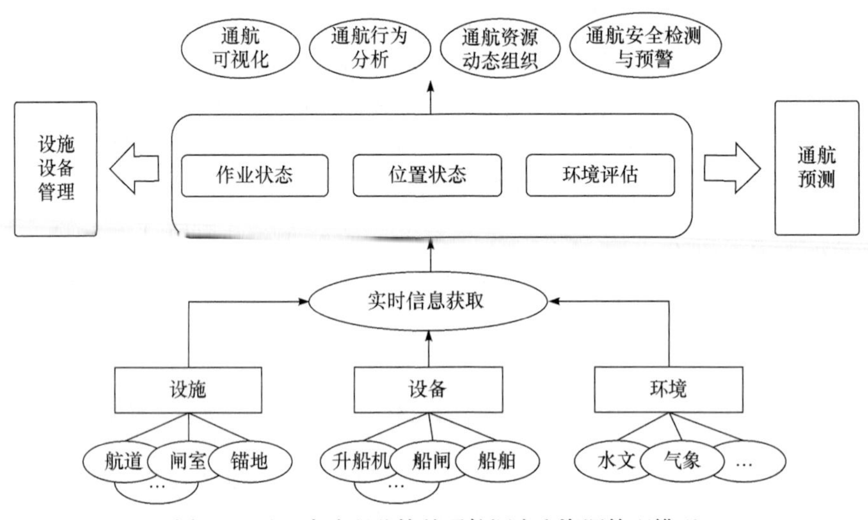

图 2-2 基于全流程监控的通航调度和资源管理模型

2. 数据驱动的通航数据智能预测模型

在通航过程中，三峡-葛洲坝梯级枢纽积累了大量与通航管理相关的高价值数据。通航中存在众多复杂的动态随机影响因素，如船舶到达情况、水文气象变化、设备状态动态检修、应急事件发生等，均对通航调度安全和效率有重要影响。基于通航历史数据并结合实时动态数据驱动，构建智能化预测模型，进行通航状态的预测和评估。该模型集成了深度学习、神经网络、时间序列等方法库，对通航需求变化、设备工作状态、环境变化趋势、通航安全进行多维度预测，可以实现时间维度和空间维度等不同角度的信息挖掘，获得可准确刻画通航关键因素的画像，可支撑通航运营管理、设备检修维护、资源组织、风险控制等计划制定和实施。

3. 智能通航运作管理及保障模型

通航管理需要对各项作业进行有效管控，控制风险，对紧急事件进行预案制定和实施，并高效利用各类资源，提升利用率，对设施设备运行进行安全保障。结合数据和业务流程，构建智能通航运作管理及保障模型，利用智能预测结果和通航实时信息，进行综合分析，通过信息服务平台，贯通整个运营环节，实现运营计划、调度计划、检修计划等制定和执行，形成科学化和智能化管理环境。以日常运作管理和维修保证管理为对象，结合动态监控及预测信息，对关键设备设施进行全面监控和组织优化，保证通航效率，降低风险。

4. 支持多环节作业协同的通航响应机制

梯级枢纽通航过程中需要多环节协同配合，才能最大化发挥船闸、升船机、航道等设备设施的最大能力。基于智能预测结果及运作管理计划，构建运作决策和快速响应保障模型(图 2-3)，进行锚地和航道协同、航道和闸室(船厢)协同、葛洲坝水利枢纽通航和三峡水利枢纽通航作业协同、上游-中间航道-下游通航管理协同等，形成一体化协同和管理。对于突发或者计划情况，通过多环节协调和配合，保证通航业务过程安全运行。

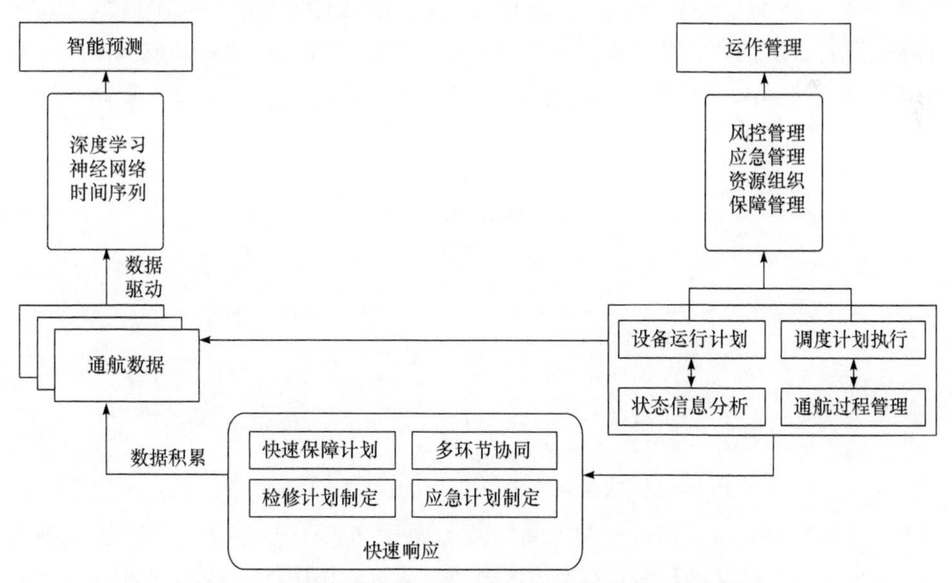

图 2-3　智能预测支持下的运作决策和快速响应保障模型

三峡-葛洲坝梯级枢纽可以进行船闸快速安全检修计划制定和实施，采用“预检预修、运修兼顾”的大型船闸检修组织模式，以及高水头船闸单边输水间歇开阀安全运行工艺，保证大型船闸设备、设施的运行和维护。结合检修计划和检修特点，可以进行高水头大型船闸重点设备设施检修方案快速生成，通过以大型船闸人字门同步升降装置为核心的快速检修专用装备及工法，保证船闸重点设备设施的安全。

5. 通航智能决策和优化及评价模型

考虑通航环节间业务关联及影响，综合分析航行、待闸、船型、船舶尺寸、时间约束等因素，构建三峡-葛洲坝梯级枢纽通航联合调度决策模型，采用智能优化算法进行求解。在关键的闸室空间利用难题中，结合智能算法与策略，构建同步进出闸室策略。针对管理活动进行行为评价，科学制定评价体系，对管控行为进行有效评价，不断提升服务水平。

综上，基于上述模型及理论，构建梯级枢纽通航调度平台，结合智能化信息技术进行全方位多环节的通航管控，能够实现梯级枢纽的安全和高效运作。

2.2　梯级枢纽船舶交通流密度分区安全调控理论

为方便船方选择适宜水域待闸，减少枢纽坝区船舶积压，我们提出通航调度管理水域分段调控策略，将三峡枢纽通航调度管理水域由原来 180km 的近坝水域调整为从云阳长江大桥至石首长江大桥的 540km 水域，并将通航调度管理水域按距离三峡-葛洲坝枢纽由近到远依次分为核心水域、近坝水域、控制水域、调度水域，如图 2-4 所示。

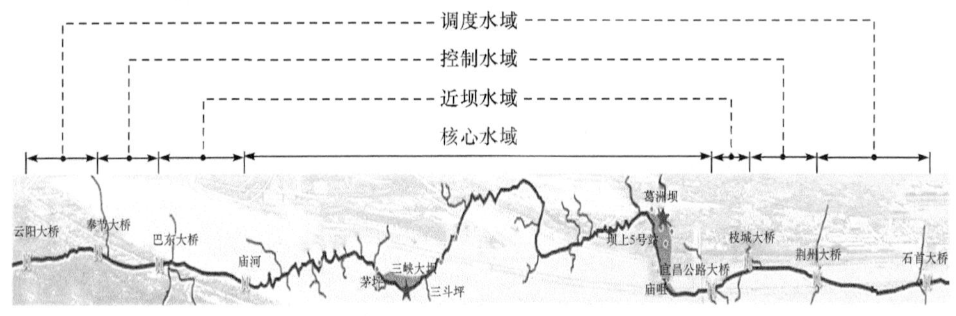

图 2-4　三峡-葛洲坝枢纽通航调度管理水域示意图

分段调控策略旨在通过控制不同分段水域内的船舶交通流量，使整体通航调度管理水域的船舶交通流密度保持相对均衡，从而减缓枢纽坝区船舶积压情况，保障船舶过坝的流畅性。分段调控策略实施后，过坝船舶在通航调度管理水域内的通航流程如图 2-5 所示。调度中心宏观调控通航调度管理水域的船舶交通流量，动态调节各分段水域的流量阈值，避免核心水域发生船舶积压情况。上下行过坝船舶在申报获得审核通过后，按照指令依次驶入调度水域、控制水域、近坝水域、核心水域。其中，过坝船舶在进入每一分段水域前，调度中心实时获取各分段水域的船舶交通流量值，并结合当前分段水域内的船舶交通流量情况下达指令。若当前分段水域内船舶交通流量未超过其流量阈值，允许过坝船舶进入该分段水域；否则，过坝船舶在原分段水域停留等待。

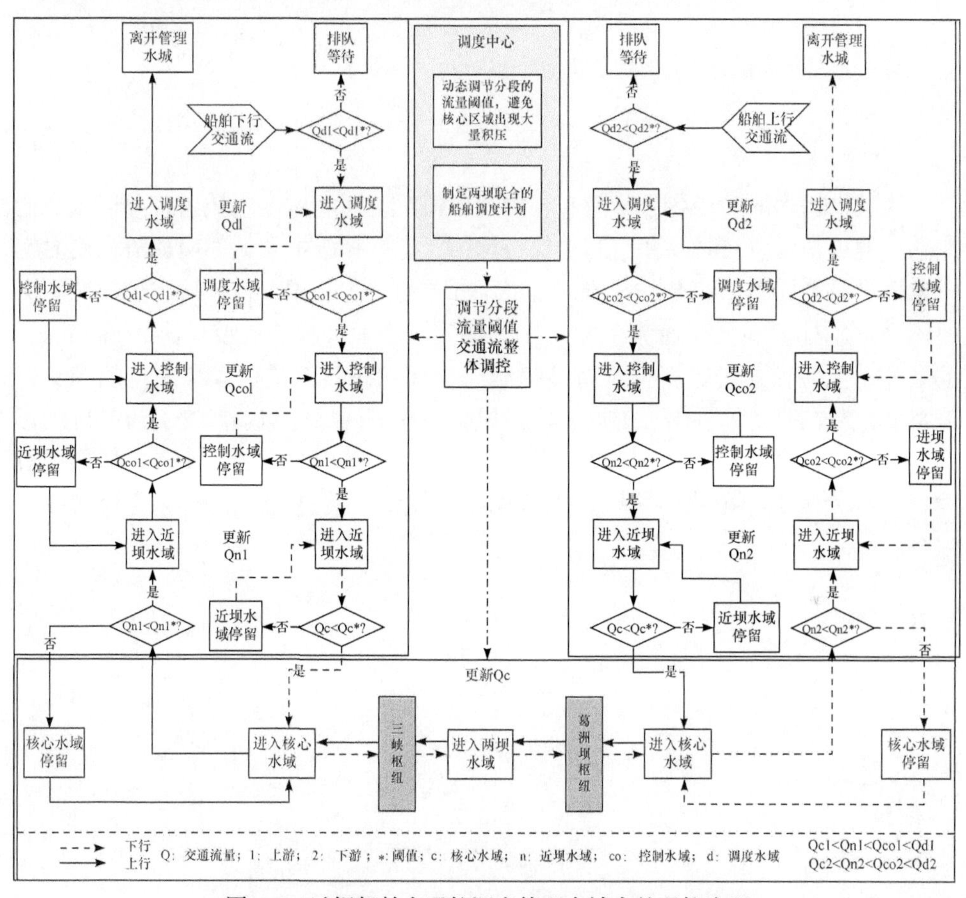

图 2-5　过坝船舶在通航调度管理水域内的通航流程

过坝船舶在通航调度管理水域内通行顺畅，取决于目标分段水域船舶交通流量情况。每一分段水域的船舶交通流量直接影响其前端分段水域的船舶交通流量控制决策。若不同分段水域间船舶交通流密度差异较大，则会加重船舶交通流的阻塞情况。因此，需从宏观层面整体调控各分段水域的船舶交通流量，使整个通航调度水域的船舶交通流密度维持在一个均衡的水平。

近坝水域、控制水域、调度水域各自包含两段水域，分别位于三峡-葛洲坝枢纽的上下游。因此，三峡-葛洲坝通航调度管理水域自上游至下游共包含 7 段水域。用 $W=\{w_1,w_2,\cdots,w_i,\cdots,w_n\}$ 和 $V=\{v_1,v_2,\cdots,v_i,\cdots,v_n\}$ 表示水域分段数量集

合，则水域内平均船舶交通流密度 q 可表示为

$$q = \frac{\sum_{i=1}^{n} v_i}{\sum_{i=1}^{n} w_i} \tag{2-1}$$

分段水域 i 内的平均船舶交通流密度 q_i 可表示为

$$q_i = \frac{v_i}{w_i} \tag{2-2}$$

为减少过坝船舶在各个分段水域的积压情况，通航调度水域内各分段水域的船舶交通流密度应在时间和空间上保持均衡状态。梯级枢纽船舶交通流密度时空一致性示意图如图 2-6 所示。在理想状态下，任意 t_i 时刻，各分段水域的船舶交通流密度均处于最大交通流密度 $q_{\max}$。在实际作业环境下，受诸多不确定因素的影响，船舶交通流密度很难持续控制为 $q_{\max}$ 状态，但是可以考虑将船舶交通流密度控制在一定范围内。为此，假设忽略船舶不同尺寸对船舶交通流密度的影响；分段水域内船舶交通流密度用平均船舶交通流密度来反映；不考虑船舶因故障在某一分段水域抛锚的情形；不考虑作业场景变更过程对船舶交通流密度的影响。

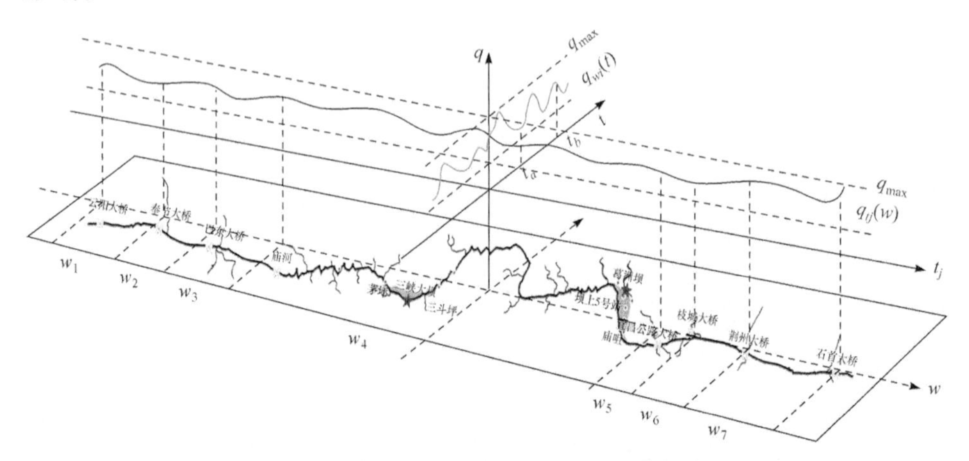

图 2-6　梯级枢纽船舶交通流密度时空一致性示意图

基于上述假设，分别从空间维度和时间维度上优化控制船舶交通流密度分布。在空间维度上，任意 t_j 时刻，通航调度管理水域的船舶交通流密度分布优化控制为

$$\min F_s = f_1 + f_2 \tag{2-3}$$

$$f_1 = \left[\frac{1}{n-1} \sum_{i=1}^{n} (q_i - q)^2 \right]^{\frac{1}{2}} \tag{2-4}$$

$$f_2 = q_{\max} - q \tag{2-5}$$

其中，f_1 反映各分段水域平均船舶交通流密度的均衡度；f_2 为通航调度管理水域平均船舶交通流密度与 $q_{\max}$ 的差值。

$$0 \leqslant q_i \leqslant q_{\max}, \quad i = 1,2,\cdots,n \tag{2-6}$$

在时间段(t_a,t_b)，各分段水域的平均船舶交通流密度随着时间推进在动态波动，其优化控制为

$$\min F_t = f_3 + f_4 \tag{2-7}$$

$$f_3 = \max q_{wi}(t) - \min q_{wi}(t), \quad t \in (t_a,t_b) \tag{2-8}$$

$$f_4 = q_{\max} - E(q_{wi}(t)), \quad t \in (t_a,t_b) \tag{2-9}$$

$$E(q_{wi}(t)) = \frac{1}{t_b - t_a} \int_{t_a}^{t_b} q_{wi}(t) \mathrm{d}t, \quad t \in (t_a,t_b) \tag{2-10}$$

其中，f_3 为 $q_{wi}(t)$ 在(t_a,t_b)上的极差；f_4 为 $q_{wi}(t)$ 在(t_a,t_b)上的期望值与 $q_{\max}$ 的差值。

$$0 \leqslant q_{wi}(t) \leqslant q_{\max} \tag{2-11}$$

在任意 t_j 时刻，令 $q_{tj}(w)$ 控制不同分段水域间的船舶交通流密度在一定范围内分布，通过协同调控、优化控制等方法，进一步提高 t_j 和 w_i 的波动下限，能够避免船舶积压，提升三峡-葛洲坝梯级枢纽通航效率。

通航调度管理水域内不同分段水域间的船舶交通流密度在空间和时间上的一致性，可以从宏观层面改善过坝船舶通航环境，提升水域内过坝船舶的通行效率，为提升三峡-葛洲坝枢纽的船舶过坝作业效率奠定基础。

2.3　梯级枢纽多级多线通航调度动态适配理论

2.3.1　梯级枢纽通航结构

三峡水利枢纽与葛洲坝水利枢纽相距 38km，具有很强的通航耦合性，是不可分割的梯级枢纽。图 2-7 所示为三峡-葛洲坝水利枢纽通航系统结构示意图。通常情况，三峡双线五级船闸为单向运行，北线船闸服务于上行过坝船舶，南线船

闸服务于下行过坝船舶；升船机为迎向运行，同时为上下行过坝船舶提供通航服务；葛洲坝船闸三线单级船闸(No.1～No.3)为迎向运行，其服务对象及换向时间根据具体调度计划设定。

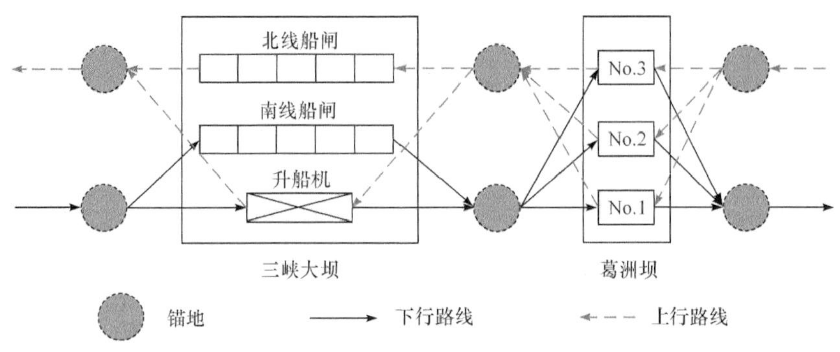

图 2-7　三峡-葛洲坝水利枢纽通航系统结构示意图

三峡水利枢纽位于长江上游里程 46.5km 处，双线五级船闸布置于长江河道左岸山脊与沟谷相间的凸岸缓坡地带，包括上游连接段、上游引航道、船闸、下引航道、下游连接段等部分。其中，上游引航道口门位于祠堂包左侧，上游引航道及其连接段长 3333.8m；下游引航道口门位于坝河口上游，下游引航道及其连接段长 4377.0m。三峡升船机是单线一级垂直提升式升船机，一次可通过一艘 3000t 的客货轮。三峡升船机作为船舶通过三峡大坝的快速通道，布置在三峡船闸右侧，在上下游引航道有一段与三峡船闸共用。三峡水利枢纽船闸布置示意图如图 2-8 所示。

图 2-8　三峡水利枢纽船闸布置示意图

葛洲坝水利枢纽位于长江三峡出口南津关下游 2.3km 处。船闸布置(图 2-9)

呈“一体两翼、两线三闸”的布置格局。葛洲坝船闸上引航道长 2.5km，下引航道 4.0km。其中，左线在河道凹岸，为三江航道和二、三号船闸；右线在河道凸岸，为大江航道和一号船闸。

图 2-9　葛洲坝水利枢纽船闸布置示意图

葛洲坝水利枢纽是三峡水利枢纽的航运反调节枢纽。为了规范三峡-葛洲坝水利枢纽的通航调度工作，保障船舶过坝安全、畅通、高效、有序，充分发挥三峡工程航运效益，提升长江黄金水道功能，根据《长江三峡水利枢纽安全保卫条例》、《长江三峡水利枢纽过闸船舶安全检查暂行办法》、《三峡(正常运行期)-葛洲坝水利枢纽梯级调度规程》、《三峡-葛洲坝枢纽河段通航管理办法》及有关法律法规，葛洲坝水利枢纽与三峡水利枢纽实行统一调度。葛洲坝水利枢纽与三峡水利枢纽交通组织实行以下基本原则，即“统一调度、联合运行”的调度方式，船舶过坝执行“一次申报、统一计划、分坝实施”的调度程序；安全第一、兼顾效率，重点优先、分类控制、先到先过、合理分流。

2.3.2　梯级枢纽多级多线通航调度动态适配运行

三峡-葛洲坝枢纽通航效率除受船舶交通流密度分布不均导致的船舶积压影响，更多地受两坝适配运行能力的影响。从近年来两坝通航数据来看，两坝船闸运行不匹配是客观存在的。两坝船闸运行不匹配是指两坝船闸受船舶交通流量、水文气象、船闸检修等多种因素影响，使两坝船闸运行失衡、作业效率降低等现象。所谓适配运行能力，就是采取通航调度技术、运行方式优化方法等克服各种影响因素，实现两坝船闸运行均衡、高效、衔接有序，达到通航效率最大化的能力。

三峡-葛洲坝枢纽通航调度适配运行问题属于协同调度问题。所谓协同，是指协调两个或者两个以上的不同资源或者个体，协同一致地完成某一目标的过程或能力。在三峡-葛洲坝枢纽通航调度问题中，协同即协调三峡-葛洲坝枢纽的船闸、升船机、锚地、引航道、导航墙和靠船墩等通航要素，目的是提升枢纽整体的通航效率和通过能力。

三峡-葛洲坝枢纽通航调度适配运行总体思路如图 2-10 所示。综合考虑三峡-葛洲坝船舶通航环境、通航要素的影响，针对三峡枢纽和葛洲坝枢纽的通航流程和调度计划，采用系统调度理论和调度优化方法寻求三峡-葛洲坝枢纽通航调度动态适配运行方案，追求枢纽两坝上行船舶交通流量偏差最小化、枢纽两坝下行船舶交通流量偏差最小化、船舶总驻留时间最小化，以及各分段水域船舶交通流量密度偏差最小化。

1. 三峡-葛洲坝船舶通航环境

三峡-葛洲坝枢纽船舶通航环境从水文角度按照水位、流量的不同，通常被划分为枯水期(含检修期)、汛期、中水期等三个经典作业场景；从气象角度，包含大风、大雾等特殊作业场景。不同的作业场景下，两坝枢纽间船舶交通流密度控制、各通航要素的船舶容量和作业要求不尽相同。作业场景的转换直接关系到两坝枢纽作业模式的动态调节。日常水文信息包括三峡入库流量、三峡出库流量、葛洲坝入库流量、葛洲坝出库流量及其水位。气象信息主要包括风力是否达到或超过 6 级，并持续 10min 以上和大雾碍航情况。编制计划时，要考虑因碍航而停航的区域，以及锚泊和在航的船舶。

2. 三峡-葛洲坝船舶通航要素

在通航调度过程中，两坝船舶通航要素之间的适配与否直接影响着梯级枢纽船舶过坝作业的流畅性。三峡-葛洲坝船舶通航要素及其属性和影响因素如图 2-11 所示。

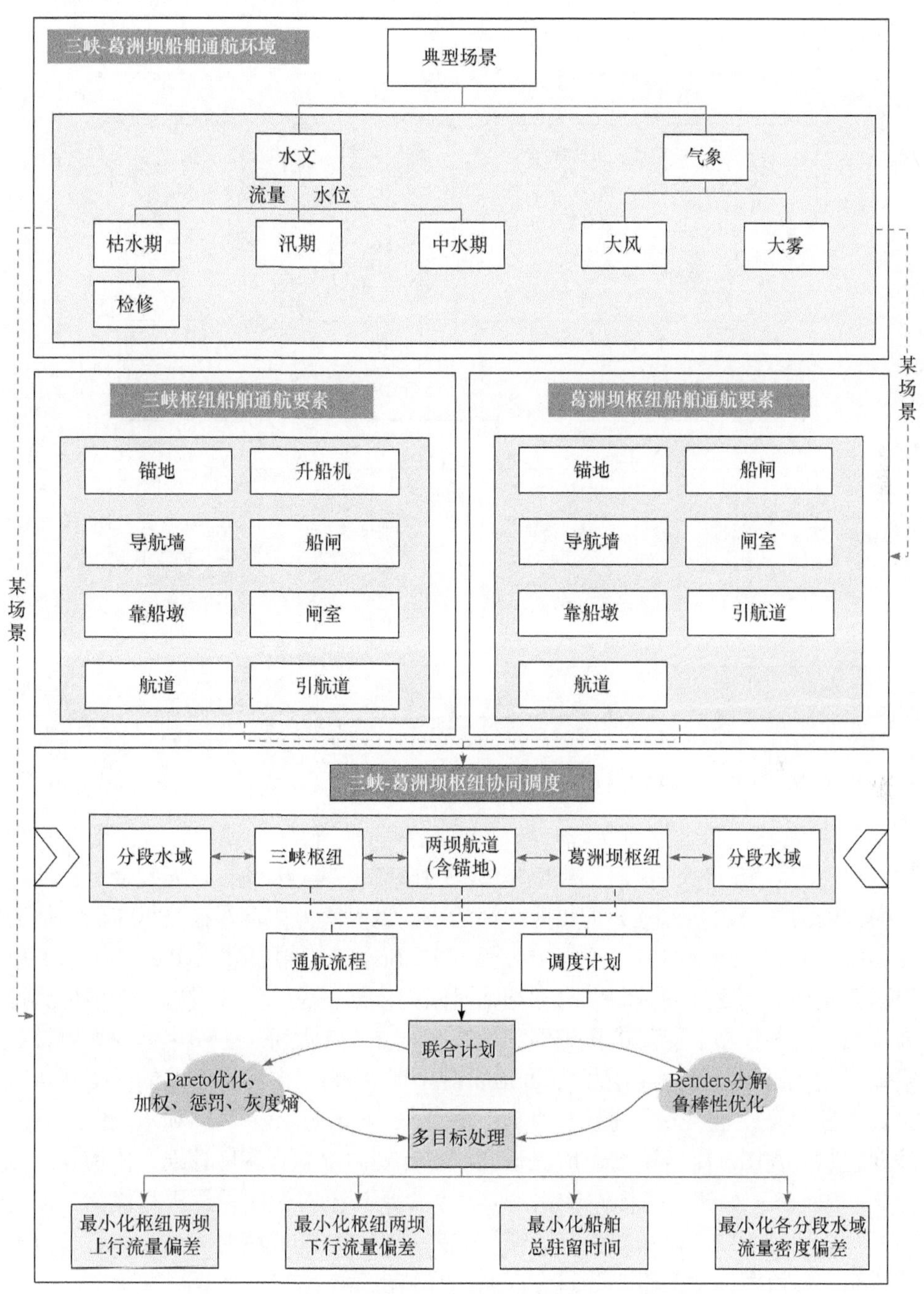

图 2-10　三峡-葛洲坝枢纽通航调度适配运行总体思路

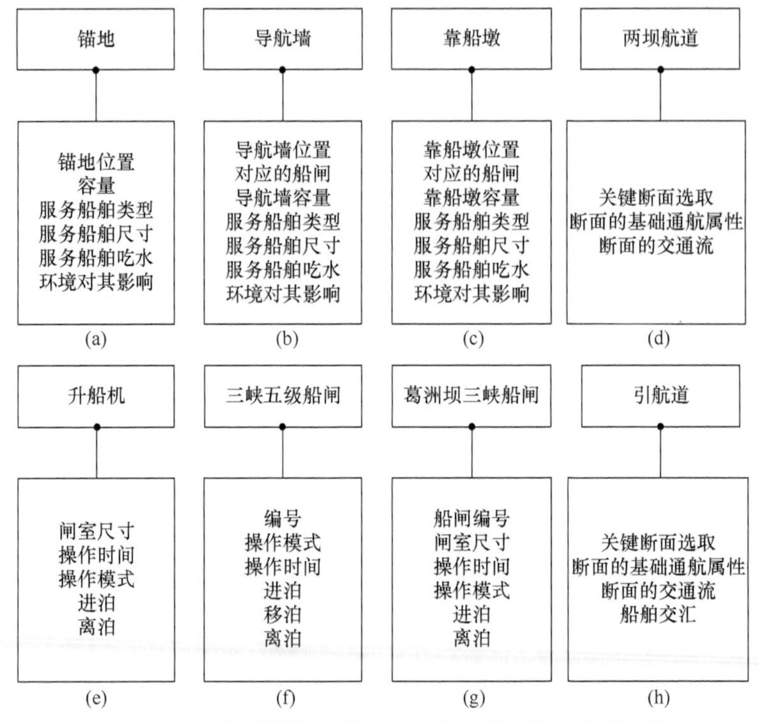

图 2-11　三峡-葛洲坝船舶通航要素及其属性和影响因素

3. 三峡-葛洲坝水利枢纽协同调度

三峡-葛洲坝梯级枢纽实行“统一调度、联合运行”的调度方式，船舶过坝执行“一次申报、统一计划、分坝实施”的调度程序。因此，在通航调度作业过程中，两坝的协同能力至关重要。两坝的协同调度能力体现在梯级枢纽的通航流程和调度计划的编制与实施流程中。图 2-12 所示为船舶通过三峡-葛洲坝水利枢纽通航流程。调度计划编制以船舶到锚时间为依据，长江干线设有船舶申报到锚确认线，葛洲坝坝下船舶申报到锚确认线在石首长江大桥，三峡坝上船舶申报到锚确认线在云阳长江大桥(可根据通航情况适时调整)，在确保重点的前提下执行先到先过和兼顾船闸效率的基本原则。图 2-13 所示为三峡-葛洲坝水利枢纽调度计划编制流程图。结合两坝通航流程和调度计划制定联合调度计划，采用 Pareto 优化、Benders 分解、鲁棒性优化，以及灰度熵理论对调度计划进行优化，以达到在每一运行方向上两坝船舶交通流量偏差最小、船舶驻留时间最小和各分段水域船舶交通流密度偏差最小等目标。

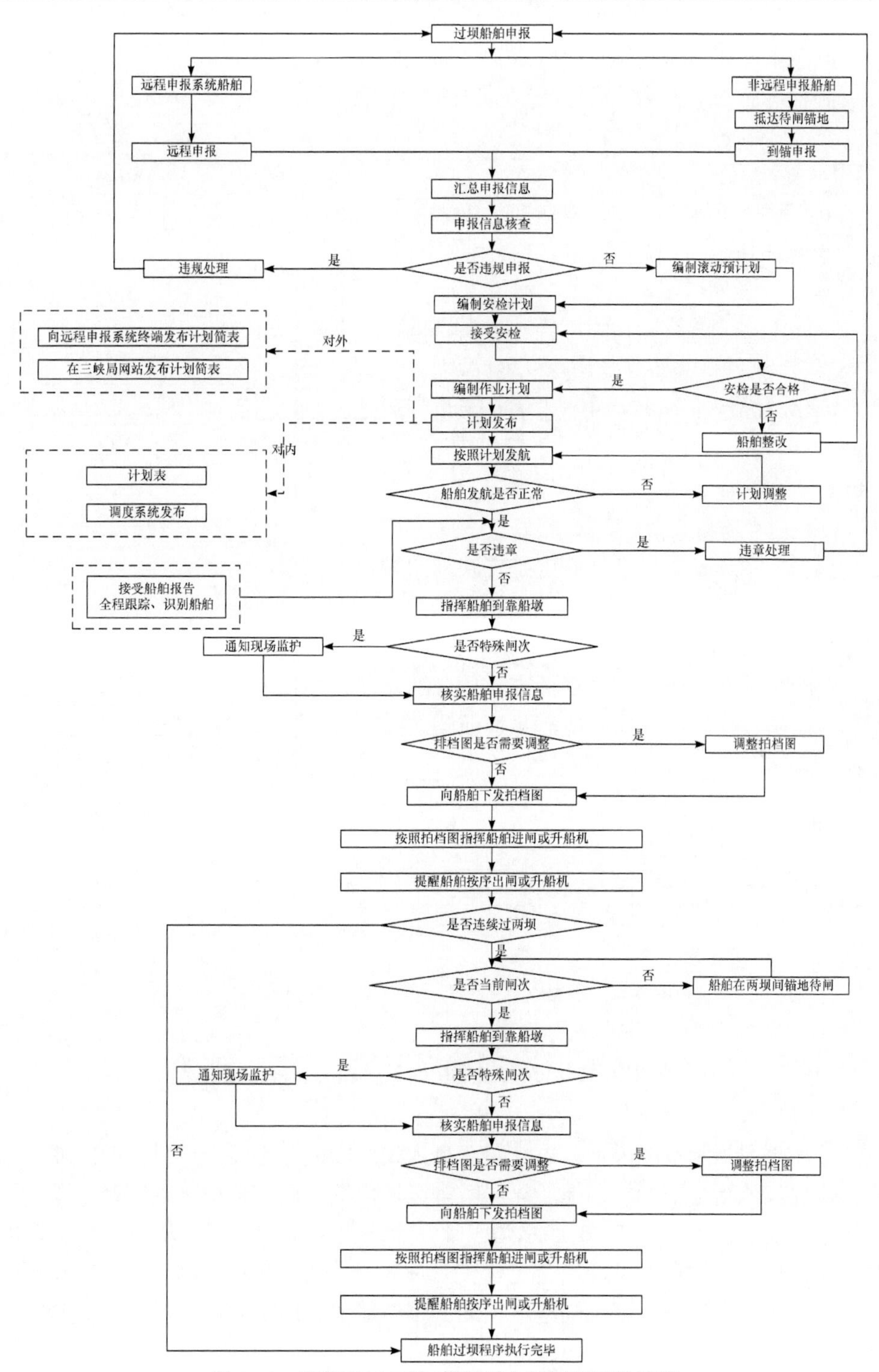

图 2-12　船舶通过三峡-葛洲坝水利枢纽通航流程

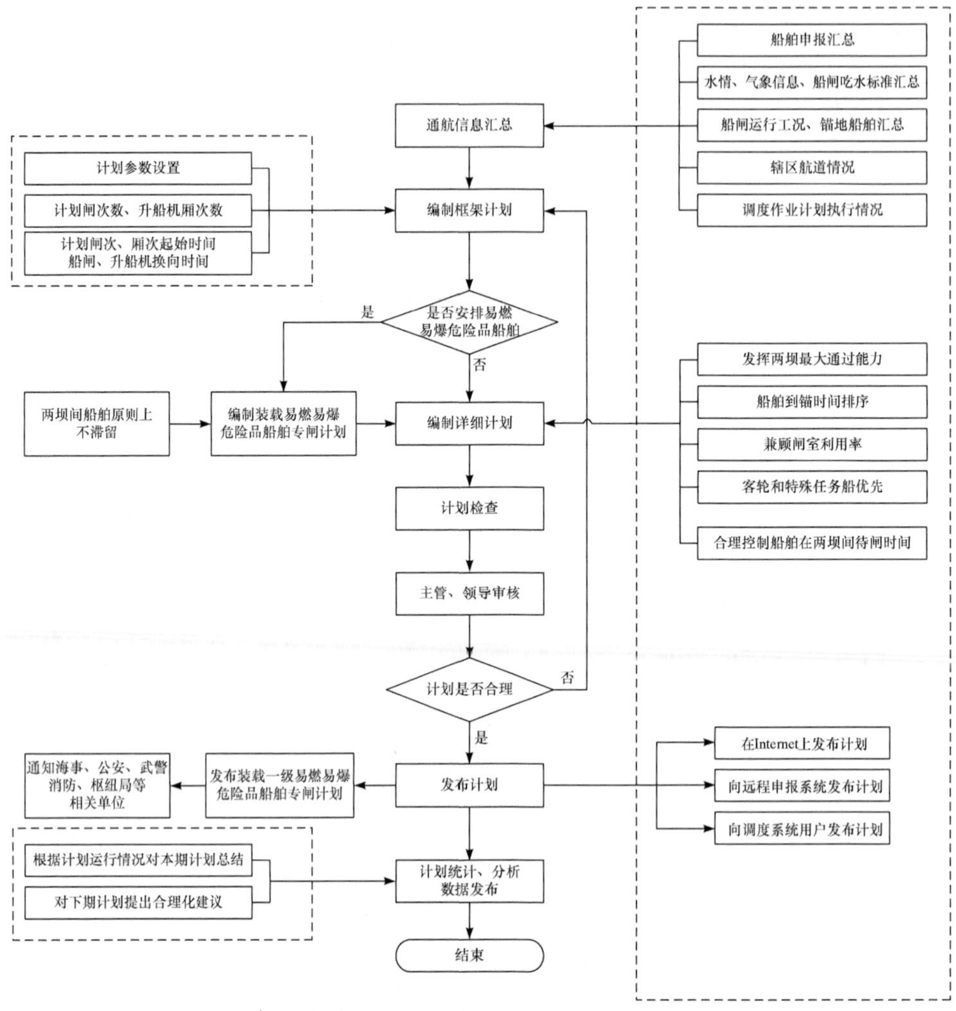

图 2-13　三峡-葛洲坝水利枢纽调度计划编制流程图

2.4　梯级枢纽通航调度链式组织理论

受限于船闸闸室的容量，过坝船舶进入枢纽坝区并不能直接进入船闸或升船机，需要按照指令在指定锚地、靠船墩等区域停泊待闸，待前一闸次船舶通过后根据指令发航进闸。图 2-14 所示为三峡-葛洲坝枢纽调度执行流程图。整个调度执行流程从通航信息汇总开始，包含实时掌握船舶的运行和待闸状态、发布船舶发航指令、调度计划调整、闸室排档图调整、船舶进闸控制，到最终完成船舶过闸任务结束。

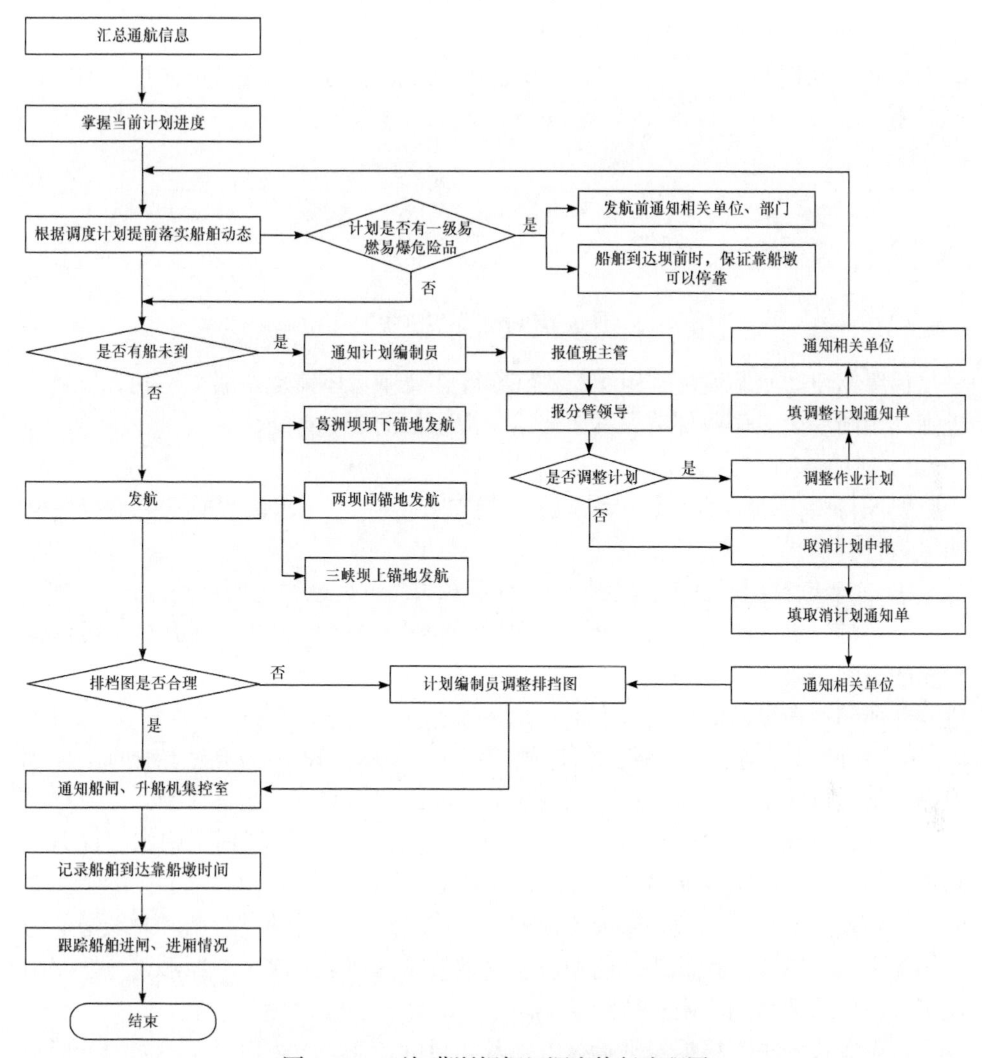

图 2-14　三峡-葛洲坝枢纽调度执行流程图

过坝船舶到达指定待闸区域后，如何将前一闸次船舶出闸、后一闸次船舶进闸、待闸船舶发航等作业灵活衔接起来，成为提高船闸(升船机)利用率的关键。“罗静排档法”是解决上述问题的有效途径，具体包含预排档、细排档、精排档等三个步骤。预排档就是综合考虑船舶航行计划、船舶操纵性能、通航环境等诸多因素，经科学运算和预测，做出最佳进闸顺序安排。细排档就是确定排档方式后，提前告知船舶具体进闸时间及靠泊位置，让船舶做到心中有数，进退有序。精排档就是在船舶正式进闸时，根据船舶实际、气象水文等情况细致指挥，引导船舶快速、安全过闸。

在“罗静排档法”的基础上，由点及线，将待闸区域、葛洲坝船闸、三峡船闸和升船机作为关键节点形成梯级枢纽通航调度链式组织结构(图 2-15)，不断动态优化、实时更新，进一步缩小节点之间的衔接间隙，提高船闸(升船机)作业效率。

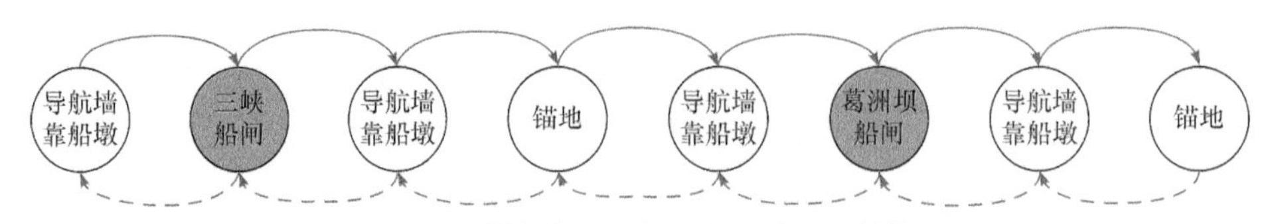

图 2-15　梯级枢纽通航调度链式组织结构

梯级枢纽通航调度链式组织结构在实际作业中具体体现在船舶待闸、发航、进闸和出闸等诸多作业环节。其链式组织流程如图 2-16 所示。

1) 船舶待闸

船舶待闸方式一般有靠船墩待闸、导航墙待闸、一闸室待闸(三峡五级船闸四级运行时)。

① 靠船墩待闸，是船舶最常规的待闸方式，也是最安全的待闸方式。

② 导航墙(或浮式导航墙)待闸，是在船闸同向运行时的待闸方式，可以减少船舶进闸距离 200～500m，缩短船舶进闸时间 10～15min。载运一级易燃易爆危险品船舶不在导航墙待闸。

③ 一闸室待闸，在三峡五级船闸四级运行时，可采取一闸室待闸(图 2-17)提高船闸运行效率。载运一级易燃易爆危险品船舶不实行一闸室待闸。

目前，三峡-葛洲坝枢纽坝区待闸区域主要分布于葛洲坝坝下中水门锚地、葛洲坝坝下一号船闸导航墙和三江下游靠船墩、葛洲坝二号和三号船闸的上游靠船墩、两坝间的平善锚地和乐天溪锚地、三峡船闸上下游的导航墙和靠船墩。一般锚地可以容纳 3 闸次的待闸船舶，靠船墩可以容纳 1 闸次待闸船舶，三峡船闸还可以在导航墙增加 1 闸次待闸船舶。

待闸方式的选择根据船闸运行方式及其闸口处空间大小而有所不同。若船闸为单向运行，三峡双线五级船闸下游闸口(图 2-18(a))处空间较大，则船舶可以在闸口处导航墙待闸；若船闸为迎向运行，三峡升船机下游闸口(图 2-18(b))处空间较小，为了不影响对向船舶的正常出闸，船舶需在距闸口稍远处的靠船墩、导航墙，以及锚地区域待闸[1]。

2) 船舶发航

(1) 发航方式

① 提前分散发航。根据船舶不同的待闸停泊地点，分别计算船舶航行抵靠靠船墩所需的时间，航行时间长的先发航，时间短的后发航。

② 集中发航。组织船舶发航时，根据船舶过坝计划作业及排档安排，将发

航船舶的靠泊顺序、位置及前后左右船舶一次性通知到位。

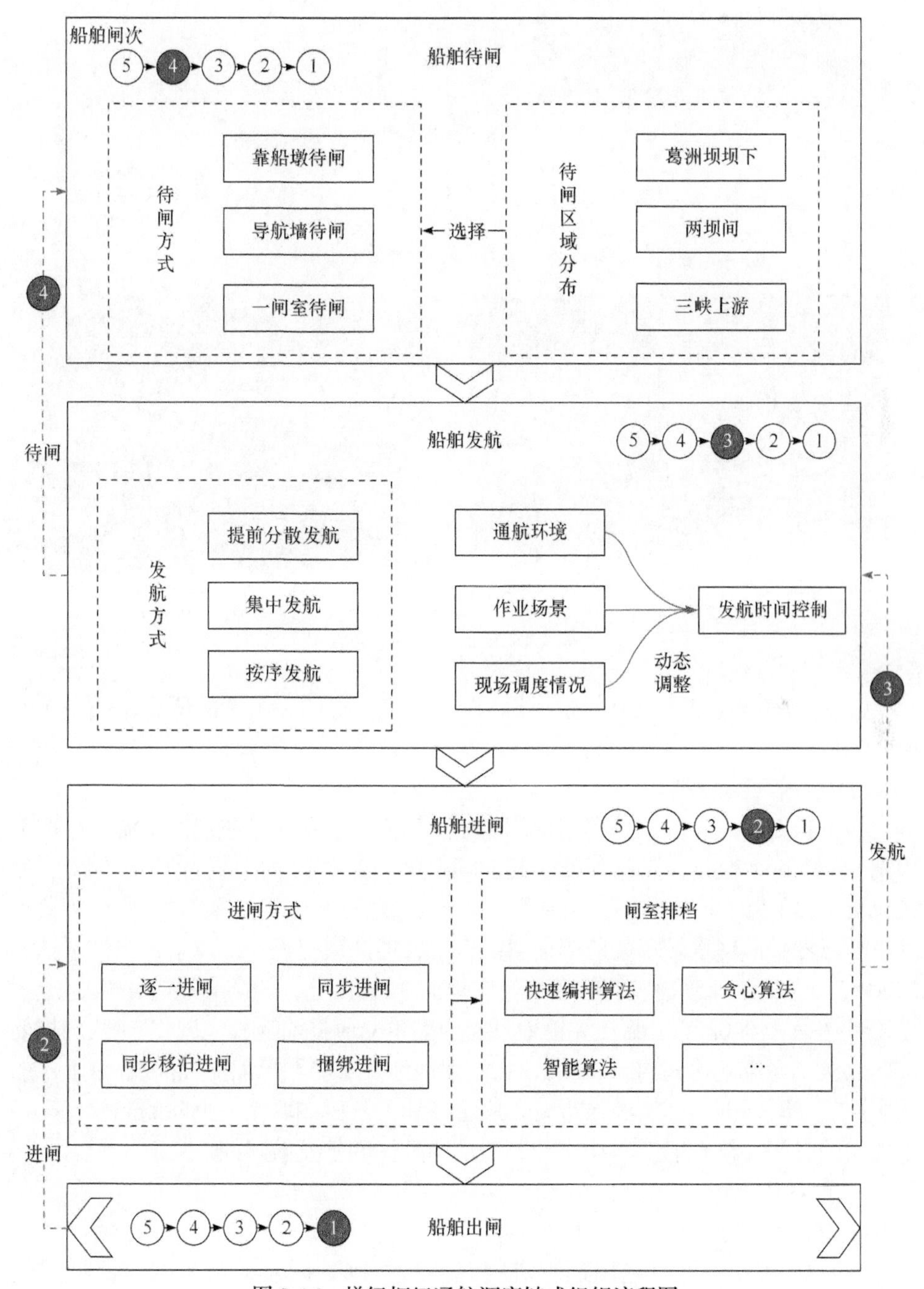

图 2-16　梯级枢纽通航调度链式组织流程图

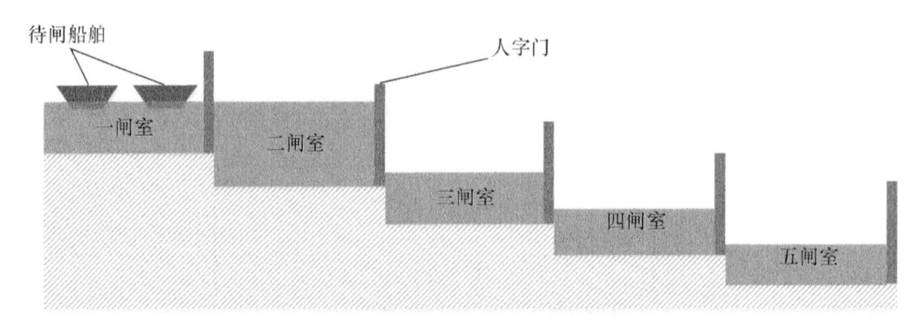

图 2-17　三峡五级船闸-闸室待用图

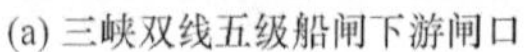

(a) 三峡双线五级船闸下游闸口

(b) 三峡升船机下游闸口

图 2-18　船闸闸口场景

③ 按序发航。按照船舶过坝计划作业安排，将同一闸次的所有船舶一次性通知到位。

(2) 发航时间控制

根据长期实践经验，枯水期待闸船舶从乐天溪锚地至三峡船闸下游靠船墩平均用时 40min。临江坪锚地发航至葛洲坝船闸下游水域单船应提前 3h 以上，船队应提前 4h 以上。在汛期，当葛洲坝出库流量达到 15000m^3/s 时，临江坪锚地发航至葛洲坝船闸水域单船应提前 3h 以上，船队应提前 4h 以上；当流量达到 25000m^3/s，临江坪锚地发航船舶单船应提前 3.5h 以上，船队应提前 4.5h 以上；当流量达到 35000m^3/s，临江坪锚地发航船舶单船应提前 4.5h 以上，船队应提前 5.5h 以上；当流量达到 40000m^3/s，临江坪锚地发航船舶单船应提前 5h 以上，船队应提前 6h 以上。在实际执行时，应主动和上行船舶联系，询问船舶航行至指定地点的时间，结合船型、功率和装载情况酌情调整发航时间。

3) 船舶进闸

(1) 进闸方式

船舶进闸方式可以选用逐一进闸、同步进闸、同步移泊进闸、捆绑进闸方式。

① 逐一进闸方式。船舶按照闸室排档图次序，在集控人员指挥下，依次进入闸室的一种方式，采用此方式安全保障系数较高，但是进闸耗时较长，效率较低。

② 同步进闸。同步进闸可以采取两种方式，当三峡船闸四级运行时，下一闸次计划船舶尾随当闸次船舶进闸，下一闸次计划船舶在一闸室待闸。同一闸次船舶(主要是单船)按照闸室南北墙顺序停靠，并排进闸。

③ 同步移泊进闸。在船闸单向运行时应用较多，实现相邻闸室间的船舶移动，同步移泊进闸应为船舶干舷高度基本一致的船舶，同步移泊进闸用时平均为17.5min，不同步移泊用时平均为28.5min。

④ 捆绑进闸。闸次计划船舶单元较多且船型大致相同时，可将船舶干舷高度相同的船舶组合在一起，捆绑进闸，以减少船舶单元和船舶进闸时间。这种进闸方式适宜小型船舶。

(2) 闸室排档

在对各船闸闸次安排时，要综合考虑船闸运行状况、当前计划进度和船舶申报等情况，根据危险品船舶的申报情况确定是否安排危险品闸次。闸室排档方法目前多采用快速编排算法、贪心算法和智能算法等。三峡船闸一般情况下是“北上南下”，三峡船闸计划安排时，先对客运船舶、任务船、滚装船和集装箱等优先船舶优先安排，然后对普通货运船舶按照到锚时间顺序依次安排。葛洲坝船闸除了要遵从三峡船闸的这些原则，还需注意三江吃水受限的船舶要安排在一号闸、客运船舶尽量安排在三号闸、仅通过葛洲坝船闸的船舶尽量安排在二号闸和三号闸、一号闸由下水换为上水时第一个闸次尽量不安排满载货运船舶。在安排每闸船舶计划过程中，闸室面积利用率要合适，船舶排档难度不能太大，尽量有多种排档顺序，可以减少每闸次运行时间。

4) 船舶出闸

船舶出闸的组织衔接是现场调度中最容易被忽视的一环。一般情况下，船闸集控在关门运行时，与下一闸次计划船舶联系，通知下一闸次进闸船舶的进闸顺序；当前闸次船舶尾船经过人字门时，通知下一闸次船舶进闸，当出闸尾船船首抵达闸门时，通知头船进闸。与此同时，计划执行人员通知同航向下一闸次船舶发航，并通知下一闸次船舶做好待闸准备。围绕上述流程，可实现从船舶待闸到船舶出闸作业的全过程无缝衔接。

第 3 章　梯级枢纽通航匹配运行调度组织方法

3.1　梯级枢纽主要通航技术参数

3.1.1　三峡船闸通航设施

三峡船闸是三峡水利枢纽的主要过坝设施，为双线五级船闸，最大运行水头 113m。两线船闸平行布置，中心线相距 94m。三峡船闸每线主体段由六个闸首和五个闸室组成，总长 1621m。闸室平面有效尺寸为 280m×34m×5m(长×宽×最小槛上水深)[2]。三峡船闸上、下游均设有导航墙和靠船墩。上游导航墙为浮式导航墙，全长 250m，下游导航墙为墩板式结构，全长 196m。上游南线靠船墩距闸前 580m，北线靠船墩距闸前 730m，各布置 9 个靠船墩，间距 25m。下游南北线靠船墩距闸前 730m，两侧各布置 9 个靠船墩，间距 25m。上游隔流堤全长 2674m，堤顶高程 150m，下游隔流堤全长 2722m。三峡南北线船闸上下游靠船墩，均可同时停靠 6～9 艘船舶，并靠宽度不得超过 50m。一般情况下，下行船舶靠南线上游靠船墩，上行船舶靠北线下游靠船墩。

1) 三峡船闸通航技术条件

① 上游最低通航水位 145.00m、上游最高通航水位 175.00m，下游最低通航水位 63.00m(保留降至 62.00m 的条件)，下游最高通航水位 73.80m。

② 闸室有效长度 280.00m、有效宽度 34.00m、槛上最小水深 5.00m、通航净空 18.00m。

③ 三峡船闸运行方式采用四级和五级运行方式。

④ 上游引航道总长 2113.0m、最小航宽 180.0m，下游引航道总长 2708.0m、最小航宽 180.0m、底高程 56.5m。

2) 三峡船闸、引航道的水流条件

① 闸室输水时纵向比降不大于 0.1%。

② 闸室内停泊条件为 4×3000t 船队的最大系缆力纵向不大于 5t，横向不大于 3t。

③ 引航道口门区纵向流速不大于 2.0m/s，横向流速不大于 0.3m/s，回流流速不大于 0.4m/s，涌浪高度不大于 0.5m。

④ 闸室内系缆设施的允许系缆力纵向不大于 8t，横向不大于 5t。

3) 船闸过闸安全技术要求

① 船闸通航最大风级为 6 级，通航能见度上行应大于 500.0m，下行应大于 1000.0m。

② 船舶通过三峡船闸和葛洲坝船闸，进闸航速不得超过 1.0m/s，出闸航速不得超过 1.4m/s，闸室间移泊航速不得超过 0.6m/s。

③ 船舶并排靠泊总宽度不得超过 50.0m。

3.1.2　葛洲坝船闸通航设施

葛洲坝一号闸位于葛洲坝枢纽大江航道，葛洲坝二、三号闸位于葛洲坝枢纽三江航道。葛洲坝大江航道建于葛洲坝枢纽航道右侧，其航道范围上起巷子口，下至卷桥河，上下总里程约 7.5km。葛洲坝闸三江引航道布置在枢纽左侧，上起王家沟，下至镇川门，是长江上第一条人工引航道，长 6.4km。葛洲坝船闸通航技术条件具体如下。

① 上游最低通航水位 63.00m(保留降至 62.00m 的条件)，最高通航水位 66.00m；下游最低通航水位 39.00m。葛洲坝二、三号船闸最高通航水位 54.50m，葛洲坝一号船闸最高通航水位 50.60m。

② 一号船闸有效长度 280.0m、有效宽度 34.0m、槛上最小水深 5.5m，二号船闸有效长度 280.0m、有效宽度 34.0m、槛上最小水深 5.0m，三号船闸有效长度 120.0m、有效宽度 18.0m、槛上最小水深 3.5m。

③ 一号船闸上游引航道总长 991.5m、航宽 160.0m，下游引航道总长 390.0m、最小航宽 140.0m、底高程 33.5m。二、三号船闸共用上下游引航道，上游引航道总长 2445.0m、航宽 180.0m，下游引航道总长 4000.0m、最小航宽 120.0m、底高程 34.5m。

④ 一号门槛高程 34.0m，二号门槛高程 34.5m，三号闸门槛高程 35.0m。

3.1.3　三峡升船机通航技术条件

三峡升船机布置在枢纽工程左岸，主要为客运船舶、货运船舶、特种船舶提供快速过坝通道，过船规模为 3000 吨级，提升总重量约 15500t，最大提升高度为 113m，是目前世界上规模和技术难度最大的垂直升船机。三峡升船机通航技术条件具体如下。

1) 船型船队

① 客货轮：84.5m×17.2m×2.65m(排水量 3000t)。

② 货驳单船：109.4m×14.0m×2.78m(排水量 1500t)。

③ 船舶允许速度：进厢速度 0.7m/s，出厢速度 0.5m/s。

④ 船舶系缆力：纵向 50kN，横向 30kN。

2) 升船机运行资料

年工作天数 335d，日工作时间 22h，设计寿命 50a。

3) 水位条件

① 上游水位 145～175m，下游水位 62～73.8m。

② 上游最大涌浪高 0.5m，下游最大水位变率 0.5m/h。

4) 风速及风载

① 建坝前多年最大风速 20m/s。

② 升船机运行最大风速 13.6m/s，设计基本风压 500Pa。

5) 地震烈度

基本地震烈度Ⅵ度，校核地震烈度Ⅶ度。

6) 船厢基本参数

① 船厢有效水域(长宽高)120m×18m×3.5m。

② 船厢外形尺寸(长宽高)132m×23.4m×10m。

③ 船厢干舷高 0.8m，通航净空 18m。

7) 驱动机构主要技术参数

最大提升高度 113m，最小提升高度 71.2m，船厢升降速度 0.2m/s，运行加速度±0.01m/s^2，事故制动减速度 0.04m/s^2，船厢最大允许误载水深±0.2m。

3.1.4　船闸及升船机设计通过能力参数

1) 三峡船闸及升船机设计通过能力有关参数

三峡船闸及升船机的设计通过能力有关参数如表 3-1 所示。

表 3-1　三峡船闸及升船机的设计通过能力有关参数

序号	内容	三峡船闸	升船机
1	一次过闸平均吨位/t	长航 12000 地航 3000	1500
2	载重利用系数(γ)	0.9	0.9
3	运量不均匀系数(β)	1.3	1.3
4	每年通航天数/d	335	335
5	每天平均运行时间/h	22	22
6	非载货运船舶舶过闸次数	0	—
7	单向过闸进闸及从一闸室进入另一闸室航行速度/(m/s)	0.6	0.5
8	单向过闸出闸速度/(m/s)	1	0.7
9	双向过闸进闸速度/(m/s)	0.8	0.7

续表

序号	内容	三峡船闸	升船机
10	双向过闸出闸速度/(m/s)	1.1	1
11	开关门时间/min	第一级 $T=6$ 其他级 $T=3$	—
12	充水时间/min	12	—
13	船队进出闸至闸首距离/m	单向 $S=60$ 迎向 $S=660$	单向 S进 = S出 = 145 迎向 S上进 = S上出 = 498 S下进 = S下出 = 440
14	承船厢升降速度/(m/s)	—	0.2
15	船厢顶紧、密封、充水、闸门启闭时间/min	—	2
16	过闸间隔时间/min	59.7	单向：34.13 迎向：66.35 平均：34.15
17	日过闸次数/次	22.1	38

2) 葛洲坝船闸的设计通过能力有关参数

葛洲坝船闸的设计通过能力有关参数如表 3-2 所示。

表 3-2　葛洲坝船闸的设计通过能力有关参数

序号	内容	1 号船闸	2 号船闸	3 号船闸
1	一次过闸平均吨位/t	远期 12000 近期 6000		远期 2000 近期 1000～2000
2	载重利用系数(γ)	0.8		0.8
3	运量不均匀系数(β)	1.2		1.2
4	标准船、船队利用系数(α)	0.7		0.6
5	每年通航天数/d	320		335
6	每天平均运行时间/h	22		22
7	船闸通航率(ϕ)	0.75	0.8	0.8
8	开关门时间/min	6		上闸首 2.5 下闸首 2.5～5
9	充水时间/min	12		双边工作：充水 6.27、泄水 7.13 单边工作：充水 16.5、泄水 19.65

续表

序号	内容	1号船闸	2号船闸	3号船闸
10	过闸间隔时间/min	51～57	50	32
11	日过闸次数/次	24.4	26.4	41.25

3.1.5 船闸及升船机通过能力

1) 船闸的年通过能力

船闸的年通过能力 P 为

$$P=(\varphi\gamma\tau)\frac{NG\alpha}{\beta} \tag{3-1}$$

其中，G 为最大船舶(队)的载量(t)；τ 为年日历天数，即 365d；N 为按每天 22h 的过闸次数；α 为船舶装载系数；β 为运量不均衡系数；φ 为船闸通航率；γ 为载重利用系数。

2) 船闸的设计通过能力

船闸设计通过能力用 P' 加以衡量，即

$$P'=(n-n_0)\frac{NG'\alpha}{\beta} \tag{3-2}$$

其中，P' 为年过闸货运量(t)；n 为日平均过闸次数(次)；n_0 为日非运客、货运船舶过闸次数(次)；G' 为一次过闸平均载重吨位(t)；α 为船舶装载系数；β 为运量不均衡系数；N 为年通航天数(d)。

3) 与船闸通过能力相关的计算公式

① 船闸通航率。报告期内船闸具备通航状态的时间与日历时间的比值，一般分为月通航率和年通航率，即

$$N_1=t_1/T_1\times 100\% \tag{3-3}$$

其中，N_1 为船闸通航率；t_1 为船闸运行时间；T_1 为日历时间。

② 闸次作业时间。船舶(队)通过船闸一个过程所需要的时间，即每闸次的第一艘船舶(队)从引航道停泊位置起航进闸开始，到最后一艘船舶(队)船尾驶离出闸船闸人字门之间的时间，包括船舶进闸、出闸、移泊、船闸人字门启闭时间、灌泄水时间。

③ 闸室面积利用率。报告期内实际过闸船舶的面积之和与闸室使用面积(闸室船舶集泊面积)之和的比值。

④ 船舶吨位级比率。报告期内通过船闸的同一定额吨位级船舶总艘次占过闸船舶总艘次的比例，即

$$\lambda = C' / C \times 100\% \tag{3-4}$$

其中，λ 为船舶吨位级比率；C' 为报告期内通过船闸的同一定额吨位级船舶总艘次；C 为报告期内过闸船舶总艘次。

⑤ 平均过闸船舶吨位。报告期内，通过船闸船舶的定额货运量(或实载货运量)与过闸船舶艘次比值，即

$$\bar{W} = W / C \times 100\% \tag{3-5}$$

其中，$\bar{W}$ 为平均过闸船舶吨位；W 为报告期内通过船闸船舶的定额货运量(或实载货运量)；C 为报告期内过闸船舶总艘次。

⑥ 运量不均衡系数。报告期内，最大月度货运量与平均月度货运量的比值，即

$$\kappa = WY / WN \tag{3-6}$$

其中，κ 为运量不均衡系数；WY 为年最大月度货运量；WN 为年平均月度货运量。

⑦ 船舶装载系数。报告期内，通过船闸的船舶实载货运量与定额载货量比值。

⑧ 船闸故障碍航率。报告期内船闸故障碍航时间与日历时间的比值，即

$$\mathrm{Ha} = \mathrm{Ta}/\mathrm{Tr} \times 100\% \tag{3-7}$$

其中，Ha 为船闸故障碍航率(%)；Ta 为报告期内船闸故障碍航时间之和；Tr 为报告期内日历时间之和。

4) 影响船闸运行效率的指标

运行效率指标是船闸运行管理水平的综合体现。就船闸因素而言，反映船闸运行管理水平的主要是船闸的通航率、船闸的运行闸次和船闸的船闸故障碍航率三个指标。

3.2　梯级枢纽通航调度组织的主要影响因素

3.2.1　通航环境因素

1) 大雾

大雾天气能见度不足，经常导致船闸控制性运行和闸次推迟调整，大雾天气时枢纽通航调度组织的首要要求在于保证船舶安全。三峡船闸闸区水域出现大雾，能见距离不足 1000m 时，三峡船闸停止下行船舶过闸；能见距离不足 500m 时，三峡船闸停止船舶过闸。三峡船闸停止船舶过闸期间，闸室内的船舶应加强

安全值守，在三峡船闸引航道靠船墩和待闸锚地停靠的拟过闸船舶禁止离泊驶向三峡船闸，已进入引航道的拟过闸船舶航行至靠船墩停泊。

2) 大风

通航水域实测风力达到或超过 6 级(11m/s)并持续 10min 以上的有风天气，以及风力达到或超过 6 级时，船闸停止运行。三峡船闸闸室及其上下引航道水域出现大风，三峡船闸应停止船舶过闸，在闸室内的船舶应加强系固并进行周期性检查，防止因风移位碰撞船闸设施设备或其他船舶。在三峡船闸引航道靠船墩和待闸锚地停靠的船舶，禁止离泊驶向三峡船闸，已从靠船墩离泊拟进闸的船舶继续进闸，已进入引航道的拟过闸船舶航行至靠船墩停泊。船舶在三峡船闸闸区以外水域遇大风应就近选择安全水域停泊避风。

3) 流量

流量是指维持航道最小通航水深而必须保证的最小流量。大流量是指葛洲坝入库流量达到 25000m^3/s 以上。葛洲坝一号船闸及大江航道最大实际通航流量为 35000m^3/s，葛洲坝二号和三号船闸的最大通航流量为 60000m^3/s，三峡船闸及引航道最大通航流量为 56700m^3/s。

4) 水位

在正常通航条件下，影响两坝船闸运行的主要是枯水期葛洲坝三江航道庙咀水位。枯水期流量偏小，一般不会因水流对船舶航行构成影响，但是葛洲坝以下航道水深时常不足。在枯水期，葛洲坝二、三号闸吃水控制标准根据三江水位变化规律不断变化，当庙咀水位最低为 39.0m 时，葛洲坝二号船闸过闸吃水控制为 3.5m，葛洲坝三号船闸过闸吃水控制为 2.8m。

3.2.2 社会因素

随着船舶大型化趋势愈演愈烈，船舶尺寸和吨位随之增加，船闸闸室面积利用率下降，待闸船舶数量同比增加，船舶交通组织压力增加。根据过坝货运量及货种现状和预测，船舶过坝需求不断增加、船舶载运货种呈现多样化发展趋势，不但增加了船舶交通流，而且因为货种的发展趋势，船舶交通流方向也呈现变化，船闸运行方式、船舶指挥也需要根据交通流、货种进行调整，过坝货运量和货种依然影响两坝船闸运行。

3.2.3 通航建筑物配套设施情况

长江三峡水利枢纽运行期的通航设施有双线五级船闸及其上下引航道，以及配套锚地。葛洲坝水利枢纽的通航设施有一、二、三号船闸及其上下引航道，以及配套锚地。船舶过闸作业时需在船闸及升船机的导航墙和靠船墩处停靠，其中布设区域、规模直接影响通航效率和船舶靠泊与航行安全。

3.3　梯级枢纽通航匹配运行的调度组织及关键技术

3.3.1　梯级枢纽通航匹配运行的调度组织基本要求

葛洲坝水利枢纽作为三峡水利枢纽的反调节枢纽，葛洲坝水利枢纽与三峡水利枢纽实行“统一调度、联合运行”的调度方式，船舶过坝执行“一次申报、统一计划、统一调度、分坝实施”的程序，遵循“安全第一、兼顾效率；重点优先、分类控制；先到先过、合理分流”的原则。

船舶过闸优先顺序为特殊任务船，长线客运船舶(从事三峡坝上港口至武汉及其以远航线的客运船舶)，整船鲜活货运船舶、重点急运物资船，集装箱船、商品车运输船，短线客运船舶、示范船、诚信船舶。

船舶通过升船机优先顺序为特殊任务船，客运船舶，整船鲜活货运船舶、重点急运物资船，商品车运输船、集装箱船。

符合升船机通航技术要求的客运船舶一律安排通过三峡升船机，不符合升船机通航技术要求的客运船舶安排从三峡船闸通过，符合升船机通航技术要求的商品车运输船优先安排通过升船机。

两坝枢纽通航建筑物适航船舶及吃水控制一览表如表 3-3 所示。

表 3-3　两坝枢纽通航建筑物适航船舶及吃水控制一览表

通航建筑物名称	运行方式	通过船舶类型	控制吃水/m
三峡 升船机	迎向运行	快速通道安排客运船舶、任务船、载运优先过坝物资船舶、集装箱商品车船和其他船舶	0～2.7
三峡 南线船闸	下行为主	吃水不超过 4.3m 的普通货运船舶和客运船舶、载运危险货物船舶	0～4.3
三峡 北线船闸	上行为主	吃水不超过 4.3m 的普通货运船舶和客运船舶、载运危险货物船舶	0～4.3
葛洲坝 一号船闸	迎向运行	吃水不超过 4.3m 的普通货运船舶和客运船舶、不安排载运易燃易爆危险货物船舶	0～4.3
葛洲坝 二号船闸	迎向运行	枯水期吃水不超过吃水限制的普通货运船舶、非枯水期吃水不超过 4.3m 的普通货运船舶、客运船舶、载运危险货物船舶	汛期：0～4.3 枯水期：实施动态控制
葛洲坝 三号船闸	迎向运行	枯水期不超过吃水限制的普通货运船舶、非枯水期吃水不超过 4.3m 的普通货运船舶、客运船舶、不安排载运易燃易爆危险货物船舶	汛期：0～4.3 枯水期：实施动态控制

3.3.2　梯级枢纽通航匹配运行的调度组织

1. 正常通航条件下两坝联合运行调度

本书所指的正常通航条件为梯级枢纽通航河段通航设施正常运行，没有异常碍航气象、异常急剧水文变动、大量船舶积压、异常船流变动等情况下的通航状态，具体可分为汛期、枯水期及中水期。

(1) 汛期

汛期一般为6～9月，此时两坝通航设施联合运用需要关注的重点为大江航道水流条件。

葛洲坝一号船闸及大江航道的最大通航流量为35000m^3/s；葛洲坝三江航道及葛洲坝二号、三号船闸的船舶最大通航流量为60000m^3/s；黄柏河洪水流量为7000m^3/s。

当葛洲坝入库或三峡出库流量小于15000m^3/s时，葛洲坝一号船闸以下行为主；葛洲坝二号船闸以上行为主；葛洲坝三号船闸以迎向运行为主。

当葛洲坝入库或三峡出库流量为15000～25000m^3/s时，葛洲坝一号船闸单向下行；葛洲坝二号船闸以上行为主；葛洲坝三号船闸以迎向运行为主。

当葛洲坝入库流量为25000～35000m^3/s时，葛洲坝一号船闸单向下行且夜间不运行；葛洲坝二号船闸以上行为主；葛洲坝三号船闸以迎向运行为主。

当葛洲坝入库流量小于35000m^3/s时，三峡船闸和升船机正常运行，三峡升船机以迎向运行为主，根据船舶待闸情况，发挥不同的分流功能。当三峡枢纽通航建筑物总体通过能力(三峡船闸和三峡升船机通过能力之和)大于通过需求时，升船机仅发挥快速通道功能，分流优先过坝船舶。当三峡枢纽通航建筑物总体通过能力小于通过需求时，升船机发挥快速通道作用及协同分流作用，最大限度地分流满足三峡升船机通行要求的普通货运船舶。

当葛洲坝入库流量大于35000m^3/s时，葛洲坝一号船闸停止运行；三峡船闸的运行方式、计划安排、运行节奏与葛洲坝二号、三号船闸匹配运行；葛洲坝二号、三号船闸重点安排连续通过两坝的船舶，并兼顾只通过葛洲坝一坝的船舶。此时，三峡枢纽的通航建筑物总体通过能力大于葛洲坝，三峡升船机只发挥快速过坝通道功能，安排优先过坝船舶。

当葛洲坝船闸入库流量达到45000m^3/s以上时，三峡船闸停航度汛，三峡-葛洲坝两坝间航道禁止航行；葛洲坝枢纽通航建筑物只有二号、三号船闸运行，二、三号船闸只安排通过一坝的船舶。

(2) 枯水期

枯水期，即每年12月至来年3月，此时两坝通航设施联合运用，其核心在于葛洲坝一号船闸的运用。

三峡船闸和升船机正常运行，北线船闸上行，南线船闸下行，升船机迎向运行，根据船舶待闸情况，发挥不同的分流功能。当三峡枢纽通航建筑物总体通过能力大于通过需求时，升船机发挥快速通道功能，分流优先过坝船舶。当三峡枢纽通航建筑物总体通过能力小于通过需求时，升船机发挥快速通道作用及分流作用，最大限度地疏散满足三峡升船机通行要求的普通货运船舶。

葛洲坝一号船闸实行单向运行、定期换向的运行方式，集中放行通过三江受限的大吃水船舶。

葛洲坝二号船闸配合一号船闸采取单向运行、定期换向的运行方式，放行符合三江吃水控制标准的船舶，以保证通过两坝的船流均衡。下行通过两坝的大吃水船舶，三峡南线船闸相对集中放行，并和葛洲坝一号船闸换向下行时机衔接，避免在两坝间长时间待闸。船队和上下行易燃易爆危险品船均安排从葛洲坝二号船闸通过。

葛洲坝三号船闸和升船机匹配运行，富余闸次只安排通过葛洲坝一坝的船舶。葛洲坝三号船闸作为灵活、快速通道，协同葛洲坝一号、二号船闸运行。

当葛洲坝坝下庙咀水位在 39m 以上且不足 39.5m 时，葛洲坝二号船闸船舶吃水按 3.5m 控制，葛洲坝三号船闸船舶吃水控制在 3.0m 以内。当葛洲坝庙咀水位在 39.5m 以上且不足 40.0m 时，葛洲坝二号船闸船舶吃水按小于 3.8m 控制，葛洲坝三号船闸船舶吃水按小于 3.3m 控制。当葛洲坝庙咀水位在 40.0m 及以上时，葛洲坝二号船闸船舶吃水控制按小于 4.0m 控制，葛洲坝三号船闸船舶吃水按 3.5m 以内控制。葛洲坝一号船闸根据三峡船闸吃水控制调整。

(3) 中水期

中水期是除汛期和枯水期以外的时期。三峡河段中水期一般出现在 4、5、10、11 月，此时期三峡出库流量一般在 10000m^3/s 左右，水流条件较好。

在中水期，当三峡出库流量小于 25000m^3/s 时，葛洲坝一号船闸单向下行，与三峡南线船闸运行相匹配；葛洲坝二号船闸迎向运行，以运行上行船舶为主，与三峡北线船闸匹配，兼顾只过葛洲坝一坝的区间普通货运船舶；葛洲坝三号船闸迎向运行，发挥快速通道功能，为三峡北线输送部分上行船舶。

为尽量减少航路交叉，减少安全隐患，同时考虑船舶上行通过大江航道航行相对困难，因此葛洲坝一号船闸以单向下行为主，同时匹配三峡南线船闸运行；葛洲坝二号船闸以单向上行为主，同时匹配三峡北线船闸运行，安排船队和易燃易爆危险品船从葛洲坝二号船闸通过。

葛洲坝三号船闸依旧和升船机匹配运行，富余闸次安排只通过葛洲坝一坝的船舶。

2. 特殊通航条件下两坝联合运行调度

特殊通航条件是指梯级枢纽通航河段两坝通航设施运行异常、异常碍航气象、异常急剧水文变动、异常船流变动等情况下的通航状态。三峡成库后，辖区河段通航受大风、大雾等天气的影响趋于严重，大风对三峡船闸运行的影响较大，雾情对葛洲坝船闸运行的影响较大。不同区域的异常气象，造成两坝船闸运行的不均衡。在异常气象下，梯级枢纽联合运行采用“分段控制、充分运行”的调度技术，是指大风大雾等恶劣天气导致辖区水域部分航段或船闸停航，在确保安全的前提下，充分利用三峡河段的锚泊设施、通航辅助设施，通过采取提前储备、应急停泊、灵机调整等调度技术手段，前瞻性地提前储备一批船舶或灵活调整船闸运行调度作业计划，实现三峡、葛洲坝船闸尽可能多的安全运行，将恶劣气候对通航的影响降到最低。

3. 特殊水文条件下两坝联合运行调度

特殊水文条件一般指主汛期大流量条件下，辖区河段通航流量、水位短时间内出现剧烈变化时的情况。在汛期，三峡升船机、三峡船闸最大通航流量为三峡入库 56700m^3/s；葛洲坝一号船闸及大江航道最大通航流量为葛洲坝入库 35000m^3/s，葛洲坝二、三号船闸最大通航流量为葛洲坝入库 60000m^3/s 或黄柏河洪水流量 7000m^3/s。两坝间航道汛期通航流量分为九级，最大通航流量为 45000m^3/s。具体控制措施如下。

① 两坝间实施夜间(22 时至次日 5 时，下同)单向下行控制，葛洲坝上行过两坝船舶的过闸时间段为 3 时至 18 时，黄柏河上行过三峡的船舶集中放行及其集中过闸时间段为 12 时至 20 时。

② 主机功率小于 270kW 的船舶不安排夜间进入两坝间。

③ 船舶长度低于 70m 的商船不安排夜间进入两坝间。

④ 船队不安排夜间进入两坝间。

⑤ 通过葛洲坝的船队安排从二号闸通过。

⑥ 客运船舶不安排夜间进入两坝间(下行客运船舶三峡过闸时间段为 2 时至 16 时，上行客运船舶葛洲坝过闸时间段安排为 3 时至 18 时，上行只过葛洲坝一坝在南津关夜泊和下行只过三峡一坝在黄陵庙夜泊的客运船舶不受此限)。

⑦ 两坝间乐天溪锚地停泊船舶数量控制在 60 艘，流量在 20000～25000m^3/s 时平善坝锚地停泊船舶数量控制在 8 艘。

⑧ 分档执行散货运船舶及船队单位千瓦拖带量标准。

⑨ 葛洲坝一号船闸夜间(22 时至次日 5 时)不运行。

⑩ 两坝间乐天溪锚地停泊船舶数量控制在 30 艘。

⑪ 一号船闸停航度汛。

⑫ 所有一级危险品(包括易燃易爆和非易燃易爆)船舶不安排过闸。

⑬ 船队不安排进入两坝间，已在两坝间的船队及时组织疏散。

⑭ 长线客运船舶安排连续通过两坝且白天通过两坝间，需在两坝间干线码头、锚地停泊、作业的客运船舶不安排过闸，正在两坝间码头、锚地停泊、作业的客运船舶及时组织疏散。

⑮ 只过一坝进入两坝间干线锚地、码头停泊、作业的货运船舶不安排过闸，正在两坝间码头、锚地停泊、作业的货运船舶及时组织疏散。

⑯ 两坝间乐天溪锚地停泊船舶数量控制在 5 艘。

⑰ 下行集装箱船白天集中安排(三峡过闸时间段为 5 时至 14 时)，并通知海事局值班室，海巡艇现场监护。

⑱ 正在乐天溪锚地待闸的船舶及时组织疏散。

⑲ 两坝间禁止船舶航行。

⑳ 葛洲坝二、三号船闸运行，只安排过葛洲坝一坝进出黄柏河的船舶。

㉑ 三峡出库流量 45000m^3/s 以上，三峡入库 56700m^3/s 以下时，三峡船闸只安排疏散出两坝间的船舶。

㉒ 三峡入库流量 56700m^3/s 以上，三峡船闸停航度汛。

㉓ 葛洲坝船闸停航度汛。

不同流量条件下两坝间通航控制表如表 3-4 所示。

表 3-4　不同流量条件下两坝间通航控制表

流量/(m^3/s)	船舶主机功率控制标准	控制措施
$Q < 25000$	主机功率为 270kW 以下的单船最高通航流量上下行均为 25000m^3/s	①②③④⑤⑥⑦
$25000 \leqslant Q < 30000$	单船上下行均为 270kW 以上；船队上下行均为 486kW 以上	①③④⑤⑥⑧⑨⑩
$30000 \leqslant Q < 35000$	单船上下行均为 270kW 以上；船队上下行均为 588kW 以上	③④⑤⑥⑦⑨⑪ ①②③④⑤⑥⑦⑧⑨⑩⑪⑫ ⑬⑭⑮⑯⑰⑱⑲⑳㉑㉒㉓㉔
$35000 \leqslant Q < 40000$	单船上下行均为 440kW 以上；船队不允许通过两坝间航段	①③⑦⑫⑬⑭⑮⑯⑰
$40000 \leqslant Q < 45000$	单船上下行均为 630kW 以上；船队不允许通过两坝间航段	①③⑧⑫⑬⑭⑮⑯⑱⑲
$45000 \leqslant Q < 60000$	—	⑫⑳㉑㉒㉓
$60000 \leqslant Q$	—	㉓㉔

特殊水文条件下船闸和升船机的运行控制如下。

① 当流量(葛洲坝入库或三峡出库，下同)小于 25000m³/s 时，葛洲坝一号船闸单向下行，葛洲坝二号船闸以上行为主，葛洲坝三号船闸以迎向运行为主，三峡、葛洲坝枢纽通航建筑物正常运行，按照梯级枢纽通航建筑物联合运行基本方式和正常通航条件下的两坝匹配运行调度方案执行。

② 当流量大于 25000m³/s 小于 35000m³/s 时，葛洲坝一号船闸单向下行且仅白天运行(5 时至 20 时)，葛洲坝二号船闸以上行为主，葛洲坝三号船闸以迎向运行为主。两坝匹配运行调度需要关注葛洲坝一号船闸运行情况。

③ 当三峡入库流量低于 56700m³/s，两坝间流量高于 35000m³/s 低于 45000m³/s 时，三峡枢纽通航建筑物正常运行，葛洲坝一号船闸停航，二、三号船闸正常运行。三峡船闸和升船机沿用联合运行基本方式。葛洲坝船闸根据上下行待闸船舶数量可灵活采用单向运行方式或迎向运行方式。三峡船闸和升船机控制运行节奏，匹配葛洲坝船闸通过能力运行。

④ 当三峡入库流量低于 56700m³/s，两坝间流量高于 45000m³/s 低于 60000m³/s 时，两坝间禁航。三峡枢纽通航建筑物控制性运行，葛洲坝一号船闸停航，二、三号船闸控制性运行，只安排进出黄柏河锚地的船舶。

⑤ 当三峡入库流量高于 56700m³/s，两坝间流量高于 45000m³/s 低于 60000m³/s 时，三峡枢纽通航建筑物停航，两坝间禁航，葛洲坝一号船闸停航，二、三号船闸控制性运行，只安排进出黄柏河锚地的船舶。

⑥ 当三峡入库流量高于 56700m³/s 和两坝间流量高于 60000m³/s 时，三峡枢纽通航建筑物停航，两坝间禁航，葛洲坝船闸停航。

⑦ 汛期三峡南北线船闸单向运行，闸次间隔时间一般按 90min 控制。当一线船闸检修和另一线船闸单向运行，需要定期换向，昼夜换向不超过 1 次。

⑧ 三峡升船机以迎向运行为主，迎向运行厢次间隔时间按 60min 控制，同向运行厢次间隔时间按 90min 控制。

⑨ 遇船流严重不均衡时，三峡南北线船闸可采取同向运行措施，船流均衡后恢复单向运行。

陡涨水和陡降水是指出库流量 24h 内变化超过 5000m³/s。三峡-葛洲坝两坝间河段出现陡涨(降)水时，三峡船闸控制性运行，不再放行船舶进入两坝间水域，同时应急疏散两坝间船舶。葛洲坝船闸控制性运行，优先疏散两坝间船舶，不再放行船舶进入两坝间，只安排进出黄柏河锚地的船舶。

4. 船闸检修情况下的两坝联合运行调度

船闸检修时，采用重点优先、先到先过、兼顾效率、合理调控的原则。短线客运船舶宜安排应急转运。特殊任务船舶、长线客运船舶、整船鲜活易腐货物船舶、集装箱快班轮、商品汽车滚装船优先安排过闸。特殊任务船舶中的重点急运物资运输船舶需要兼顾。其他船舶一律按先到先过的原则有序安排过闸。载运易燃易爆危险品船可在排满一闸次时集中安排通过。

三峡船闸有一线检修时，为尽量均衡上下游船流，另一线船闸实行单向运行定时换向，换向周期为 24h。此时，三峡升船机迎向运行，采用协同分流方式。调度应以船舶疏散为优先原则，同时兼顾过坝公平。三峡升船机在安排优先过坝船舶后，能通过三峡升船机的普通干散货运船舶按照时间顺序排队，尽量安排从三峡升船机通过。

葛洲坝一、二号船闸有某一线检修时，另一线船闸和三号船闸满负荷迎向运行。三峡船闸匹配葛洲坝通过能力，控制运行节奏，三峡升船机采用快速通道分流方式，只通过优先过坝船舶。

3.3.3　梯级枢纽通航匹配运行的关键技术

1. 计划编制

计划编制是以船舶到锚时间先后顺序为依据，综合考虑船闸运行状况和船舶过坝优先级，以合理控制船舶在两坝间待闸时间、最大限度地发挥两坝通航能力为目标，合理编制两坝联合调度作业计划，确保船舶有序地通过两坝。长江三峡通航管理局需要编制的作业计划涉及滚动预计划、船舶安检计划和调度作业计划。作业计划编制是整个通航调度组织的核心工作，在编制作业之前需要进行信息汇总分析。具体工作如下。

(1) 流量信息汇总

流量信息包括最近的三峡入库流量、三峡出库流量、葛洲坝入库流量、葛洲坝出库流量，以及三峡入库流量近几天的预报。通过这些流量，分析本次计划编制时段期间的流量情况，以决定哪些船可以纳入计划编制。

(2) 船闸吃水标准信息汇总

船闸吃水标准信息包括葛洲坝每座船闸和三峡船闸吃水标准。通过每座船闸的船舶吃水都不能超过该船闸的吃水标准。三峡船闸的吃水标准由安全处提供，葛洲坝船闸吃水由每日从三峡梯调中心获取的两坝水位流量信息来确定，实行动态吃水控制。

(3) 航道信息汇总

航道信息包括航道的航深和航宽，在非汛期时应重点注意航深情况。当航道中有施工时，要注意航宽，尽量避开大船或船队在这个航道段内的会船和大规模停泊。

(4) 船闸工况信息汇总

船闸工况信息主要包括本次计划编制时段内各船闸是否有检修、保养、度汛或其他原因的停航，各船闸工况是否运行正常。如有这些情况，在编制计划时应针对这些情况做相应设置。

(5) 检查过闸申报

对照装载，审核吃水、船舶尺寸等参数关联性，如有异常或不符合情况，应立即核实准确吃水参数，同时对误报的应要求重新申报，对谎报的要提交海事执法大队查处。

(6) 编制过坝计划

在编制滚动预计划和安检计划时，需要根据一段时期以来的流量、水位变化规律及三峡梯调中心发布的流量预报，分析本次计划编制时段期间的流量情况和大江、三江的吃水控制情况，有预见性地控制不同吃水不同流量船舶待闸数量和安检船舶数量。同时，根据船闸运行情况、每日过闸船舶数量、锚地容量等因素，合理控制船舶分区待闸情况。

2. 计划执行

计划执行是对船舶过坝昼夜作业计划的具体组织实施，根据调度作业计划，按照船舶现场调度组织流程，组织指挥船闸过坝。在计划执行过程中，要注意发航时充分利用现代化通航管理技术手段，变静态发航为动态发航；细化发航流程，将发航和排档有机结合；延伸排档水域，将排档水域延伸到靠船墩、导航墙，对有些需要并排、捆绑进闸的船舶提前通知组织到位，为船舶快速安全进闸做好准备；形成链式调度模式，有效避免船舶发航不及时、组织不到位、闸等船等情况；尽量避免船舶在靠船墩长时间积压、无序停靠；提醒进闸船舶之间应相互让档，避免发生碰擦事故等；因通航环境变化(风、雾)、通航流量变化、船闸运行异常、水上交通事故等突发事件，以及舶未按时抵达指定待闸地点等事件，要及时调整船舶作业计划，保证船闸运行高效有序。

3. 安全监视

安全监视是指通过 VTS、AIS、CCTV、综合监管等技术手段对辖区船舶交通进行安全监管，保障进出三峡坝区通航水域船舶交通安全，提高船舶航行和船闸运行效率。安全监视的具体措施是结合三峡河段船舶通航现状，以 VTS 系统为基础，从点、线、面等三个方面形成三峡河段船舶通航全方位目标监管系统，强化安全监视的信息服务、助航服务、交通组织服务等方面的能力，实施信息化、精确化的远程监视。其中，点的方面包括通航船舶的靠泊指派、锚泊指派、指定船型、指派监控状态、指派监管状态等，通过精确指令、强化单目标识别、目标状态；线的方面包括通航船舶的航线指派、航速监控等，确保目标动向与计划保持一致；面的方面包括锚地区域、禁入区域、重点区域的监管，辖区内设有大江上游禁入区、大江下游禁入区、三峡水利枢纽禁入区、军事警戒区，当船舶靠近禁入区边界时，应提醒船舶尽快驶离。

3.4　梯级枢纽通航调度组织的安全态势评价理论

3.4.1　梯级枢纽通航调度组织的安全态势评价方法

1. 专家调查法

专家调查法是以选定的专家作为调查对象，借助专家的知识和经验，对研究的问题作出判断、评估和预测，从而获取所需信息的一种方法。专家调查法依据专家人数及调查的组织方式不同，可以分为专家个人调查法、专家会议调查法、德尔菲法等。专家调查法一般适用于所掌握的研究资料较少、受未知因素的影响较多、主要靠主观判断和粗略估计来确定的问题。虽然从 20 世纪 60 年代中期开始，许多问题可以通过数学建模和电子计算机数据处理系统进行处理和分析，但是大量实践证明，专家的作用和经验是计算机无法完全取代的，专家的直观判断在许多情况下比数学模型和计算机信息系统更为有效，特别是在客观资料或数据缺乏时，只有依靠专家才能作出判断和评估。

2. 层次分析法

层次分析法(analytic hierarchy process，AHP)是指将一个复杂的多目标决策问题作为一个系统，将目标分解为多个目标或准则，进而分解为多指标(或准则、约束)的若干层次，通过定性指标模糊量化方法算出层次单排序(权数)和总排序，解决多目标决策问题。

3.4.2　梯级枢纽通航调度组织的安全态势评价指标体系的建立

在对梯级枢纽通航调度组织影响因素分析的基础上，结合梯级枢纽通航匹配运行的调度组织及关键技术，构建科学合理的梯级枢纽安全态势评价指标体系，旨在准确评价梯级枢纽通航调度组织的可靠性，确保枢纽通航调度技术的合理可行。

1. 指标选取原则

指标选取遵循科学性、系统性、适用性、代表性原则。合理选择评价指标，有助于对评价对象进行科学的评价。指标选取前应明确指标选取的原则，从而确保评价指标选取的合理性和客观性。

2. 梯级枢纽通航调度组织安全态势评价模型指标

梯级枢纽通航调度组织是一个复杂的过程，主要围绕安全、效率、服务三个方面展开，重要环节有发航控制、安全监管和信号控制三个方面。三峡升船机和三峡船闸联合运行通航指挥流程如图 3-1 所示。

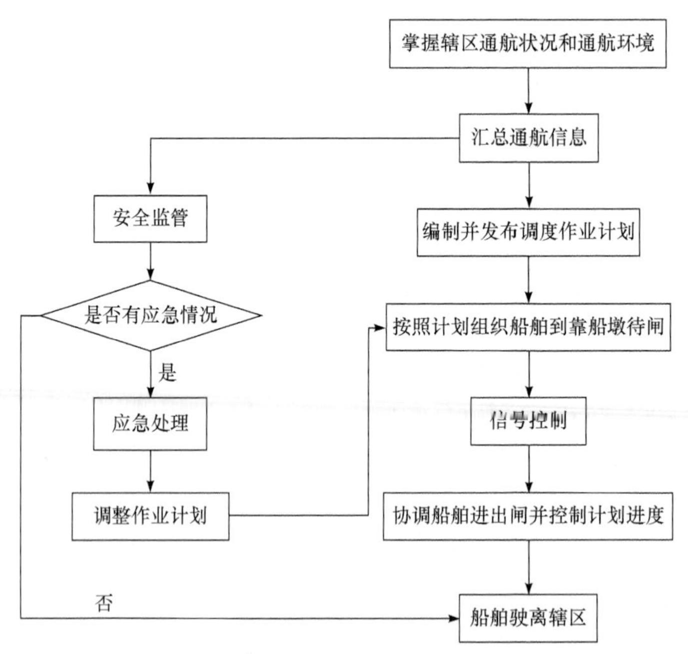

图 3-1　三峡升船机和三峡船闸联合运行通航指挥流程图

对于梯级枢纽调度组织安全态势指标评价体系，从系统工程和实际应用出发，结合三峡升船机和三峡船闸联合运行通航指挥流程，从计划编制水平、计划执行水平、计划完成水平 3 个方面选取指标，对梯级枢纽调度组织安全态势进行评价，具体如下。

(1) 计划编制水平指标

计划编制水平指标包括申报准确率、待闸船舶数量、船舶平均待闸时间等。

① 申报准确率是报告期内申报准确的船舶数量与过闸船舶总数的比值，即

$$P_y = \frac{n_y}{N_y} \times 100\% \tag{3-8}$$

其中，P_y 为申报准确率；n_y 为申报准确的船舶数量；N_y 为报告期内过闸船舶总数。

② 待闸船舶数量是每天计划发布之前，已经申报、到锚地且还未编排计划的船舶数量。

③ 船舶平均待闸时间是报告期内过闸船舶的待闸时间之和与过闸船舶艘次数的比值，是反映枢纽通航压力和通航调度水平及通航建筑物运行效率的指标，即

$$C_t = \frac{\sum T_i}{C} \tag{3-9}$$

其中，C_t 为船舶平均待闸时间；$\sum T_i$ 为报告期内过闸船舶的待闸时间之和；C 为报告期内过闸船舶艘次数。

(2) 计划执行水平指标

计划执行水平指标包括闸次平均间隔时间、发航准确率、信号揭示准确率、闸室面积利用率等。

① 闸次平均间隔时间是报告期内相邻闸次间隔时间之和(即最后一闸次与第一闸次间隔时间)与闸次间隔次数的比值，即

$$Z_t = \frac{\sum T_i}{N-1} \tag{3-10}$$

其中，Z_t 为闸次平均间隔时间；$\sum T_i$ 为报告期内相邻闸次间隔时间之和；N 为报告期内船闸运行闸次数。

② 发航准确率体现船舶是否在正确的时间抵达待闸水域过闸，反映通航调度组织的合理性和及时性。

③ 信号揭示准确率体现信号灯是否对待闸水域船舶进行了正确的信号提示，反映通航调度组织的合理性和及时性。

④ 闸室面积利用率是闸室内船舶船型面积之和与闸室有效面积的比值，是反映通航建筑物运行效率的指标，即

$$V = \frac{\sum S_u}{S} \times 100\% \tag{3-11}$$

其中，V 为闸室面积利用率；S 为闸室有效面积；$\sum S_u$ 为闸室内船舶船型面积之和。

(3) 计划完成水平指标

计划完成水平指标包括计划实现率、计划准点率、闸次平均作业时间。

① 计划实现率是报告期内闸次计划实现的次数与总次数的比值。

② 计划准点率是报告期内闸次计划准点运行的次数与总次数的比值，即

$$P_Y = \frac{Y_D}{Y_Z} \times 100\% \tag{3-12}$$

其中，P_Y 为计划准点率；Y_D 为报告期内在闸次计划准点的次数；Y_Z 为报告期内运行闸次。

③ 闸次平均作业时间是报告期内船舶进出闸间隔时间(出闸时间减去进闸时间)之和与闸次的比值(式(3-10))。

以上指标是在大量调研和征询专家意见的基础上，结合枢纽通航现有统计指标建立的评价指标体系。梯级枢纽通航调度组织的安全态势评价指标如表 3-5 所示。

表 3-5　梯级枢纽通航调度组织的安全态势评价指标表

一级指标	二级指标
计划编制水平 A_1	申报准确率 A_{11}
	待闸船舶数量 A_{12}
	船舶平均待闸时间 A_{13}
计划执行水平 A_2	闸室面积利用率 A_{21}
	发航准确率 A_{22}
	信号揭示准确率 A_{23}
	闸次平均间隔时间 A_{24}
计划完成水平 A_3	计划实现率 A_{31}
	计划准点率 A_{32}
	闸次平均作业时间 A_{33}

3. 基于层次分析法的梯级枢纽通航调度组织的安全态势评价指标权重

(1) 确定第一层指标的权重

针对第一层指标对梯级枢纽通航调度组织安全态势评价指标的重要性，构造判断矩阵。第一层指标对总指标的权重如表 3-6 所示。

表 3-6　第一层指标对总指标的权重

参数	A_1	A_2	A_3	比重排序
计划编制水平 A_1	1	1/2	2	0.297
计划执行水平 A_2	2	1	3	0.539

续表

参数	A_1	A_2	A_3	比重排序
计划完成水平 A_3	1/2	1/3	1	0.164
一致性检验	$\lambda_{max}=3.009$	$CI=0.005$	$RI=0.580$ $CR=0.008$	—

判断矩阵的检验方法为

$$\lambda_{max}=\sum_{i=1}^{n}\frac{(AW)_i}{AW_i}$$

① 计算判断矩阵的最大特征根。

② 计算一致性指标 $CI=\dfrac{\lambda_{max}-n}{n-1}$，CI 越小，判断矩阵的一致性越好。

③ 计算随机一致性指标 $RI=\dfrac{\sum_{i=1}^{n}CI_i}{n}$。

④ 计算检验系数 $CR=CI/RI$，$CR<0.1$ 时，判断矩阵具有满意的一致性。

通过上述方法对判断矩阵进行检验，可以得出 $\lambda_{max}=3.009$、$CI=0.005$、$RI=0.580$，因此 $CR=0.008<0.1$，满足一致性检验。由此得出第一层指标权重，即计划编制水平 $A_1(0.297)$、计划执行水平 $A_2(0.539)$、计划完成水平 $A_3(0.164)$。

(2) 确定计划编制水平指标判断矩阵

影响计划编制水平有三个指标，分别是申报准确率 A_{11}、待闸船舶数量 A_{12}、船舶平均待闸时间 A_{13}。计划编制水平指标权重如表 3-7 所示。

表 3-7　计划编制水平指标权重

参数	A_{11}	A_{12}	A_{13}	比重排序
申报准确率 A_{11}	1	1/3	1/5	0.115
待闸船舶数量 A_{12}	3	1	1	0.405
船舶平均待闸时间 A_{13}	5	1	1	0.480
一致性检验	$\lambda_{max}=3.029$	$CI=0.015$	$RI=0.580$ $CR=0.025$	—

(3) 确定计划执行水平指标判断矩阵

影响计划执行水平有四个指标，分别是闸室面积利用率 A_{21}、发航准确率 A_{22}、信号揭示准确率 A_{23}、闸次平均间隔时间 A_{24}。计划执行水平指标权重如表 3-8 所示。

表 3-8　计划执行水平指标权重

参数	A_{21}	A_{22}	A_{23}	A_{24}	比重排序
闸室面积利用率 A_{21}	1	1	3	2	0.362
发航准确率 A_{22}	1	1	2	1/2	0.238
信号揭示准确率 A_{23}	1/3	1/2	1	1/2	0.120
闸次平均间隔时间 A_{24}	1/2	2	2	1	0.280
一致性检验	$\lambda_{max}=4.171$	CI = 0.057	CR = 0.063	RI = 0.9	—

(4) 确定计划完成水平指标判断矩阵

影响计划完成水平有三个指标，分别是计划实现率 A_{31}、计划准点率 A_{32}、闸次平均作业时间 A_{33}。计划完成水平指标的权重如表 3-9 所示。

表 3-9　计划完成水平指标权重

参数	A_{31}	A_{32}	A_{33}	比重排序
计划实现率 A_{31}	1	1/3	1/3	0.142
计划准点率 A_{32}	3	1	1/2	0.334
闸次平均作业时间 A_{33}	3	2	1	0.524
一致性检验	$\lambda_{max}=3.054$	CI =0.027	RI =0.58 CR =0.046	—

(5) 梯级枢纽通航调度组织的安全态势评价指标体系

经一致性检验，可以确认梯级枢纽通航调度组织的安全态势评价指标体系，如表 3-10 所示。

表 3-10　梯级枢纽通航调度组织的安全态势评价指标体系

一级指标	权重 W_i	二级指标	权重 W_{ij}
计划编制水平 A_1	0.297	A_{11}	0.115
		A_{12}	0.405
		A_{13}	0.480
计划执行水平 A_2	0.539	A_{21}	0.280
		A_{22}	0.238
		A_{23}	0.120
		A_{24}	0.362
计划完成水平 A_3	0.164	A_{31}	0.142
		A_{32}	0.334
		A_{33}	0.524

3.4.3　梯级枢纽通航调度组织的安全态势评价结果计算

对于梯级枢纽通航调度组织安全态势评价中的各指标权重，可以通过判断矩阵法计算，各指标隶属度通过专家打分法获取。梯级枢纽通航调度组织的安全态势评价如表 3-11 所示。

表 3-11　梯级枢纽通航调度组织的安全态势评价表

一级指标		二级指标		专家评价指标隶属度				
指标	权重	指标	权重	很高水平	较高水平	普通水平	较低水平	很低水平
计划编制情况 A_1	0.297	A_{11}	0.115	0.10	0.90	0.00	0.00	0.00
		A_{12}	0.405	0.10	0.75	0.15	0.00	0.00
		A_{13}	0.480	0.25	0.50	0.25	0.00	0.00
计划执行情况 A_2	0.539	A_{21}	0.362	0.30	0.65	0.10	0.00	0.00
		A_{22}	0.238	0.80	0.20	0.00	0.00	0.00
		A_{23}	0.120	0.75	0.25	0.00	0.00	0.00
		A_{24}	0.280	0.30	0.50	0.20	0.00	0.00
计划完成情况 A_3	0.164	A_{31}	0.142	0.60	0.40	0.00	0.00	0.00
		A_{32}	0.334	0.25	0.50	0.25	0.00	0.00
		A_{33}	0.524	0.30	0.60	0.10	0.00	0.00

由此可知，计划编制情况指标、计划执行情况指标、计划完成情况指标的模糊关系矩阵分别为

$$R_1=\begin{bmatrix}0.10 & 0.90 & 0.00 & 0.00 & 0.00\\0.10 & 0.75 & 0.15 & 0.00 & 0.00\\0.25 & 0.50 & 0.25 & 0.00 & 0.00\end{bmatrix}$$

$$R_2=\begin{bmatrix}0.30 & 0.65 & 0.10 & 0.00 & 0.00\\0.80 & 0.20 & 0.00 & 0.00 & 0.00\\0.75 & 0.25 & 0.00 & 0.00 & 0.00\\0.30 & 0.50 & 0.20 & 0.00 & 0.00\end{bmatrix}$$

$$R_3=\begin{bmatrix}0.60 & 0.40 & 0.00 & 0.00 & 0.00\\0.25 & 0.50 & 0.25 & 0.00 & 0.00\\0.30 & 0.60 & 0.10 & 0.00 & 0.00\end{bmatrix}$$

根据表 3-11 中各指标的权重，对权重进行归一化处理(将各二级指标权重换算为一级指标权重)，可得

$$\begin{aligned}W&=[A_1A_{11}\quad A_1A_{12}\quad A_1A_{13}\quad A_2A_{21}\quad A_2A_{22}\quad \cdots\quad A_3A_{33}]\\&=[0.034\ 0.120\ 0.143\ 0.195\ 0.128\ 0.065\ 0.151\ 0.023\ 0.055\ 0.086]\end{aligned}$$

综合评价结果计算为

$$
\begin{aligned}
Z_1 &= W[R_1 \quad R_2 \quad R_3 \quad R_4 \quad R_5]^{\mathrm{T}} v^{\mathrm{T}} \\
&= [0.034 \quad 0.120 \quad 0.143 \quad 0.195 \quad 0.128 \quad 0.065 \quad 0.151 \quad 0.023 \quad 0.055 \quad 0.086] \\
&\quad \cdot \begin{bmatrix}
0.10 & 0.90 & 0.00 & 0.00 & 0.00 \\
0.10 & 0.75 & 0.15 & 0.00 & 0.00 \\
0.25 & 0.50 & 0.25 & 0.00 & 0.00 \\
0.30 & 0.65 & 0.10 & 0.00 & 0.00 \\
0.80 & 0.20 & 0.00 & 0.00 & 0.00 \\
0.75 & 0.25 & 0.00 & 0.00 & 0.00 \\
0.30 & 0.50 & 0.20 & 0.00 & 0.00 \\
0.60 & 0.40 & 0.00 & 0.00 & 0.00 \\
0.25 & 0.50 & 0.25 & 0.00 & 0.00 \\
0.30 & 0.60 & 0.10 & 0.00 & 0.00
\end{bmatrix} [9 \quad 7 \quad 5 \quad 3 \quad 1]^{\mathrm{T}} \\
&= 7.536
\end{aligned}
$$

因此，梯级枢纽通航调度组织的安全态势的综合评价结果为 7.536 分。

3.5 梯级枢纽通航效率评价模型及评价方法

3.5.1 梯级枢纽通航效率评价指标

合理选择评价指标有助于对评价对象进行科学的评价。因此，指标选取前应明确指标选取的原则，从而确保评价指标选取的合理性和客观性。指标选取原则如下。

1. 综合性

梯级枢纽系统本身存在复杂性，对梯级枢纽通航效率的认知较为复杂。通常情况下某一指标仅能针对系统中的某个方面进行衡量，因此指标的选取要紧紧围绕研究目标，针对研究对象的各个方面进行选取，力争从不同的角度对枢纽通航效率进行综合评价。

2. 科学性

指标选取的科学性是客观评价研究对象的基础，要能真实反映研究对象的某个方面。此外，在指标数据的获取方法上也要确保科学性，数据来源需要具有可靠性。

3. 便捷性

选取的指标应当容易获得，并且可以确保可行性。同时，相应的评价方法能够更好地推广，适合更加广泛的研究对象。

4. 代表性

在对研究对象进行评价时，往往存在多个指标可以反映相同研究对象特性的问题，选取的指标过多会使评价的过程抓不住重点，增加工作量。因此，在保证能够合理研究对象特征的前提下，要尽量选取有代表性的指标。

5. 独立性

指标的选取应当具有一定的独立性，也就是避免指标间具有相似性，影响评价的结果。因此，指标的选取过程中应当剔除相关性较强的指标。

综上，船闸通航效率评价主要包括可靠性、畅通度、高效性等。船闸通航效率评价指标汇总如表 3-12 所示。

表 3-12　船闸通航效率评价指标汇总

评价内容	评价指标
可靠性	船闸通航率、 船闸检修效率、 汛期断航比例
畅通度	船舶平均在锚时间、 船舶平均待闸时间、 有滞留船舶的天数
高效性	船闸年通过能力、 运行次数、 闸室面积利用率、 平均每闸船吨位

3.5.2　梯级枢纽通航效率评价指标体系的建立

1. 梯级枢纽通航效率评价模型指标选取

从系统工程和实际应用出发，本着科学性和合理性的原则，综合考虑船闸通航效率评价的影响因素，从船闸运行情况、船舶待闸情况、船闸调度效率、船闸调度效益等方面选取指标，对梯级枢纽通航效率进行评价。

(1) 船闸运行情况

船闸运行情况包括船闸运行率、船闸检修停航率。

① 船闸运行率是报告期内船闸通航时间与日历时间的比值，反映船闸的实际通航情况，即

$$\gamma = 1 - \frac{\sum W_t}{T} \times 100\% \tag{3-13}$$

其中，γ 为船闸运行率；$\sum W_t$ 为船闸停航时间之和；T 为报告期内日历时间。

② 船闸检修停航率是报告期内通航建筑物维修停航时间与日历时间的比值，即

$$\mu = \frac{\sum G_{ti}}{T} \times 100\% \tag{3-14}$$

其中，μ 为船闸检修停航率；$\sum G_{ti}$ 为报告期内检修停航时间之和，即报告期内船闸设备设施检查、保养、大修、岁修、抢修、改造等造成的停航时间；T 为报告期内通航建筑物应通航时间。

(2) 船舶待闸情况

船舶待闸情况指标包括待闸船舶数量、船舶平均待闸时间。

① 待闸船舶数量是每天计划发布之前，已经申报、到锚地且还未编排计划的船舶数量。

② 船舶平均待闸时间在 3.4.2 节已介绍。

(3) 船闸调度效率

船闸调度效率包括船舶艘次计划实现率、闸室面积利用率、计划准点率和闸次平均间隔时间。

① 船舶艘次计划实现率是报告期内实际完成过闸的船舶艘次数与调度计划安排的总艘次数的比值，是反映调度计划安排准确程度和现场调度执行质量的指标，即

$$\varPsi = \frac{N_s}{N_j} \times 100\% \tag{3-15}$$

其中，$\varPsi$ 为船舶艘次计划实现率；N_s 为报告期内实际完成过闸的船舶艘次数；N_j 为报告期内调度计划安排的船舶总艘次数。

船舶艘次计划实现率受三方面因素的影响，即船舶自身原因未能过闸、计划安排失误、现场调发船舶延误或缺失。艘次计划实现率越高，说明调度计划对船舶过闸需求和实际动态的把握越准确，现场调度对计划执行的质量越高。

② 闸室面积利用率在 3.4.2 节已介绍。

③ 计划准点率在 3.4.2 节已介绍。

④ 闸次平均间隔时间在 3.4.2 节已介绍。

(4) 船闸调度效益

船闸调度效益指标指联合调度下船闸的效益，包括通过量、过闸平均载重吨两方面。

① 通过量包括闸次/厢次、艘次、货运量指标。闸次/厢次指报告期运行的闸次/厢次。艘次指报告期通过的船舶艘次。货运量指报告期通过船舶实际运送的货物重量，即

$$W = \sum W_i \tag{3-16}$$

其中，$\sum W_i$ 为报告期内通过船舶的实载货运量之和。

② 过闸平均载重吨指报告期通过船舶平均运送的货物重量，即

$$N = \frac{\sum_{i=1}^{n} W_i}{n} \tag{3-17}$$

其中，W_i 为报告期内通过的第 i 艘船舶的实载货运量；n 为报告期内通过的船舶艘次。

以上指标是在大量调研和征询专家的意见基础上，结合枢纽通航现有统计指标建立的评价指标体系。梯级枢纽通航效率评价指标如表 3-13 所示。

表 3-13　梯级枢纽通航效率评价指标表

一级指标	二级指标
船闸运行情况 A_1	船闸运行率 A_{11}
	船闸检修停航率 A_{12}
船舶待闸情况 A_2	待闸船舶数量 A_{21}
	船舶平均待闸时间 A_{22}
船闸调度效率 A_3	艘次计划实现率 A_{31}
	闸室面积利用率 A_{32}
	计划准点率 A_{33}
	闸次平均间隔时间 A_{34}
船闸调度效益 A_4	通过量 A_{41}
	过闸平均载重吨 A_{42}

2. 梯级枢纽通航效率评价模型指标标准化的方法

由于考虑的评价指标为定量指标，无须进行无量纲化处理，因此为了确保与

定性指标具有可比性，仍需对定量指标进行标准化处理。标准化处理流程是，对于二级指标，根据其对应的特征参数计算相应的指标值，再汇总计算一级指标值，最后汇总得到总效率水平；构建评价等级表，各等级对应分值为 1～9 分，将参考基准值设定为 4～6 分，参数值越大，效率越高。参数基准值可为正常年份的指标值。各专家参考评价等级表，独立确定各投标经济成本的评价等级。

3.5.3 AHP-FCE 指标评价方法

1. 评价模型

根据层次分析法的基本原理，在所建的模型中自上而下设置目标层、一级指标层、二级指标层、特征参数层等四个层级。目标层为梯级枢纽通航效率评价结果。一级指标层为属性层，包含船闸运行情况指标、船舶待闸情况指标、船闸调度效率指标、船闸调度效益指标。这四个指标又可以细化为具体的情况或问题，从而确定二级指标层。特征参数层是为二级指标层的评价提供依据。在此基础上，采用模糊综合评价法对模型进行评价。

2. 评价过程

评价模型是从微观指标到宏观指标的演进，自下而上归纳汇总评价结果。为了确保最终评价结果的可靠性，须保证评价数据源的完整性和相对准确性。具体的评价过程包括数据的标准化、权重的确定、评价的计算。

在运用模糊综合评价法对已建立的评价模型自下而上计算时，需要明确各层次指标的权重。权重的设置方法有专家打分法、判断矩阵法、目标距离法和信息熵法等。采用专家打分法，在自下而上递阶的评价模型建立后，每一个上层指标对由其指派的下层指标进行权重分配和排序。也就是说，每一个上层指标映射对应的所有下层指标的权重为 1。一般情况下，各指标及其下级指标权重不能低于 10%，以便防止指标体系臃肿和某些指标重要性被过度低估。

评价计算结果是由下向上逐步递阶汇总得到的，采用模糊综合评价法计算。AHP-FCE(AHP-fuzzy comprehension evaluation，层次分析法与模糊综合评价)流程如图 3-2 所示，通常遵循如下步骤。

① 确定评价对象的因素集，$u=\{u_1,u_2,\cdots,u_p\}$。

② 确定评价对象的评语集，设 $v=\{v_1,v_2,\cdots,v_p\}$ 是评价者对评价对象的可能做出评语的集合，设定 5 个等级，每一个等级对应一个模糊子集。具体评语等级如表 3-14 所示，其中分值越高，说明指标越优良、效率越高。

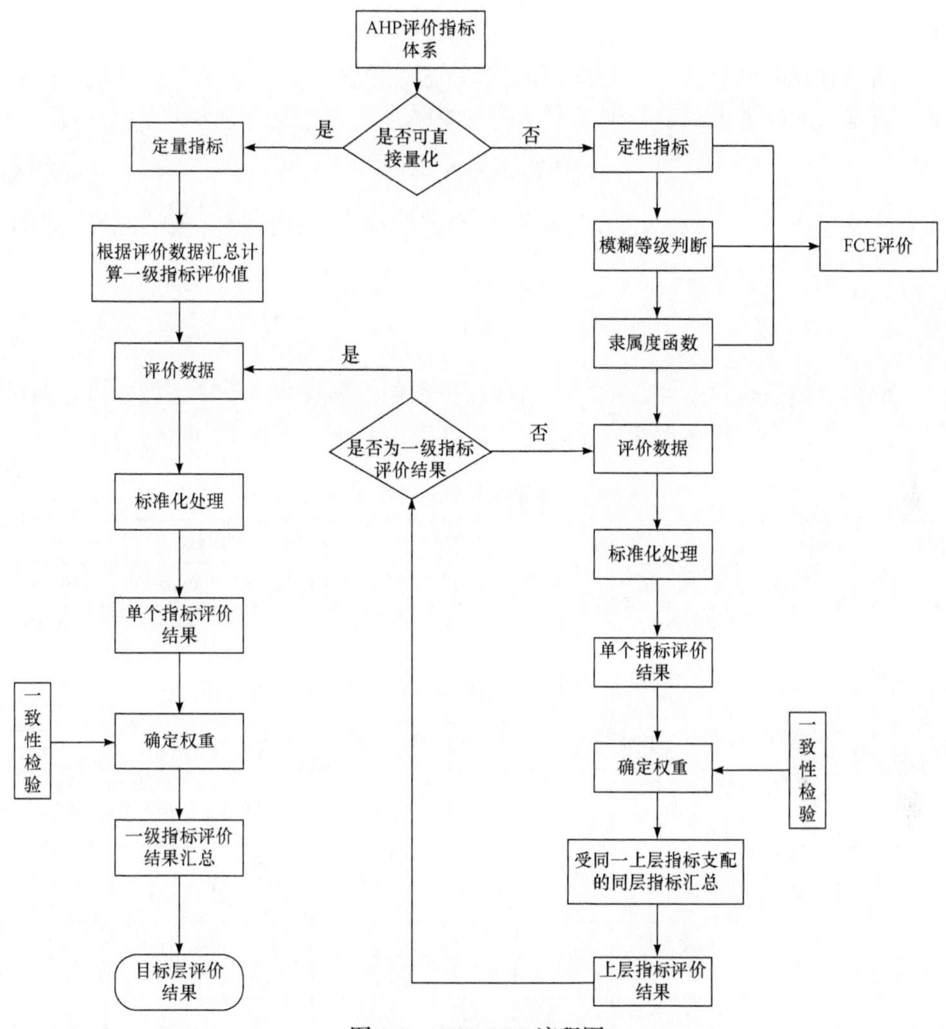

图 3-2　AHP-FCE 流程图

表 3-14　评语等级表

项目	v_1	v_2	v_3	v_4	v_5
评语	很高水平	较高水平	普通水平	较低水平	很低水平
分值	9	7	5	3	1

③ 多因素综合评价，利用确定的各子因素权重和该评级对象的单因素模糊矩阵 R，可以合成得到评价对象的模糊综合评价结果。对评语 v_j 各评价对象的隶属度进行归一化处理后，可以求和得到该评价对象从整体上关于评语 v_j 的模

糊隶属度 b_j。

④ 对模糊综合评价结果进行分析，模糊综合评价得到的结果是一组矢量结果，通常采用最大隶属度原则确定评价对象属于评价对象的等级，即

$$b_k = \max(b_1, b_2, \cdots, b_l) \tag{3-18}$$

其中，b_k 为根据最大隶属度确定的评价对象评价级，即评价对象的评价结果属于 k 评语级。

3. 评价实施

梯级枢纽通航效率评价中的各指标权重和各指标效率水平隶属度，可以通过专家打分法得到。梯级枢纽通航效率评价如表 3-15 所示。

表 3-15　梯级枢纽通航效率评价表

一级指标		二级指标		专家评价指标隶属度				
指标	权重	指标	权重	很高水平	较高水平	普通水平	较低水平	很低水平
船闸运行情况	0.22	船闸运行率	0.55	0.55	0.4	0.05	0	0
		船闸检修停航率	0.45	0.75	0.25	0	0	0
船舶待闸情况	0.15	待闸船舶数量	0.42	0.00	0.05	0.65	0.25	0.05
		船舶平均待闸时间	0.58	0.00	0.05	0.60	0.30	0.05
船闸调度效率	0.30	艘次计划实现率	0.13	0.15	0.50	0.25	0.10	0.00
		闸室面积利用率	0.40	0.15	0.65	0.10	0.05	0.05
		计划准点率	0.14	0.05	0.50	0.40	0.05	0.00
		闸次平均间隔时间	0.33	0.30	0.50	0.10	0.05	0.05
船闸调度效益	0.33	通过量	0.65	0.60	0.40	0.00	0.00	0.00
		过闸平均载重吨	0.35	0.50	0.40	0.05	0.05	0.00

由表 3-15 可知，船闸运行情况指标、船舶待闸情况指标、船闸调度效率指标、船闸调度效益指标等的模糊关系矩阵分别为

$$R_1 = \begin{bmatrix} 0.55 & 0.40 & 0.05 & 0.00 & 0.00 \\ 0.75 & 0.25 & 0.00 & 0.00 & 0.00 \end{bmatrix}$$

$$R_2 = \begin{bmatrix} 0.00 & 0.05 & 0.65 & 0.25 & 0.05 \\ 0.00 & 0.05 & 0.60 & 0.30 & 0.05 \end{bmatrix}$$

$$R_3 = \begin{bmatrix} 0.15 & 0.50 & 0.25 & 0.10 & 0.00 \\ 0.15 & 0.65 & 0.10 & 0.05 & 0.05 \\ 0.05 & 0.50 & 0.40 & 0.05 & 0.00 \\ 0.30 & 0.50 & 0.10 & 0.05 & 0.05 \end{bmatrix}$$

$$R_4 = \begin{bmatrix} 0.60 & 0.40 & 0.00 & 0.00 & 0.00 \\ 0.50 & 0.40 & 0.05 & 0.05 & 0.00 \end{bmatrix}$$

根据表 3-15 中各指标的权重，对权重进行归一化处理(将各二级指标权重换算为一级指标权重)，即

$$\begin{aligned} W &= [A_1A_{11} \quad A_1A_{12} \quad A_2A_{21} \quad A_2A_{22} \quad \cdots \quad A_4A_{41} \quad A_4A_{42}] \\ &= [0.121 \quad 0.099 \quad 0.063 \quad 0.087 \quad 0.039 \quad 0.120 \quad 0.042 \quad 0.099 \quad 0.2145 \quad 0.1155] \end{aligned}$$

综合评价结果计算为

$$\begin{aligned} Z_1 &= W[R_1 \quad R_2 \quad R_3 \quad R_4 \quad R_5]^{\mathrm{T}} v^{\mathrm{T}} \\ &= [0.121 \quad 0.099 \quad 0.063 \quad 0.087 \quad 0.039 \quad 0.120 \quad 0.042 \quad 0.099 \quad 0.2145 \quad 0.1155] \\ &\quad \cdot \begin{bmatrix} 0.55 & 0.40 & 0.05 & 0.00 & 0.00 \\ 0.75 & 0.25 & 0.00 & 0.00 & 0.00 \\ 0.00 & 0.05 & 0.65 & 0.25 & 0.05 \\ 0.00 & 0.05 & 0.60 & 0.30 & 0.05 \\ 0.15 & 0.50 & 0.25 & 0.10 & 0.00 \\ 0.15 & 0.65 & 0.10 & 0.05 & 0.05 \\ 0.05 & 0.50 & 0.40 & 0.05 & 0.00 \\ 0.30 & 0.50 & 0.10 & 0.05 & 0.05 \\ 0.60 & 0.40 & 0.00 & 0.00 & 0.00 \\ 0.50 & 0.40 & 0.05 & 0.05 & 0.00 \end{bmatrix} [9 \quad 7 \quad 5 \quad 3 \quad 1]^{\mathrm{T}} \\ &= 7.090 \end{aligned}$$

第 4 章　三峡-葛洲坝梯级枢纽通航能力分析

4.1　梯级枢纽通航能力因素分析

1. 船闸通过能力

根据《船闸总体设计规范》[3]，年单向过闸货运量计算公式为

$$P = (n - n_0)NG\alpha / \beta \tag{4-1}$$

其中，P 为年单向过闸货运量；n_0 为非运客、运货船舶过闸次数；N 为通航天数；G 为单次过闸平均吨位；α 为船舶装载系数；β 为运量不均匀系数；n 为日平均过闸次数，即

$$n = \frac{\tau \times 60}{T} \tag{4-2}$$

其中，τ 为日工作小时(h)；T 为单次过闸平均时间(min)。

在单向运行和迎向运行两种情况下，单次过闸平均时间计算公式如下。

(1) 单向运行

单次过闸平均时间计算公式为

$$T = 4t_1 + t_2 + 2t_3 + t_4 + 2t_5 \tag{4-3}$$

其中，t_1 为开门或关门时间(min)；t_2 为第一艘船舶进闸时间(min)；t_3 为闸室充水或泄水时间(min)；t_4 为第一艘船舶闸室间移泊或出闸时间(min)；t_5 为船舶进闸或出闸间隔时间(min)。

(2) 迎向运行

在迎向运行条件下，单级船闸每运行 1 个来回，可通过 2 个有载闸次的船舶。由于上行过闸的船舶在下游靠船墩处待闸，下行过闸的船舶在上游靠船墩处待闸，过闸距离不同使过闸时间略有不同。因此，单次过闸平均时间取为上行船舶过闸时间与下行船舶过闸时间之和的一半。

单次迎向过闸时间计算公式为

$$T_1 = 4t_1 + 2t_2' + 2t_3 + 2t_4' + 4t_5 \tag{4-4}$$

其中，T_1 为上、下行船舶单次迎向过闸时间(min)；t_1 为开门或关门时间(min)；t_2' 为第一个船队进闸时间(min)；t_3 为闸室充水或泄水时间(min)；t_4' 为第一个船

队出闸时间(min)；t_5为船舶进闸或出闸间隔时间(min)。

综上，迎向运行单次过闸平均时间计算公式为

$$T=\frac{T_1}{2}=2t_1+t_2'+t_3+t_4'+2t_5 \tag{4-5}$$

t_1、t_3和船闸设备的运行状况、船闸运行方式相关，合称为设备总时间，可视为一个常数。t_2'、t_4'、t_5的取值与船舶进闸集结地点、速度、进闸和移泊时的船队数量相关，合称为船舶总时间。

2. 船闸通航率

船闸通航率是指报告期内，船闸处于通航状态的时间和日历时间的比值，即

$$N_1=t_1/T_1\times 100\% \tag{4-6}$$

其中，N_1为船闸通航率；t_1为船闸运行时间；T_1为日历时间。

3. 闸次作业时间

闸次作业时间包括船舶进闸、出闸、移泊、船闸人字门启闭时间、充水或泄水时间。

4. 闸室面积利用率

闸室面积利用率是指报告期内，实际过闸船舶的面积之和与闸室船舶集泊面积的比值。

4.2　梯级枢纽船闸通过能力分析

4.2.1　葛洲坝船闸通过能力分析

1. 葛洲坝一号闸通过能力分析

从当前实际情况来看，葛洲坝一号船闸单向运行时闸次间隔时间为 90min，与运行实际基本符合。葛洲坝一号船闸由运行上行闸次换向为运行下行闸次，每次换向要增加的闸次间隔时间约 30min；船闸由运行下行闸次换向为运行上行闸次，每次换向要增加的闸次间隔时间约 60min。

葛洲坝一号船闸参考布置图如图 4-1 所示。由于一号船闸通航流量流态条件较差，同时因环保要求，在下游设置辅助进闸的靠船设施难度较大，引航道内没有合适的停靠设施。因此，实施迎向运行时，为保障船舶在引航道内的安全，需要待前一闸次船舶全部驶出闸室并进入安全航行状态后，下一闸次船舶

方可依次进闸。这增加了船舶进出闸时间，因此葛洲坝一号闸不宜采取迎向运行的方式。

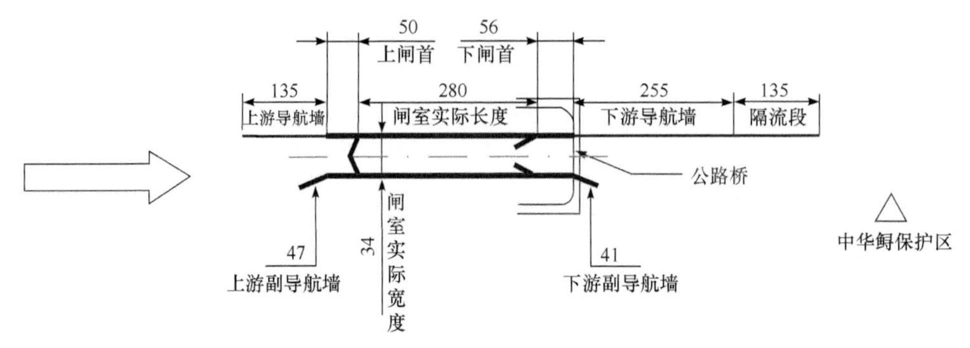

图 4-1　葛洲坝一号船闸参考布置图(单位：m)

2. 葛洲坝二号闸通过能力分析

葛洲坝二号闸以单向运行为主，单向运行闸次间隔时间为90min，迎向运行闸次间隔时间为 90min，与运行实际基本符合。二号船闸参考布置图如图 4-2 所示。

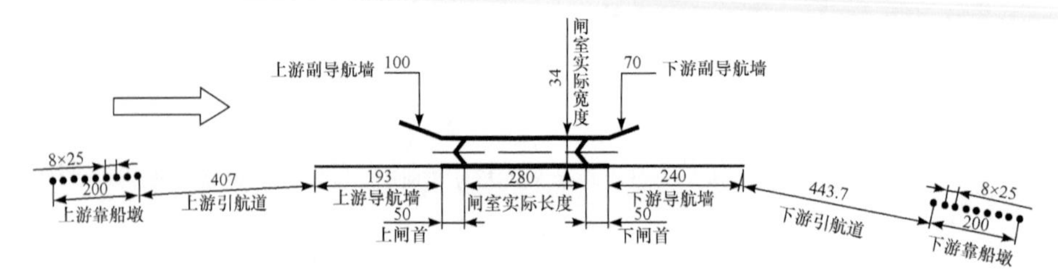

图 4-2　二号船闸参考布置图(单位：m)

3. 葛洲坝三号闸通过能力分析

葛洲坝三号船闸以双向运行为主，单向运行闸次间隔时间为 40min，迎向运行闸次间隔时间为 30min。

4.2.2　三峡船闸通过能力分析

1. 单次过闸平均时间

通过全面推行船舶同步进闸和同步移泊技术，可以减少船舶移泊单元，缩短闸次间隔时间，提高船闸运行效率。结合多年的运行经验与实际，三峡南北线日均闸次间隔时间按 90min 进行计划编制，与运行实际基本符合。

2. 日均过闸次数

三峡南线日均运行 16 闸次，三峡北线日均运行 16 闸次。

4.3 三峡-葛洲坝梯级枢纽河段通过能力分析

4.3.1 中水期枢纽河段通过能力分析

1. 中水期流量

三峡-葛洲坝梯级枢纽的中水期一般为每年的 4、5、10、11 月。在中水期，三峡出库流量一般在 10000m^3/s 左右，水流条件较好。以 2019 年为例，三峡出库流量均值为 12308m^3/s，最小为 5271m^3/s，最大为 23434m^3/s，各船闸均能正常工作。

2. 中水期水位

以 2019 年中水期为例，三峡坝上水位处于 149.46～175m，三峡坝下水位处于 64.09～67.87m；葛洲坝坝上水位处于 63.58～66.23m，葛洲坝坝下水位处于 40.15～47.04m，能够满足三峡-葛洲坝梯级枢纽各个船闸的通航技术条件。

中水期三峡南北双线和升船机的控制吃水标准分别为 4.3m 和 2.7m，葛洲坝一号船闸的控制吃水标准为 4.3m，均不受庙咀水位变化的影响，但是庙咀水位直接影响葛洲坝二号和三号船闸的控制吃水标准。

在 2019 年的中水期，庙咀水位处于 39.09～45.84m。其中，庙咀水位不小于 40m 的天数占比为 95.9%，葛洲坝二号和三号船闸相应的控制吃水标准分别为 4m 和 3.5m；庙咀水位处于 39.5～40m 的天数为 1 天，葛洲坝二号和三号船闸相应的控制吃水标准分别为 3.8m 和 3.3m；庙咀水位处于 29～39.5m 的天数为 4 天，葛洲坝二号和三号船闸相应的控制吃水标准分别为 3.5m 和 3.0m。显然，中水期葛洲坝二号和三号船闸的控制吃水标准是 4m 和 3.5m，因此中水期三峡-葛洲坝梯级枢纽各船闸的控制吃水标准大体恒定。

3. 中水期船闸运行方式

在中水期，葛洲坝一号船闸采用单向下行运行方式，与三峡南线船闸运行方式匹配；葛洲坝二号船闸采用以上行为主的迎向运行方式，与三峡北线船闸运行方式匹配；葛洲坝三号船闸采用迎向运行的快速通航方式，与升船机匹配；三峡枢纽南北双向船闸分别采用单向下行运行和单向上行运行方式；三峡枢纽升船机采用迎向运行的快速通航方式。

2019 年，中水期三峡枢纽坝上水位处于 149.46～175m，三峡船闸存在四级运行、五级补水运行、五级运行等多种方式，直接影响三峡南北双线的闸次时间间隔，导致日均闸次数产生波动。

4. 中水期船舶交通流及其货运情况

在 4 月、5 月、10 月、11 月，三峡南线船闸空载船舶占比分别为 12.40%、10.70%、12.10%、12.90%，均值为 12.05%；在 4 月、5 月、10 月、11 月中，北线空载船舶占比分别为 2.76%、16.77%、5.6%、7.60%，均值为 8.19%。

以上数据表明，中水期下行船舶空载较多，每月的空载率差异不大；上行船舶空载较多，每月的空载率差异较大；在 4 月、10 月、11 月，三峡北线船闸空载船舶占比小于南线船闸空载船舶占比，5 月三峡北线船闸空载船舶占比大于三峡南线船闸。中水期三峡枢纽船舶过闸情况如图 4-3 所示。

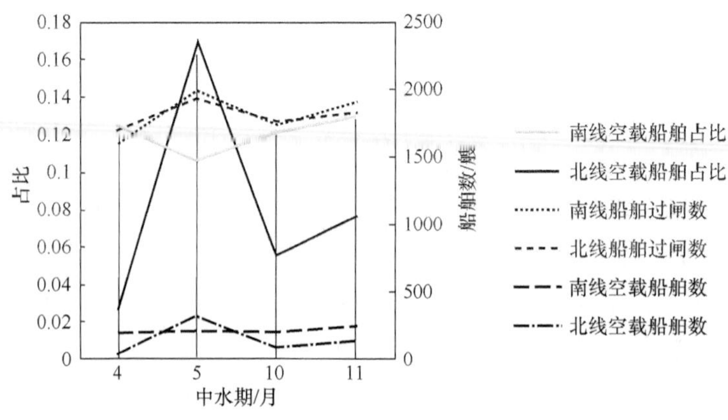

图 4-3　三峡枢纽船舶过闸情况(2019 年中水期，不含升船机)

通过三峡南线船闸船舶的平均载货量小于通过三峡北线船闸船舶的平均载货量；通过三峡南北线船闸的船舶平均载货量在中水期的差异不大。中水期三峡枢纽船舶平均载货量情况如图 4-4 所示。

在中水期的各月份内，通过三峡南线船闸船舶的装载率比较接近，通过三峡北线船闸船舶的装载率在每个月份变化极大；通过三峡南北线船闸的货运量差异不大，分别约为 2527 万 t 和 2491 万 t；在 4 月、5 月，通过三峡南北两线船闸的货运量差异极大；在 10 月、11 月，通过三峡南北两线船闸的货运量差异不大。中水期三峡枢纽总载货量情况如图 4-5 所示。

在中水期，通过三峡南北线船闸的空载过闸船舶占比偏大，会降低船舶装载率和一次过闸平均吨数，占用宝贵稀缺的通航资源，不利于三峡枢纽通过能力提升；三峡北线船闸空载船舶占比在每个月份的变化差异较大，不利于北线船闸通航能力提升。

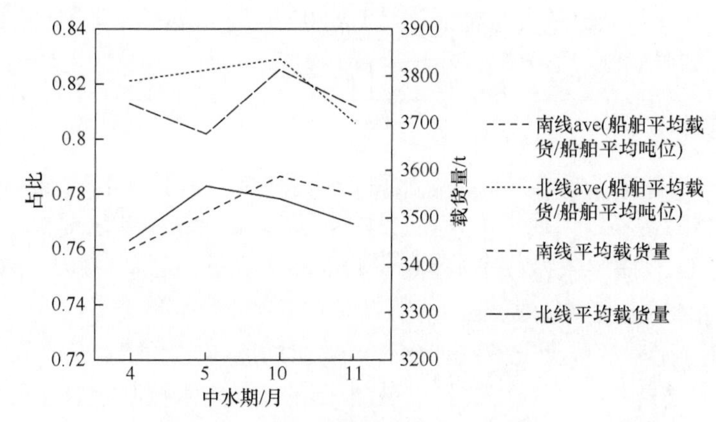

图 4-4　三峡枢纽平均载货量情况(2019 年中水期，不含升船机)

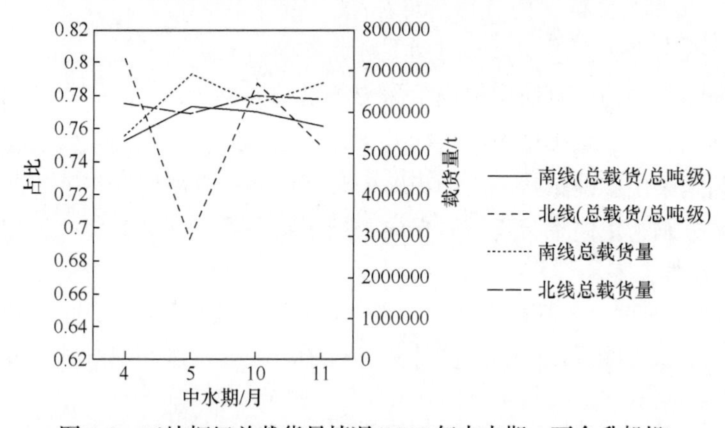

图 4-5　三峡枢纽总载货量情况(2019 年中水期，不含升船机)

4.3.2　汛期枢纽河段通过能力分析

1. 汛期流量

三峡-葛洲坝梯级枢纽的汛期一般为每年的 6～9 月。以 2019 年为例，三峡枢纽入库流量均值为 21784m³/s、最小为 12300m³/s、最大为 43000m³/s；三峡枢纽出库流量均值为 20281m³/s、最小为 11000m³/s、最大为 33800m³/s；葛洲坝枢纽出库流量均值为 20731m³/s、最小为 10941m³/s、最大为 35200m³/s。

设计三峡-葛洲坝梯级枢纽的通航技术参数，具有如下要求。

① 当三峡入库流量大于 56700m³/s 或三峡出库流量大于 45000m³/s 时，三峡船闸、升船机均停止运行。

② 当三峡出库流量大于 35000m³/s 时，葛洲坝一号船闸停止运行，当葛洲

坝入库流量超过 25000m^3/s 时，通过葛洲坝一号船闸的船舶主机功率需要大于 270kW；当三江引航道最大通航流量大于 60000m^3/s 或黄柏河流量大于 7000m^3/s 时，葛洲坝二号船闸、三号船闸停止运行。

2. 汛期水位

以 2019 年汛期为例，三峡坝上水位处于 145.35～163.15m，三峡坝下水位处于 64.2～69.17m；葛洲坝坝上水位处于 63.61～66.23m，葛洲坝坝下水位处于 42.21～50.33m；庙咀水位处于 41.79～49.05m。以上均满足三峡-葛洲坝梯级枢纽各个船闸的通航技术条件。

在汛期，通过三峡南北双线船闸和升船机的船舶吃水控制标准分别为 4.3m 和 2.7m；通过葛洲坝一号、二号、三号船闸的船舶吃水控制标准分别为 4.3m、4m、3.5m。综上，汛期三峡-葛洲坝梯级枢纽各船闸的控制吃水标准大体恒定。

3. 汛期船闸运行方式

在汛期，葛洲坝一号船闸采用单向下行运行方式，与三峡南线船闸运行方式匹配；葛洲坝二号船闸为单向上行运行方式，与三峡北线船闸运行方式匹配；葛洲坝三号船闸采用迎向运行的快速通航方式，与三峡升船机运行方式匹配；三峡南北线船闸分别为单向下行运行和单向上行运行方式；三峡升船机为迎向运行的快速通航方式。

在 2019 年汛期，三峡坝上水位处于 156m 以下的天数占比约为 88.5%，因此三峡船闸主要采用四级运行，可降低船舶过闸时间和闸次间隔时间，提高汛期三峡枢纽的日均闸次数。

4. 汛期船舶交通流及其货运情况

三峡南线船闸的船舶过闸艘次数大于北线船闸，南线船闸的空载船舶过闸艘次数小于北线船闸；在 6～9 月，通过南线船闸的空载船舶占比分别为 9.41%、9.43%、11.55%、13.59%，均值为 11.00%；在 6～9 月，通过北线船闸的空载船舶占比分别为 15.48%、18.46%、18.03%、11.22%，均值为 15.80%。以上数据表明，汛期内通过北线船闸和南线船闸的空载船舶数量均较多，但是前者大于后者，前者的波动更大。汛期三峡枢纽船舶过坝情况如图 4-6 所示。

通过三峡南线船闸船舶的平均载货量小于通过北线船闸船舶的平均载货量；通过三峡南线船闸船舶的平均载货量/平均吨位占比小于通过北线船闸船舶的平均载货量/平均吨位占比，前者为 78.19%，后者为 80.10%。这表明，在汛期内，通过南北两线船闸的船舶，其装载率总体差异不大。汛期三峡枢纽船舶平均载货量情况如图 4-7 所示。

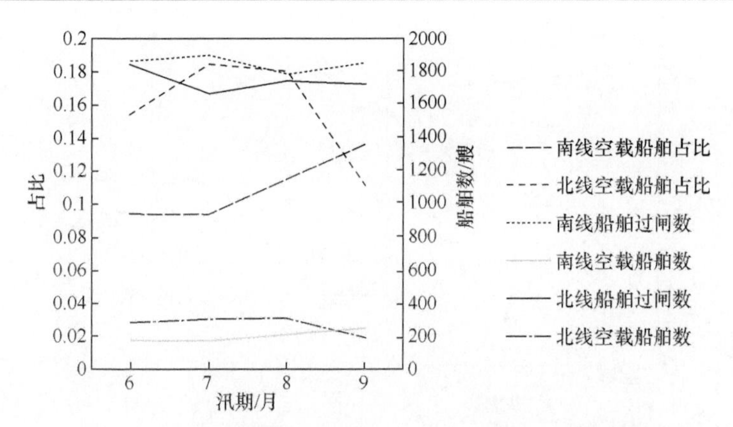

图 4-6　三峡枢纽船舶过坝情况(2019 年汛期，不含升船机)

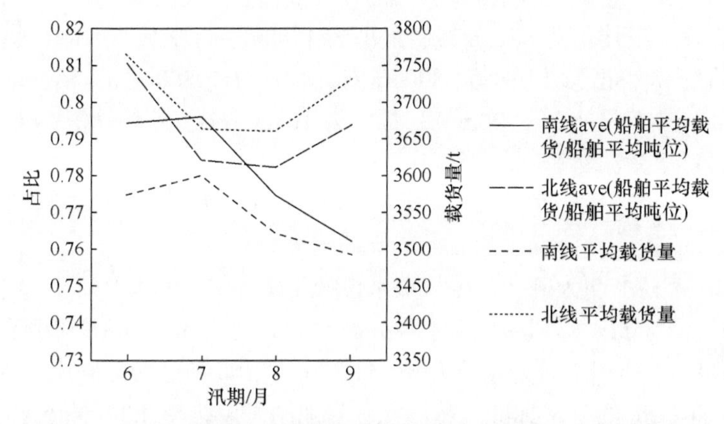

图 4-7　三峡枢纽船舶平均载货量情况(2019 年汛期，不含升船机)

对于通过三峡南线船闸的船舶，其装载率和货运量都高于通过北线船闸的船舶，但是在汛期内，两者的装载率和总货运量差异并不显著。汛期三峡枢纽总载货量情况如图 4-8 所示。

综上，在汛期，通过三峡南北线船闸的空载过闸船舶占比仍然偏大，既降低船舶装载率和一次过闸平均吨数，也占用宝贵稀缺的通航资源，不利于三峡枢纽通过能力提升。汛期枢纽河段通过能力主要受空载船舶占比及其波动因素的影响。

4.3.3　枯水期枢纽河段通过能力分析

1. 枯水期流量

三峡-葛洲坝梯级枢纽的枯水期一般为每年的 1～3 月和 12 月。以 2019 年为

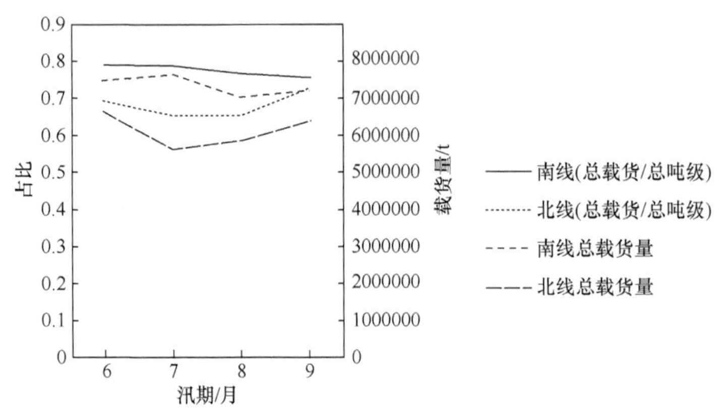

图 4-8　三峡枢纽总载货量情况(2019 年汛期，不含升船机)

例，三峡入库流量均值为 6713m³/s、最小为 4850m³/s、最大为 8500m³/s；三峡出库流量均值为 7108m³/s、最小为 5000m³/s、最大为 10500m³/s；葛洲坝出库流量均值为 7280m³/s、最小为 5900m³/s、最大为 10700m³/s。三峡-葛洲坝梯级枢纽各个船闸的运行不受流量影响。

2. 枯水期水位

以 2019 年枯水期为例，三峡坝上水位处于 165.95～174.71m，三峡坝下水位处于 64.18～65.84m；葛洲坝坝上水位处于 63.73～65.50m，葛洲坝坝下水位处于 39.82～41.88m；庙咀水位处于 39.16～41.32m。三峡南北双线和升船机分别可以维持 4.3m 和 2.7m 的吃水标准。葛洲坝一号船闸可以维持 4.3m 的吃水标准。

葛洲坝二号和三号船闸的吃水标准受庙咀水位的影响。当庙咀水位处于 29～39.5m 时，二号和三号船闸的吃水标准分别为 3.5m 和 3m；当庙咀水位处于 39.5～40m 时，二号和三号船闸的吃水标准分别为 3.8m 和 3.3m；当庙咀水位不小于 40m 时，二号和三号船闸的吃水标准分别为 4m 和 3.5m。葛洲坝二号和三号船闸的吃水标准变化会影响枢纽河段船舶组织调度。此外，每年 11 月 1 日至次年 4 月 30 日，实行葛洲坝三江航道动态吃水控制方法使危险品和其他货类的吃水标准有所差异，也会对葛洲坝船闸通行和船舶交通组织产生一定的影响。

3. 枯水期船闸运行方式

以 2019 年枯水期为例，三峡坝上水位均在 156m 以上，因此船闸采用五级运行方式。庙咀水位变化导致葛洲坝二号和三号船闸吃水受限，因此受限船舶需要通过一号船闸进出葛洲坝枢纽。此时，葛洲坝枢纽一号船闸以单向上行的运行方式为主，并定时换向集中分流下行船舶；葛洲坝枢纽二号船闸和一号船闸实行异向单向运行方式，并定期换向；葛洲坝枢纽三号船闸采用快速通行方式，协同配合葛洲坝枢纽一号和二号船闸，通常昼夜换向 1～2 次。综上，枯水期船闸运行方式会影响葛洲坝枢纽的船舶交通组织和各闸的通过能力。

4. 枯水期船舶交通流及其货运情况

三峡南线船闸的船舶过闸艘次数略大于北线船闸，南线船闸的空载船舶过闸艘次数远大于北线船闸；在 1～3 月、12 月，通过南线船闸的空载船舶占比分别为 4.49%、9.80%、14.88%、7.76%，均值为 9.23%；在 1～3 月、12 月，通过北线船闸的空载船舶占比分别为 0.74%、1.24%、2.25%、5.29%，均值为 2.35%。

以上数据表明，相对于中水期、汛期，枯水期内通过南线船闸和北线船闸的空载船舶占比较少，南北两线船闸的过闸船舶艘次数较为接近，但是南线船闸的空载船舶占比波动较大；在枯水期的 12 月份，过闸船舶数量为全年最低远小于其他月份的过闸船舶数量。枯水期三峡枢纽船舶过坝情况如图 4-9 所示。

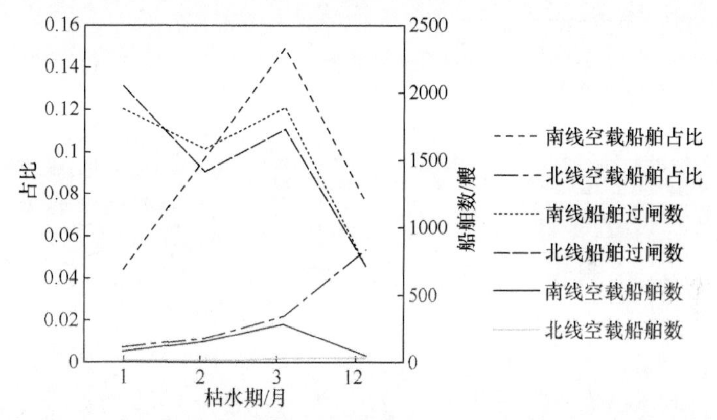

图 4-9　枯水期三峡枢纽船舶过坝情况(2019 年枯水期，不含升船机)

通过三峡南线船闸的船舶，其平均载货量小于通过北线船闸的船舶；通过三峡南线船闸船舶的平均载货量/平均吨位占比小于通过北线船闸船舶的平均载货量/平均吨位占比，前者为 68.86%，后者为 79.45%。以上情况表明，在枯水期，通过南线船闸的空载船舶占比过大，通过三峡南北两线船闸的船舶装载率差异较大。枯水期三峡枢纽船舶平均载货量情况如图 4-10 所示。

通过三峡南线船闸的船舶，其装载率和总载货量均小于通过北线船闸的船舶。这与通过南线船闸的空载船舶占比和春运期间南北两线船闸的船舶通过量有关。枯水期三峡枢纽总载货量情况如图 4-11 所示。

综上所述，枯水期内，三峡南北双线船闸的空载过闸船舶占比最低，受枯水季节、枯水期检修和春运影响，过闸船舶数量也是全年最少的；三峡南北线船闸的过闸船舶数量较为接近，由于北线船闸的船舶空载占比较南线船闸低，通过北线船闸船舶的载货量高于通过南线船闸船舶的载货量。

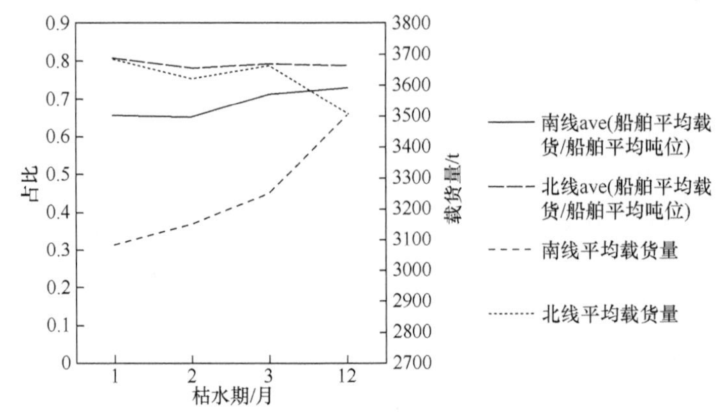

图 4-10　枯水期三峡枢纽平均载货量情况(2019 年枯水期，不含升船机)

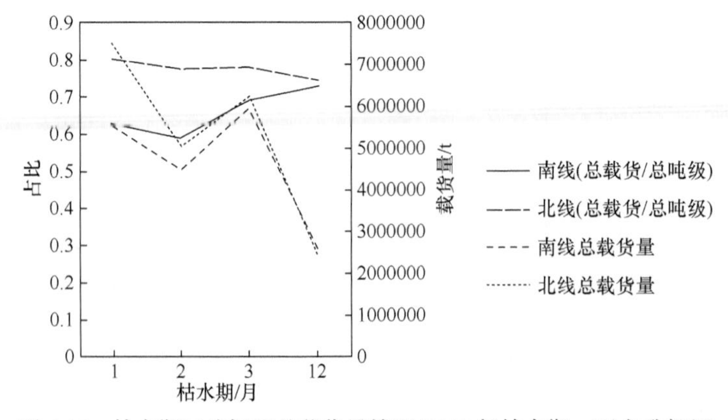

图 4-11　枯水期三峡枢纽总载货量情况(2019 年枯水期，不含升船机)

4.3.4　船闸检修期间枢纽河段通过能力分析

为保障船闸安全运行，需要对船闸设备设施进行定期保养和修理。由于葛洲坝枢纽通航能力大于三峡枢纽船闸通行能力，为避免多次检修对船舶交通组织及其通航的影响，通常三峡船闸和葛洲坝船闸进行同步检修。为了降低检修对三峡-葛洲坝梯级枢纽的影响，检修一般在货运量较少的月份进行，如枯水期。因此，枯水期的枢纽河段通过能力分析同样适用于检修期间。

对船闸检修的时机有如下要求。

① 葛洲坝二号、三号船闸坝下水位不高于 46m，葛洲坝一号船闸坝下水位不高于 45.5m，三峡船闸坝下水位不高于 67.3m。

② 天气要少雨雪，避开低温季节，方便水工设施检修。

③ 选择满足检修水位要求、对船闸通航影响最小的时间段实施，尽量不在

春节等长假时间段进行检修。

在检修期间，若三峡一线船闸正在检修，另一线船闸实行单向运行方式，定期换向，昼夜换向不超过一次；若葛洲坝一号或二号船闸检修时，其他船闸采取满负荷迎向运行方式。显然，检修对船闸运行模式会产生较大影响，将大幅降低船闸通过能力，使枢纽河段船舶积压态势趋向恶化。

目前，三峡船闸和葛洲坝船闸实行同步检修，以减小停航对船舶交通组织的影响。例如，三峡北线船闸于 2020 年 3 月 16 日 8 时～4 月 20 日 8 时实施为期 35 天的停航检修，葛洲坝二号船闸于 2020 年 3 月 16 日 8 时～4 月 17 日 8 时实施为期 32 天的停航检修。在此期间，三峡南线船闸实行单向运行定时换向方式，首次下行换上运行时间为 2020 年 3 月 17 日 18 时。换向周期原则上为 48h，根据坝上、坝下船舶积压情况，合理调整换向周期。葛洲坝一号、三号船闸和三峡南线船闸、三峡升船机匹配运行，停航检修期间船舶优先从三峡升船机通过。船闸检修期间，载运危险品船舶从三峡南线船闸和葛洲坝一号船闸通过。

4.3.5　三峡-葛洲坝梯级枢纽通过能力计算分析

1. 实际通过能力分析

以 2019 年为例，三峡船闸实际通过能力为 1.46 亿 t(不考虑升船机)，为解决船舶非对称积压问题，进行 5 次闸次换向，对缓解船舶积压有一定的积极作用。例如，2019 年 1 月 5 日 18 时～1 月 6 日 18 时，三峡南线船闸由运行下行闸次换向为运行上行闸次；2019 年 2 月 1 日 24 时～2 月 2 日 24 时，三峡南线船闸由运行下行闸次换向为运行上行闸次；2019 年 10 月 23 日 18 时～10 月 24 日 18 时，三峡南线船闸由运行下行闸次换向为运行上行闸次；2019 年 11 月 22 日 10 时～11 月 23 日 10 时，三峡北线船闸由运行上行闸次换向为运行下行闸次；2019 年 12 月 25 日 9 时～12 月 26 日 9 时，三峡北线船闸由运行上行闸次换向为运行下行闸次。以上情况表明，2019 年的闸次换向次数较少，对三峡南北线船闸全年通行影响较低。

如图 4-12 所示，2019 年三峡南线船闸的船舶过闸数具备高于北线船闸的船舶过闸数的总体趋势；南线船闸的空载船舶数及其占比较为稳定，北线船闸的空载船舶数及其占比波动剧烈；南线船闸的空载船舶占比在年头和年尾波动较大，北线船闸的空载船舶占比在全年都呈现剧烈波动。为有效降低空载船舶数量，减小其波动幅度，需要进一步分析季节需求变化、上下行货类结构、上下游供需关系，同时这一举措对于提升三峡南北线船闸船舶通过能力和货物通过能力也具有一定的指导意义。

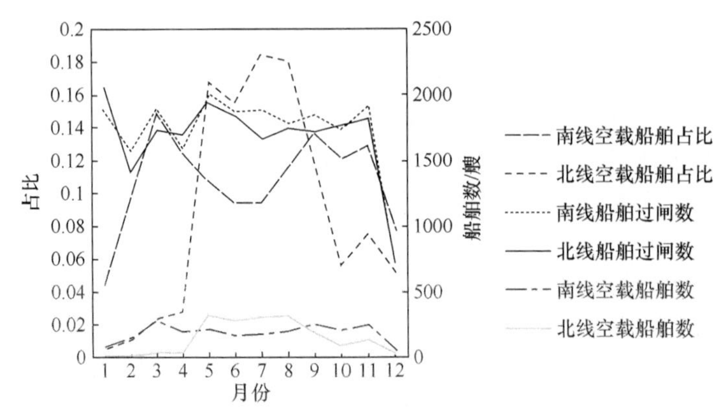

图 4-12　三峡枢纽船舶过坝情况(2019 年，不含升船机)

如图 4-13 所示，三峡南线船闸的平均载货量和船舶平均装载率总体趋势上低于北线船闸，这与南线船闸过多的过闸空载船舶有关；南线船闸的平均载货率全年变化较为明显，北线船闸的平均载货率全年变化较为平缓；北线船闸的货类需求和货类结构较为固定，受季节需求变化影响较小。

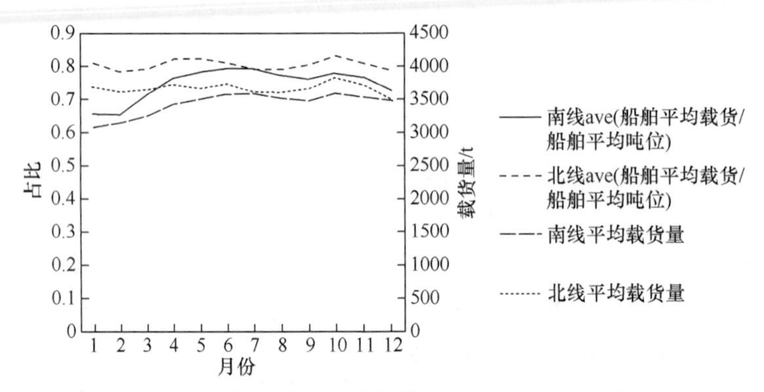

图 4-13　三峡枢纽平均载货量情况(2019 年，不含升船机)

如图 4-14 所示，南北两线船闸的过闸货物通过能力具有一定季节性变化特点，在年头年尾的波动最大；在枯水期，北线船闸的装载率高于南线船闸，而其他期间普遍低于南线。

综上，南北两线船闸的船舶交通流、空载船舶交通流、装载率等均具有明显差异，与季节变化、供需结构、货类结构等有密切关系。

2. 通过能力计算及分析

在《船闸总体设计规范》中，船闸单向过闸通过量计算公式为

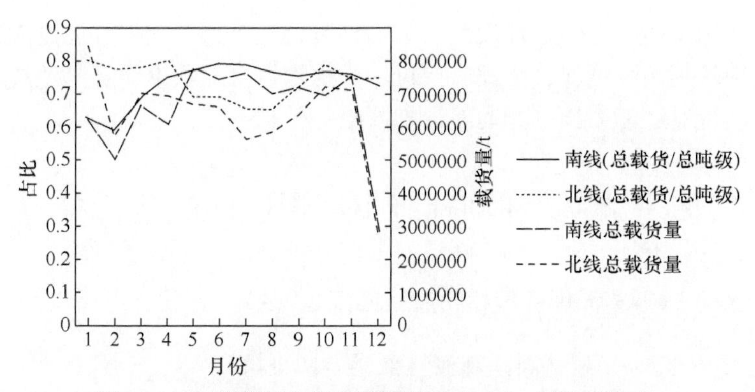

图 4-14　三峡枢纽总载货量情况(2019 年，不含升船机)

$$P=(n-n_0)NG\alpha/2\beta \tag{4-7}$$

其中，P 为船闸单向过闸通过量；n 为日均过闸次数；n_0 为非运客(货)船舶过闸次数；N 为通航天数；G 为一次过闸平均吨位；α 为船舶装载系数；β 为运量不均衡系数。

为了研究计算现有通过能力，以 2017 年和 2018 年的实际数据为基础，计算 2019 年的通过能力。2017 年货运量为 1.297 亿 t，平均载重吨位为 4336.81，货运船舶闸次运量为 12886t，货运船舶闸次吨位为 17747.43t，装载率为 0.7261，平均闸次为 31.16 次，通航率为 91.65%。2018 年货运量为 1.417 亿 t，平均载重吨位为 4471.02t，货运船舶闸次运量为 13919.6t，货运船舶闸次吨位为 18665.36t，装载率为 0.7460，平均闸次为 30.88 次。2019 年的通过能力依据前两年的平均数据进行计算，G 和 α 通过 2017～2018 年的增长率进行估算。

如表 4-1 所示，依据公式计算所得的结果和实际结果存在较大偏差，小于实际结果。对于工程实际，受限于三峡船闸尺寸及其吃水控制，考虑三峡上下游的货类结构和供需情况，G 的提升空间是有限的，不可能无限制增长；n 和 N 较为稳定，难有显著提升；β 存在较大变数，与上下游的经济发展有密切联系。

表 4-1　三峡枢纽通过能力分析(2017～2019 年，不含升船机)

年份	n/次	n_0/次	N/d	G/t	α	β	计算	实际/亿 t	偏差/亿 t
2017	31.16	0	334.5225	17747.43	0.7261	1.3	1.033	1.297	0.264
2018	30.88	0	330.2885	18665.36	0.7460	1.3	1.093	1.417	0.324
2019	31.02	0	332.4055	19630.76	0.7664	1.3	1.193	1.460	0.267

在表 4-1 中，n、n_0、N、G 易于预测，在船闸实际运行中不易发生较大波动；α 和 β 的取值有一定的主观性，缺乏定量计算方法，对计算结果有显著

的影响。采用《船闸总体设计规范》中的计算公式进行三峡枢纽通过能力计算，已经无法反映其实际情况，因此需要进一步探索符合三峡枢纽船闸通过能力的范式，以便进行通过能力预测和通航计划安排。

4.4 三峡-葛洲坝梯级枢纽通航匹配运行分析

4.4.1 中水期三峡-葛洲坝梯级枢纽通航匹配运行

1. 构建中水期三峡-葛洲坝梯级枢纽的排队网络

在中水期阶段，根据船舶过坝流程，梳理船舶上行和下行重要节点，以船舶在三峡-葛洲坝梯级枢纽的总驻留时间为参考，构建中水期三峡-葛洲坝梯级枢纽的排队网络，如图 4-15 所示。

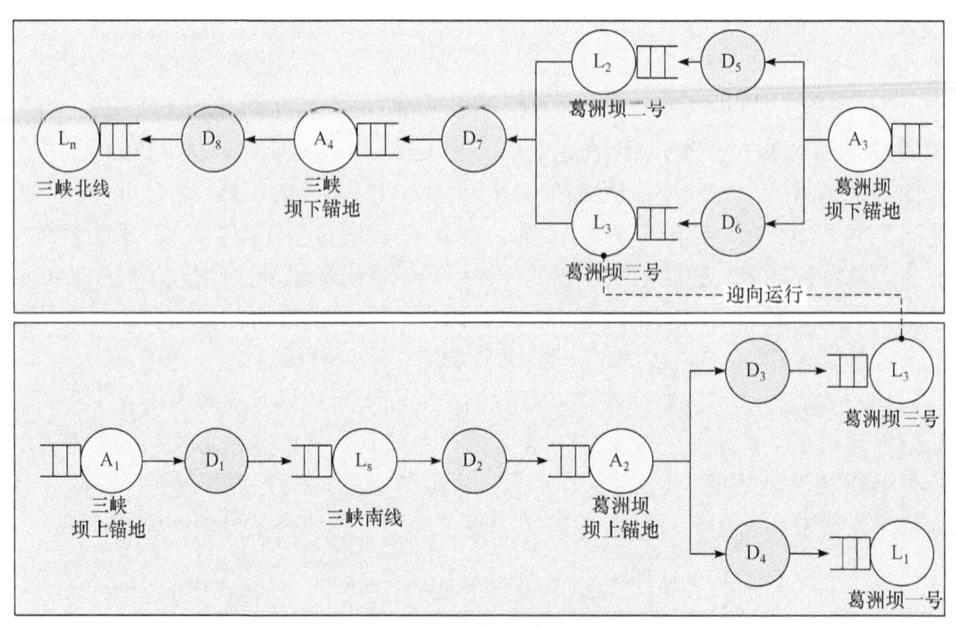

图 4-15 中水期三峡-葛洲坝梯级枢纽的排队网络

2. 三峡-葛洲坝梯级枢纽的船舶下行时间

① 计算下行船舶 i 到达三峡南线船闸(记为 L_s)的时刻，即

$$ta_i^{L_s} = ta_i^{A_1} + w_i^{A_1} + t_i^{D_1} \tag{4-8}$$

其中，$ta_i^{A_1}$ 为下行船舶 i 到达三峡坝上锚地(记为 A_1)的时刻； $w_i^{A_1}$ 为下行船舶 i

在三峡坝上锚地的驻留时间，$w_i^{\mathrm{A}_1}=D_i^{\mathrm{A}_1}+S_i^{\mathrm{A}_1}$，$D_i^{\mathrm{A}_1}$ 和 $S_i^{\mathrm{A}_1}$ 为下行船舶 i 在三峡坝上排队进入锚地时间及其在锚地的逗留时间。

如果将锚地作为一个单服务台系统，下行船舶在三峡坝上锚地的平均驻留时间为 $\overline{w}^{\mathrm{A}_1}=1/(\mu_{\mathrm{A}_1}-\lambda_{\mathrm{A}_1})$；$t_i^{\mathrm{D}_1}$ 为下行船 i 从三峡坝上锚地到三峡南线船闸的行驶时间，$t_i^{\mathrm{D}_1}$ 和距离成正比，也与不同季节的船闸运行方式相关，一般为固定数值。

② 计算下行船舶 i 离开三峡南线船闸的时刻，即

$$\mathrm{te}_i^{\mathrm{L_s}}=\mathrm{ta}_i^{\mathrm{L_s}}+w_i^{\mathrm{L_s}} \tag{4-9}$$

其中，$w_i^{\mathrm{L_s}}$ 为船舶 i 在三峡南线船闸的驻留时间，$w_i^{\mathrm{L_s}}=D_i^{\mathrm{L_s}}+S_i^{\mathrm{L_s}}$，$D_i^{\mathrm{L_s}}$ 和 $S_i^{\mathrm{L_s}}$ 分别是船舶 i 在三峡南线船闸的排队时间和一个闸次的运行时间。

三峡南线船闸作为一个单服务台系统，下行船舶在三峡南线船闸的平均驻留时间为 $\overline{w}^{\mathrm{L_s}}=1/(\mu_{\mathrm{L_s}}-\lambda_{\mathrm{L_s}})$。

③ 计算下行船舶 i 到达葛洲坝坝上锚地(记为 A_2)的时刻，即

$$\mathrm{ta}_i^{\mathrm{A}_2}=\mathrm{te}_i^{\mathrm{L_s}}+t_i^{\mathrm{D}_2} \tag{4-10}$$

其中，$t_i^{\mathrm{D}_2}$ 为下行船舶 i 从三峡南线船闸到葛洲坝坝上锚地的行驶时间，一般为固定数值。

④ 计算下行船舶 i 离开葛洲坝坝上锚地的时刻，即

$$\mathrm{te}_i^{\mathrm{A}_2}=\mathrm{ta}_i^{\mathrm{A}_2}+w_i^{\mathrm{A}_2} \tag{4-11}$$

其中，$w_i^{\mathrm{A}_2}$ 为船舶 i 在葛洲坝坝上锚地的驻留时间，$w_i^{\mathrm{A}_2}=D_i^{\mathrm{A}_2}+S_i^{\mathrm{A}_2}$，$D_i^{\mathrm{A}_2}$ 和 $S_i^{\mathrm{A}_2}$ 为下行船舶排队进入锚地时间及其在锚地的逗留时间。

葛洲坝坝上锚地作为一个单服务台系统，船舶在葛洲坝坝上锚地的平均驻留时间为 $\overline{w}^{\mathrm{A}_2}=1/(\mu_{\mathrm{A}_2}-\lambda_{\mathrm{A}_2})$。

⑤ 计算下行船舶 i 到达葛洲坝一号船闸(记为 L_1)的时刻，即

$$\mathrm{ta}_i^{\mathrm{L}_1}=\mathrm{te}_i^{\mathrm{A}_2}+x_{i\mathrm{L}_1}t_i^{\mathrm{D}_4}+(1-x_{i\mathrm{L}_1})M \tag{4-12}$$

其中，$t_i^{\mathrm{D}_4}$ 为下行船舶从葛洲坝坝上锚地到葛洲坝一号船闸的行驶时间，一般为固定数值；$x_{i\mathrm{L}_1}$ 为 0-1 变量，当下行船舶 i 选择葛洲坝一号船闸，$x_{i\mathrm{L}_1}$ 为 1；M 为一个较大数。

⑥ 计算下行船舶 i 到达葛洲坝三号船闸(记为 L_3)的时刻，即

$$\mathrm{ta}_i^{\mathrm{L}_3}=\mathrm{te}_i^{\mathrm{A}_2}+x_{i\mathrm{L}_3}t_i^{\mathrm{D}_3}+(1-x_{i\mathrm{L}_3})M \tag{4-13}$$

其中，$t_i^{\mathrm{D}_3}$ 为下行船舶 i 从葛洲坝坝上锚地到葛洲坝三号船闸的行驶时间，一般为固定数值；$x_{i\mathrm{L}_3}$ 为 0-1 变量，当下行船舶 i 选择葛洲坝三号船闸，$x_{i\mathrm{L}_3}$ 为 1；M

为一个较大数；存在 $x_{iL_3}+x_{iL_5}=1$，表示下行船舶 i 只能通过葛洲坝一号船闸或三号船闸。

⑦ 计算下行船舶 i 离开葛洲坝一号船闸的时刻，即

$$\mathrm{te}_i^{L_1}=\mathrm{ta}_i^{L_1}+w_i^{L_1} \tag{4-14}$$

其中，$w_i^{L_1}$ 为下行船舶在葛洲坝一号船闸的驻留时间，$w_i^{L_1}=D_i^{L_1}+S_i^{L_1}$，$D_i^{L_1}$ 和 $S_i^{L_1}$ 为下行船舶 i 在葛洲坝一号船闸的排队时间和一个闸次的运行时间。

葛洲坝一号船闸作为一个单服务台系统，下行船舶在葛洲坝一号船闸的平均驻留时间为 $\overline{w}^{L_1}=1/(\mu_{L_1}-\lambda_{L_1})$。

⑧ 计算下行船舶 i 离开葛洲坝三号船闸的时刻，即

$$\mathrm{te}_i^{L_3}=\mathrm{ta}_i^{L_3}+w_i^{L_3} \tag{4-15}$$

其中，$w_i^{L_3}$ 为下行船舶在葛洲坝三号船闸的驻留时间，$w_i^{L_3}=D_i^{L_3}+S_i^{L_3}$，$D_i^{L_3}$ 和 $S_i^{L_3}$ 为下行船舶 i 在葛洲坝三号船闸的排队时间和一个闸次的运行时间。

葛洲坝三号船闸作为一个单服务台系统，下行船舶在葛洲坝三号船闸的平均驻留时间为 $\overline{w}^{L_3}=1/(0.5\mu_{L_3}-\lambda_{L_3})$。此处，由于葛洲坝三号船闸采用迎向运行方式，因此其服务率减半，即 $0.5\mu_{L_3}$。

综上，下行船舶 i 在三峡-葛洲坝梯级枢纽的总驻留时间 $T_i=w_i^{A_1}+t_i^{D_1}+w_i^{L_s}+t_i^{D_2}+w_i^{A_2}+x_{iL_1}(t_i^{D_4}+w_i^{L_1})+x_{iL_3}(t_i^{D_3}+w_i^{L_3})$，其中 $x_{iL_3}+x_{iL_5}=1$。

根据下行船舶的到达时间，可以获得各个锚地、船闸的到达率。

3. 三峡-葛洲坝梯级枢纽的船舶上行时间

上行船舶 j 在三峡-葛洲坝梯级枢纽的总驻留时间的计算公式为 $T_j=w_j^{A_3}+x_{jL_2}(t_j^{D_5}+w_j^{L_2})+x_{jL_3}(t_j^{D_6}+w_j^{L_3})+t_j^{D_7}+w_j^{A_4}+t_j^{D_8}+w_j^{L_n}$，其中 $x_{jL_2}+x_{jL_3}=1$。

此处，$w_j^{A_3}$、$w_j^{A_4}$、$w_j^{L_2}$、$w_j^{L_3}$、$w_j^{L_n}$ 分别为上行船舶在葛洲坝坝下锚地、三峡坝下锚地、葛洲坝二号船闸、葛洲坝三号船闸、三峡北线船闸的驻留时间；$t_j^{D_5}$、$t_j^{D_6}$、$t_j^{D_7}$、$t_j^{D_8}$ 分别为上行船舶 j 从葛洲坝坝下锚地到葛洲坝二号船闸、从葛洲坝坝下锚地到葛洲坝三号船闸、从葛洲坝二号或三号船闸到三峡坝下锚地、从三峡坝下锚地到三峡北线船闸的行驶时间；x_{jL_2} 为 0-1 变量，当上行船舶 j 选择葛洲坝二号船闸，x_{jL_2} 为 1；x_{jL_3} 为 0-1 变量，当上行船舶 j 选择葛洲坝三号船闸，x_{jL_3} 为 1。根据上行船舶的到达时间，可以获得各个锚地、船闸的到达率。

4.4.2　汛期三峡-葛洲坝梯级枢纽通航匹配运行

1. 汛期白天阶段

在汛期(入库流量 $Q \leqslant 25000\mathrm{m^3/s}$ 或入库流量 $Q < 35000\mathrm{m^3/s}$)(3 时～18 时)阶段，其排队网络与中水期相同。汛期三峡-葛洲坝梯级枢纽的排队网络如图 4-16 所示。上行和下行船舶在三峡-葛洲坝梯级枢纽的总驻留时间参考 4.4.1 节。

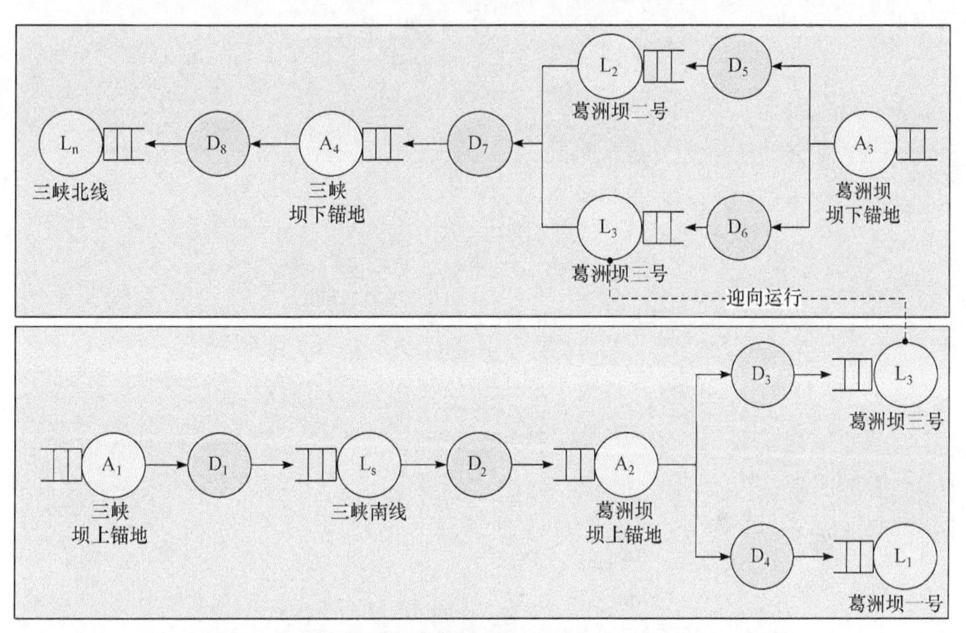

图 4-16　汛期三峡-葛洲坝梯级枢纽的排队网络(3 时～18 时)

2. 汛期夜间阶段

在汛期($25000 \leqslant Q \leqslant 35000\mathrm{m^3/s}$)夜间阶段(18 时～次日 3 时)，其排队网络如图 4-17 所示。该阶段上行和下行船舶在三峡-葛洲坝梯级枢纽的总驻留时间计算如下。

① 上行船舶 j 在三峡-葛洲坝梯级枢纽的总驻留时间 $T_j = w_j^{\mathrm{A_3}} + x_{j\mathrm{L_2}}(t_j^{\mathrm{D_4}} + w_j^{\mathrm{L_2}}) + x_{j\mathrm{L_3}}(t_j^{\mathrm{D_5}} + w_j^{\mathrm{L_3}}) + t_j^{\mathrm{D_6}} + w_j^{\mathrm{A_4}} + t_j^{\mathrm{D_7}} + w_j^{\mathrm{L_n}}$，其中 $x_{j\mathrm{L_2}} + x_{j\mathrm{L_3}} = 1$。

② 下行船舶 i 在三峡-葛洲坝梯级枢纽的总驻留时间 $T_i = w_i^{\mathrm{A_1}} + t_i^{\mathrm{D_1}} + w_i^{\mathrm{L_s}} + t_i^{\mathrm{D_2}} + w_i^{\mathrm{A_2}} + t_i^{\mathrm{D_3}} + w_i^{\mathrm{L_3}}$。

3. 汛期入库流量 Q 达到 $35000\,\mathrm{m^3/s}$ 阶段

在该阶段，根据船舶过坝流程，以船舶在三峡-葛洲坝梯级枢纽的总驻留时

间为参考，构建该阶段排队网络，如图 4-18 所示。该阶段上行和下行船舶在三峡-葛洲坝梯级枢纽的总驻留时间计算如下。

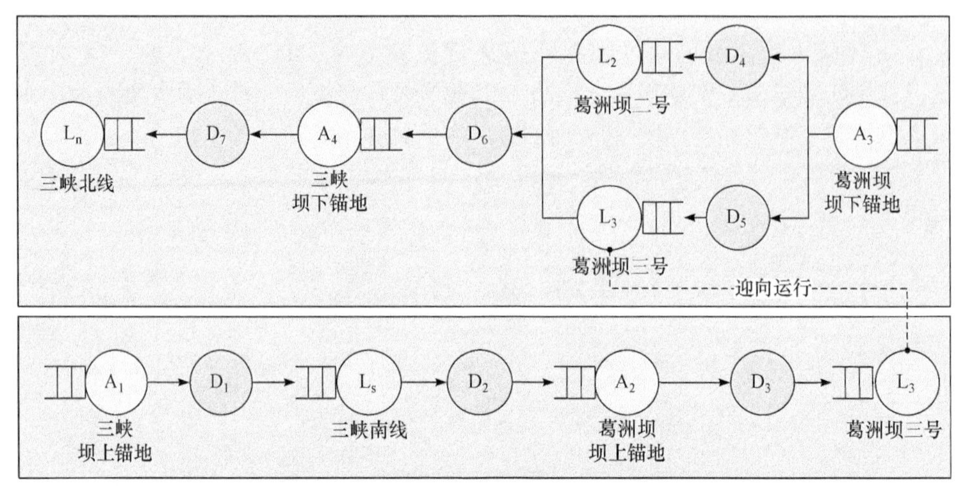

图 4-17　汛期三峡-葛洲坝梯级枢纽的排队网络

($25000 \leqslant Q \leqslant 35000 \text{m}^3/\text{s}$，18 时～次日 3 时)

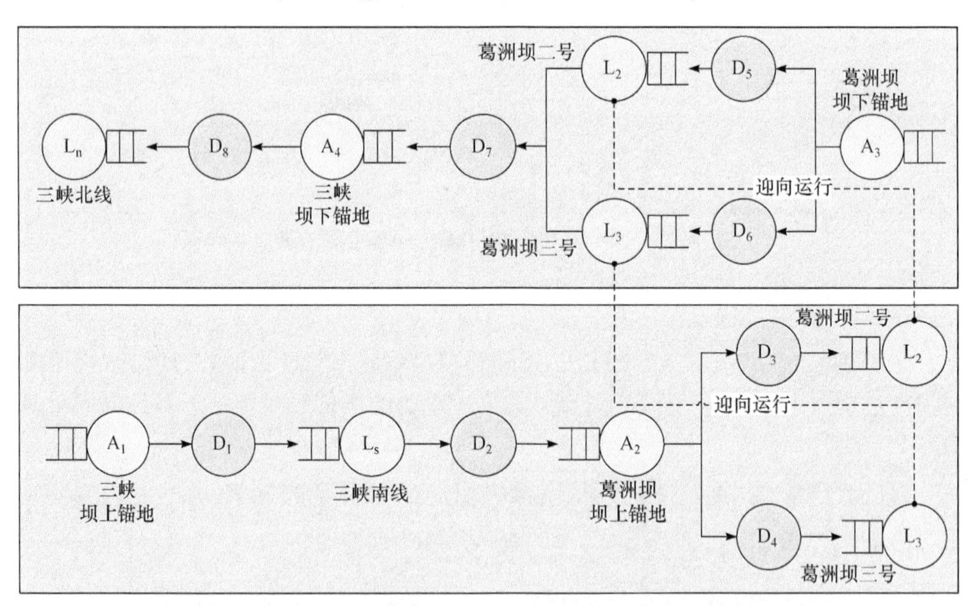

图 4-18　汛期(Q 达到 35000 m^3/s)三峡-葛洲坝梯级枢纽的排队网络

① 上行船舶 j 在三峡-葛洲坝梯级枢纽的总驻留时间 $T_j = w_j^{A_3} + x_{jL_2}(t_j^{D_5} + w_j^{L_2}) + x_{jL_3}(t_j^{D_6} + w_j^{L_3}) + t_j^{D_7} + w_j^{A_4} + t_j^{D_8} + w_j^{L_n}$，其中 $x_{jL_2} + x_{jL_3} = 1$。

② 下行船舶 i 在三峡-葛洲坝梯级枢纽的总驻留时间 $T_i = w_i^{A_1} + t_i^{D_1} + w_i^{L_s} +$

$t_i^{D_2} + w_i^{A_2} + x_{jL_2}(t_j^{D_3} + w_j^{L_2}) + x_{jL_3}(t_j^{D_4} + w_j^{L_3})$，其中 $x_{jL_2} + x_{jL_3} = 1$。

4.4.3 枯水期三峡-葛洲坝梯级枢纽通航匹配运行

1. 枯水期白天阶段

在枯水期 3 时～18 时阶段，其排队网络如图 4-19 所示。该阶段上行和下行船舶在三峡-葛洲坝梯级枢纽的总驻留时间计算如下。

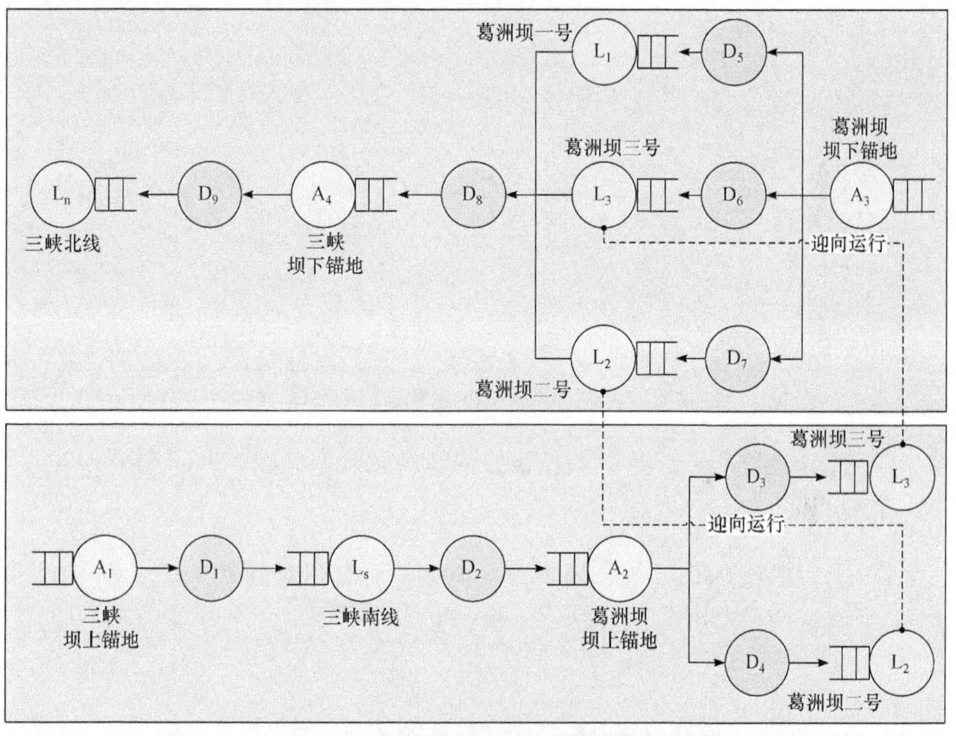

图 4-19　枯水期三峡-葛洲坝梯级枢纽的排队网络(3 时～18 时)

① 上行船舶 j 在三峡-葛洲坝梯级枢纽的总驻留时间 $T_j = w_j^{A_3} + x_{jL_1}(t_j^{D_5} + w_j^{L_1}) + x_{jL_2}(t_j^{D_7} + w_j^{L_2}) + x_{jL_3}(t_j^{D_6} + w_j^{L_3}) + t_j^{D_8} + w_j^{A_4} + t_j^{D_9} + w_j^{L_n}$，其中 $x_{jL_1} + x_{jL_2} + x_{jL_3} = 1$。

② 下行船舶 i 在三峡-葛洲坝梯级枢纽的总驻留时间 $T_i = w_i^{A_1} + t_i^{D_1} + w_i^{L_s} + t_i^{D_2} + w_i^{A_2} + x_{jL_2}(t_j^{D_4} + w_j^{L_2}) + x_{jL_3}(t_j^{D_3} + w_j^{L_3})$，其中 $x_{jL_2} + x_{jL_3} = 1$。

2. 枯水期夜间阶段

在枯水期 18 时～次日 3 时阶段，其排队网络如图 4-20 所示。该阶段上行和下行船舶在三峡-葛洲坝梯级枢纽的总驻留时间计算如下。

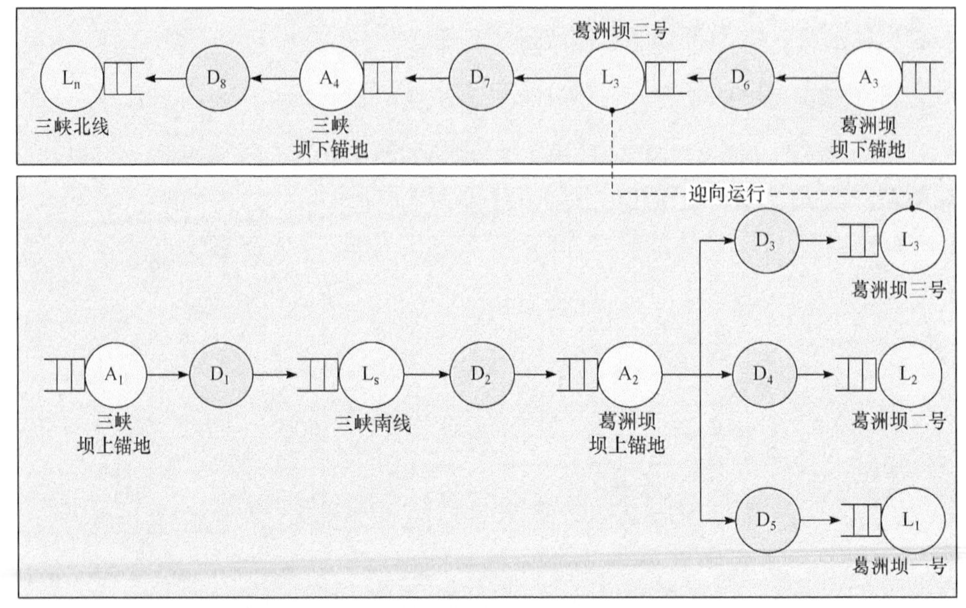

图 4-20 枯水期三峡-葛洲坝梯级枢纽的排队网络(18 时～次日 3 时)

① 上行船舶 j 在三峡-葛洲坝梯级枢纽的总驻留时间 $T_j = w_j^{A_3} + t_j^{D_6} + w_j^{L_3} + t_j^{D_7} + w_j^{A_4} + t_j^{D_8} + w_j^{L_n}$ 。

② 下行船舶 i 在三峡-葛洲坝梯级枢纽的总驻留时间 $T_i = w_i^{A_1} + t_i^{D_1} + w_i^{L_s} + t_i^{D_2} + w_i^{A_2} + x_{jL_1}(t_j^{D_5} + w_j^{L_1}) + x_{jL_2}(t_j^{D_4} + w_j^{L_2}) + x_{jL_3}(t_j^{D_3} + w_j^{L_3})$ ，其中 $x_{jL_1} + x_{jL_2} + x_{jL_3} = 1$。

4.4.4 三峡-葛洲坝梯级枢纽通航匹配运行下的通过能力分析

1. 每个闸次单向运行时间计算

任意船闸 L_k 每个闸次单向运行时间的计算公式为

$$t_{L_k} = t_e^{L_k} + t_s^{L_k} = 4t_1 + t_2 + 2t_3 + t_4 + 2t_5 \tag{4-16}$$

其中，$t_1 \sim t_5$ 分别为开门或关门时间(min)、单向第一艘船舶进闸时间(min)、闸室充水或泄水时间(min)、单向第一艘船舶闸室间移泊或出闸时间(min)、船舶进闸或出闸间隔时间(min)。

船闸 L_k 每个闸次单向运行时间由设备总时间($t_e^{L_k} = t_1 + t_3$)和船舶总时间($t_s^{L_k} = t_2 + t_4 + t_5$)组成，前者基本稳定，后者和船舶进闸距离、平均速度、进闸及移泊的船舶或船队数量相关。

2. 每个闸次迎向运行时间计算

任意船闸 L_k 每个闸次迎向运行时间计算公式为

$$t_{L_k}=t_e^{L_k}+t_s^{L_k}=4t_1+2t_2+2t_3+2t_4+4t_5 \tag{4-17}$$

其中，t_1～t_5 分别为开门或关门时间(min)、迎向第一个船队进闸时间(min)、闸室充水或泄水时间(min)、迎向第一个船队出闸时间(min)、船舶进闸或出闸间隔时间(min)。

同样，船闸每个闸次迎向运行时间也由设备总时间和船舶总时间组成。

为了有效量化描述 t_{L_k}，构建任意船闸 k 的闭环子网，如图 4-21 所示，可得具体性能参数。

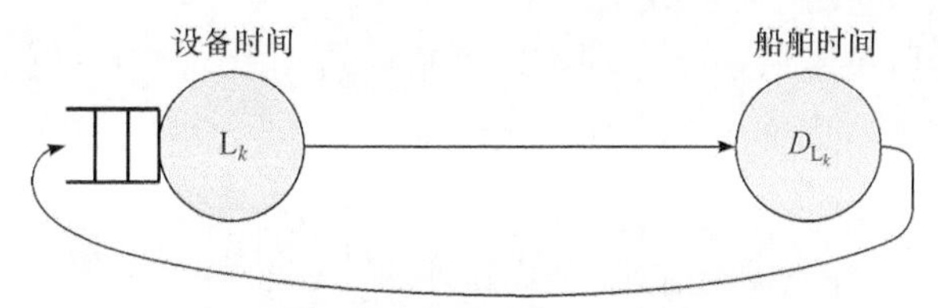

图 4-21　船闸 k 的闭环子网

(1) 任意闸次的船舶时间计算

船闸 L_k 任意闸次的船舶时间计算公式为

$$t(D_{L_k})=t_s^{L_k} \tag{4-18}$$

有导航墙船闸(记为 $\delta_{L_k}=0$)采用链式调度方式，相邻闸次船舶会提前到船闸导航墙待闸，船闸导航墙到船闸闸首较近，此部分船舶行驶时间较为固定，可计入船舶进闸时间。同样，无导航墙船闸(记为 $\delta_{L_k}=1$)采用链式调度方式，船舶从锚地提前出发，若衔接合理则不存在船闸等待现象；若衔接不合理，将产生船闸等待时间，该时间可通过统计历史数据获得，并合并到船舶时间，即

$$t_s^{L_k}=[\widetilde{t}_{aL_k}+(N_{L_k}^{\text{shift}}+1)\widetilde{t}_{eL_k}]\tilde{C}_{L_k}+\delta_{L_k}\Delta t_{L_k} \tag{4-19}$$

其中，$\tilde{C}_{L_k}$ 为船闸任意闸次船舶数量的数学期望；$\widetilde{t}_{aL_k}$、$\widetilde{t}_{eL_k}$ 为任意船舶在船闸 L_k 的进闸时间(min)、移泊或出闸时间(min)；$N_{L_k}^{\text{shift}}$ 为船闸 L_k 的移泊次数，三峡枢纽各船闸实行四级和五级运行模式时，分别存在 3 次和 4 次移泊，葛洲坝枢纽各船闸移泊次数为 0。

(2) 任意闸次的设备总时间计算

船闸 L_k 任意闸次的设备总时间计算公式为

$$t(\mathrm{L}_k)=t_e^{\mathrm{L}_k} \tag{4-20}$$

根据船闸 L_k 任意闸次的船舶时间和设备总时间，可以计算船闸 L_k 任意闸次闸室的船舶到达率 $\lambda_n^{\mathrm{L}_k}=\dfrac{1}{t(D_{\mathrm{L}_k})}(\tilde{C}_{\mathrm{L}_k}-n)$， $0\leqslant n\leqslant \tilde{C}_{\mathrm{L}_k}$， n 为船舶数量，以及船闸 L_k 的服务率 。

(3) 任意闸次的运行时间计算

船闸 L_k 闸次时间的计算公式为

$$t_{\mathrm{L}_k}=t(D_{\mathrm{L}_k})+t(\mathrm{L}_k)=\left[\widetilde{t}_{a\,\mathrm{L}_k}+(N_{\mathrm{L}_k}^{\mathrm{shift}}+1)\widetilde{t}_{e\,\mathrm{L}_k}\right]\tilde{C}_{\mathrm{L}_k}+\delta_{\mathrm{L}_k}\Delta t_{\mathrm{L}_k}+t_e^{\mathrm{L}_k} \tag{4-21}$$

(4) 任意闸次的闸室船舶数量概率计算

依据闭式排队系统稳定状态理论，可知船闸 L_k 任意闸次的闸室船舶数量为 0 和 n 的概率，即

$$\pi_0^{\mathrm{L}_k}=\left[\sum_{n=0}^{\tilde{C}_{\mathrm{L}_k}}\left(\frac{t(\mathrm{L}_k)}{t(D_{\mathrm{L}_k})}\right)^n\frac{\tilde{C}_{\mathrm{L}_k}!}{(\tilde{C}_{\mathrm{L}_k}!-n)!}\right]^{-1} \tag{4-22}$$

$$\pi_n^{\mathrm{L}_k}=\pi_0^{\mathrm{L}_k}\left(\frac{t(\mathrm{L}_k)}{t(D_{\mathrm{L}_k})}\right)^n\frac{\tilde{C}_{\mathrm{L}_k}!}{(\tilde{C}_{\mathrm{L}_k}-n)!} \tag{4-23}$$

(5) 任意闸次船舶数量的数学期望计算

可结合排队论和上述计算过程，估算任意闸次船舶数量期望 $\tilde{C}_{\mathrm{L}_k}$，从而得到船闸 L_k 的性能参数，具体如下。

① 船闸 L_k 的平均利用率，即

$$\rho_{\mathrm{L}_k}=\frac{\lambda_{\mathrm{L}_k}}{\mu_{\mathrm{L}_k}},\quad 0\leqslant\rho_{\mathrm{L}_k}\leqslant 1 \tag{4-24}$$

② 船闸 L_k 单服务台系统中船舶数的期望值，即

$$L_{\mathrm{L}_k}=\frac{\rho_{\mathrm{L}_k}}{1-\rho_{\mathrm{L}_k}}=\frac{\lambda_{\mathrm{L}_k}}{\mu_{\mathrm{L}_k}-\lambda_{\mathrm{L}_k}} \tag{4-25}$$

③ 船闸 L_k 单服务台系统中排队等待船舶的期望值，即

$$Q_{\mathrm{L}_k}=\frac{\rho_{\mathrm{L}_k}^2}{1-\rho_{\mathrm{L}_k}}=\frac{\lambda_{\mathrm{L}_k}^2}{\mu_{\mathrm{L}_k}(\mu_{\mathrm{L}_k}-\lambda_{\mathrm{L}_k})} \tag{4-26}$$

④ 船闸L_k单服务台系统在第 j 期间($j\in\{1,2,3\}$ ，分别对应中水期、汛期、枯水阶段)的船舶通过能力期望值，即

$$P_{\mathrm{L}_k,j}^{\mathrm{ship}}=\tilde{C}_{\mathrm{L}_k,j}(24\times60\times\mathrm{Day}_{\mathrm{L}_k,j})/t_{\mathrm{L}_k,j} \tag{4-27}$$

其中， $\mathrm{Day}_{\mathrm{L}_k,j}$ 为船闸在第 j 期间的通航天数；船闸L_k单服务台系统的船舶通过能力期望值需要按照中水期、汛期、枯水期分别计算；船闸单服务台系统的全年船舶通过能力期望值为中水期、汛期、枯水期三个期间的船舶通过能力之和。

⑤ 船闸L_k单服务台系统的货物通过能力期望值，即

$$P_{\mathrm{L}_k,j}^{\mathrm{cargo}}=P_{\mathrm{L}_k,j}^{\mathrm{ship}}G_{\mathrm{L}_k,j}=\tilde{C}_{\mathrm{L}_k,j}G_{\mathrm{L}_k,j}(24\times60\times\mathrm{Day}_{\mathrm{L}_k,j})/t_{\mathrm{L}_k,j} \tag{4-28}$$

其中， $G_{\mathrm{L}_k,j}$ 为船闸在第 j 期间的闸室一次过闸平均货物重量，可结合近几年的历史数据，按照中水期、汛期、枯水等期间分别预测(可采用加权序时平均数法、加强移动平均法或指数平滑法等)。

因此，船闸L_k单服务台系统的全年货物通过能力期望值为中水期、汛期、枯水期三个期间货物通过能力之和。

综上，船闸L_k货物年通过能力的范式表达为

$$P_{\mathrm{L}_k}^{\mathrm{cargo}}=\sum_{j=1}^{3}P_{\mathrm{L}_k,j}^{\mathrm{cargo}}=\frac{\sum\limits_{j=1}^{3}\tilde{C}_{\mathrm{L}_k,j}G_{\mathrm{L}_k,j}(24\times60\times\mathrm{Day}_{\mathrm{L}_k,j})}{[\widetilde{t}_{a\mathrm{L}_k}+(N_{\mathrm{L}_k}^{\mathrm{shift}}+1)\widetilde{t}_{e\mathrm{L}_k}]\tilde{C}_{\mathrm{L}_k,j}+\delta_{\mathrm{L}_k}\Delta t_{\mathrm{L}_k}+t_e^{\mathrm{L}_k}} \tag{4-29}$$

由船闸的货物年通过能力的范式表达可知，采用成组同步进闸、移泊、出闸的新模式，能够减少船舶进闸时间$\widetilde{t}_{a\mathrm{L}_k}$、移泊和出闸时间$\widetilde{t}_{e\mathrm{L}_k}$，提高船闸的货物年通过能力；通过链式调度，锚地船舶提前出发，可以减少船闸的等待时间Δt_{L_k}，设置导航墙和靠船墩导致$\delta_{\mathrm{L}_k}\Delta t_{\mathrm{L}_k}=0$，可提升船闸的货物年通过能力。随着船舶大型化，船闸单次过闸船舶数呈下降趋势，对范式表达会造成影响，从而影响船闸的货物年通过能力。由于长江沿线经济发展等因素，船闸的一次过闸平均货物重量可对船闸的货物年通过能力产生直接影响，因此可通过政策引导来限制空载、轻载的货运船舶通过三峡-葛洲坝梯级枢纽。

此外，任意船闸L_k的服务率$\mu_{\mathrm{L}_k}=\dfrac{\tilde{C}_{\mathrm{L}_k}}{t(\mathrm{L}_k)+t(D_{\mathrm{L}_k})}$，因此要使三峡-葛洲坝梯级枢纽通航匹配，首先要保证$\dfrac{\lambda_{\mathrm{L}_k}}{\mu_{\mathrm{L}_k}}<1$，即有效控制任意船闸$\mathrm{L}_k$锚地船舶的出发间隔时间，保障任意船闸$\mathrm{L}_k$的到达率$\lambda_{\mathrm{L}_k}$在合理范围内。其次，由于船舶需要在一天之内通过两坝且不能长时间驻留在两坝间，因此引入服务水平α及其对应

的最大等待时间(记为$W_{\alpha}^{\max}$)，根据$W_{\alpha}^{\max}=\dfrac{1}{\mu_{\mathrm{L}_k}-\lambda_{\mathrm{L}_k}}$，可获得满足服务水平$\alpha$的$\lambda_{\mathrm{L}_k}$，依据$\lambda_{\mathrm{L}_k}$来合理规划和控制两坝锚地的处理能力。

4.5 三峡-葛洲坝梯级枢纽通过能力仿真

4.5.1 仿真数据处理及参数设计

1. 船闸过坝船舶统计及参数设计

基于通航船舶数据统计，三峡-葛洲坝梯级枢纽包括 22 种过坝船舶类型。根据三峡船闸通航调度技术规程要求，将上述船舶合并为 7 类。通过对 2018 年 12 月～2019 年 12 月梯级枢纽通航船舶类型和数量进行统计，通航船舶中不同类型的船舶占比如图 4-22 所示。在仿真模型中，将按此比例进行船舶类型初始化，生成模拟船舶。

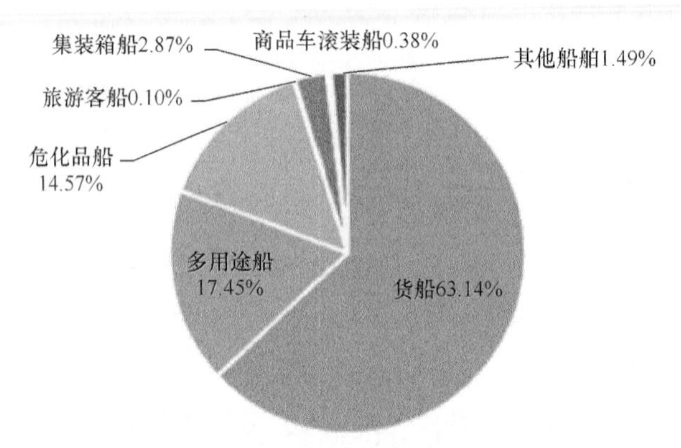

图 4-22 通航船舶中不同类型的船舶占比

2. 船舶到锚时间间隔分析及参数设计

根据排队论模型，通常相继两个到达事件的间隔时间服从指数分布，因此设置船舶到达时间间隔服从指数分布。指数分布的概率分布函数为

$$F(t)=1-\mathrm{e}^{-\lambda t} \tag{4-30}$$

其中，参数λ表示指数分布相邻事件时间间隔状态，通过该参数可以确定船舶到锚的时间间隔分布函数，即

$$\lambda = \hat{\lambda} = \frac{1}{E(x)} = \frac{1}{\frac{1}{n}\sum_{i=1}^{n} X_i} \tag{4-31}$$

其中，$\hat{\lambda}$为极大似然估计值；$E(x)$为样本期望值，代表船舶平均到锚间隔时间；X_i为样本值；n为样本总数。

因为每月船舶到锚情况存在一定差异，所以以月为单位，对 2019 年三峡枢纽上游和葛洲坝枢纽下游的船舶到锚时间间隔进行分析。其到锚时间间隔直方图如图 4-23 和图 4-24 所示。

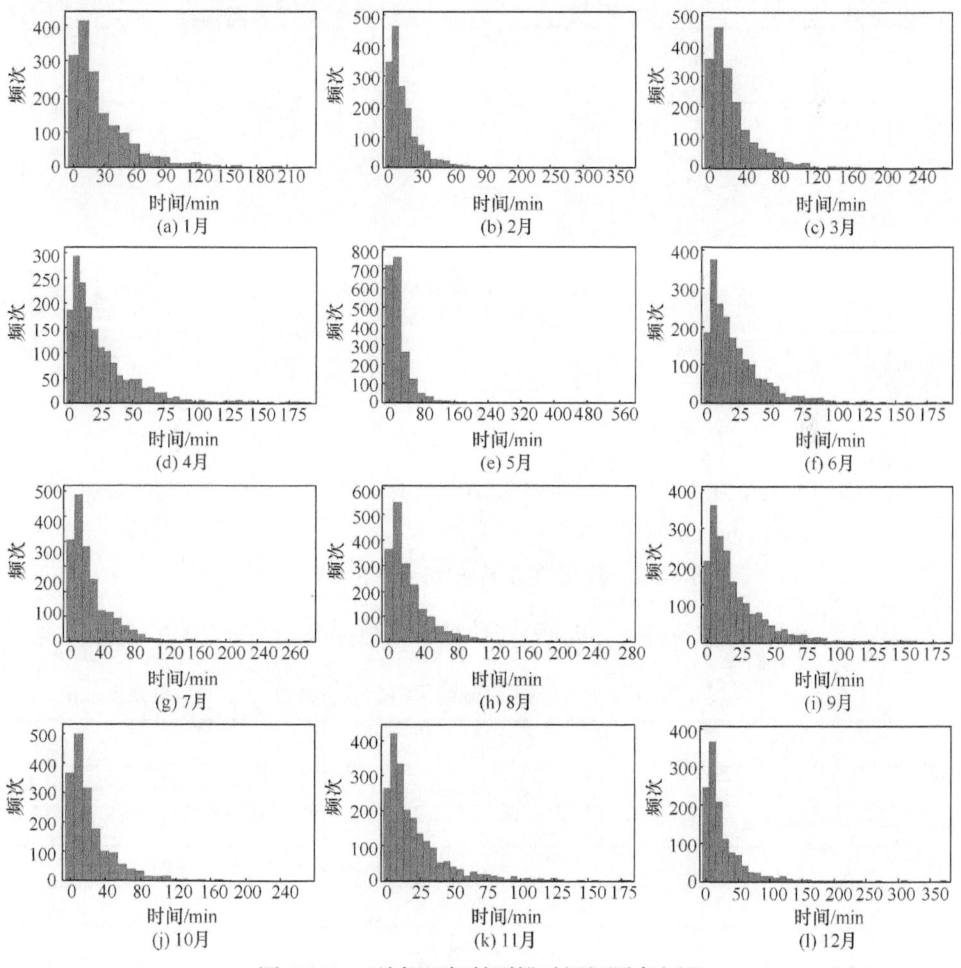

(a) 1月　(b) 2月　(c) 3月　(d) 4月　(e) 5月　(f) 6月　(g) 7月　(h) 8月　(i) 9月　(j) 10月　(k) 11月　(l) 12月

图 4-23　三峡枢纽船舶到锚时间间隔直方图

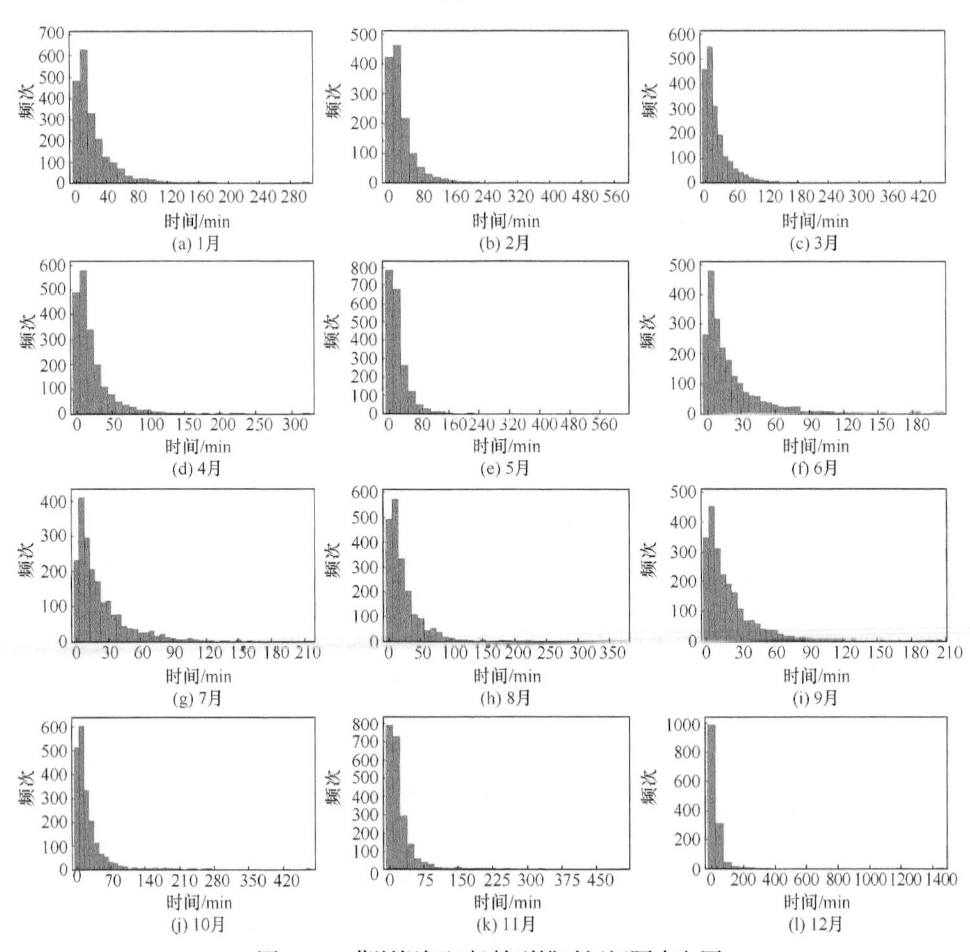

图 4-24　葛洲坝枢纽船舶到锚时间间隔直方图

以月为单位的船舶到锚时间间隔指数分布参数如表 4-2 和表 4-3 所示。

表 4-2　三峡船舶到锚时间间隔指数分布参数　　(单位：min)

时间	$E(x)$	λ
1 月	28	0.04
2 月	25	0.04
3 月	25	0.04
4 月	25	0.04
5 月	23	0.04
6 月	22	0.05
7 月	25	0.04
8 月	24	0.04

续表

时间	$E(x)$	λ
9 月	23	0.04
10 月	25	0.04
11 月	21	0.05
12 月	32	0.03

表 4-3　葛洲坝船舶到锚时间间隔指数分布参数　(单位：min)

时间	$E(x)$	λ
1 月	22	0.05
2 月	30	0.03
3 月	23	0.04
4 月	22	0.05
5 月	23	0.04
6 月	21	0.05
7 月	22	0.05
8 月	22	0.05
9 月	20	0.05
10 月	22	0.05
11 月	20	0.05
12 月	25	0.04

3. 船舶空载率分析及参数设计

船舶空载率会影响三峡-葛洲坝梯级枢纽的通航货运总量。以月为统计单位进行空载率统计，统计结果如表 4-4 和表 4-5 所示。根据统计结果，在仿真模型中，根据船舶上行和下行两种情况依据空载率初始化不同空载船舶数量。

表 4-4　三峡通航船舶空载率统计

时间	船舶总量/艘	空船数量/艘	空载率
1 月	1594	285	0.18
2 月	1626	338	0.21

续表

时间	船舶总量/艘	空船数量/艘	空载率
3月	1773	249	0.14
4月	1716	205	0.12
5月	1756	212	0.12
6月	1920	180	0.09
7月	1752	172	0.10
8月	1858	212	0.11
9月	1908	248	0.13
10月	1760	220	0.13
11月	2053	241	0.12
12月	1216	176	0.14

表 4-5　葛洲坝通航船舶空载率统计

时间	船舶总量/艘	空船数量/艘	空载率
1月	1994	24	0.01
2月	1294	15	0.01
3月	1808	49	0.03
4月	1834	91	0.05
5月	1797	328	0.18
6月	1978	421	0.21
7月	1838	412	0.22
8月	1801	383	0.21
9月	1020	272	0.27
10月	1849	152	0.08
11月	1968	206	0.10
12月	1300	110	0.08

4.5.2 仿真模型验证

为确定仿真优化模型的可靠性和稳定性，以上述参数为基础进行仿真实验。仿真运行相关界面如图 4-25～图 4-27 所示。

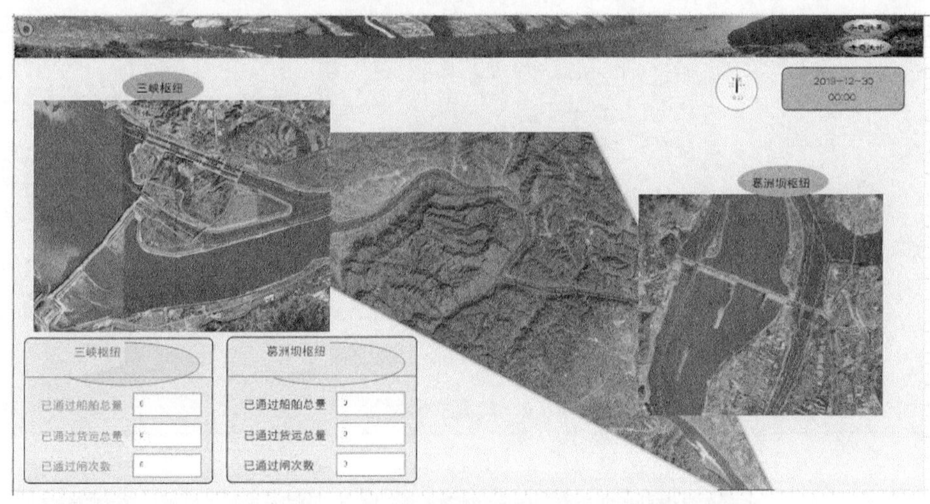

图 4-25 仿真运行主界面

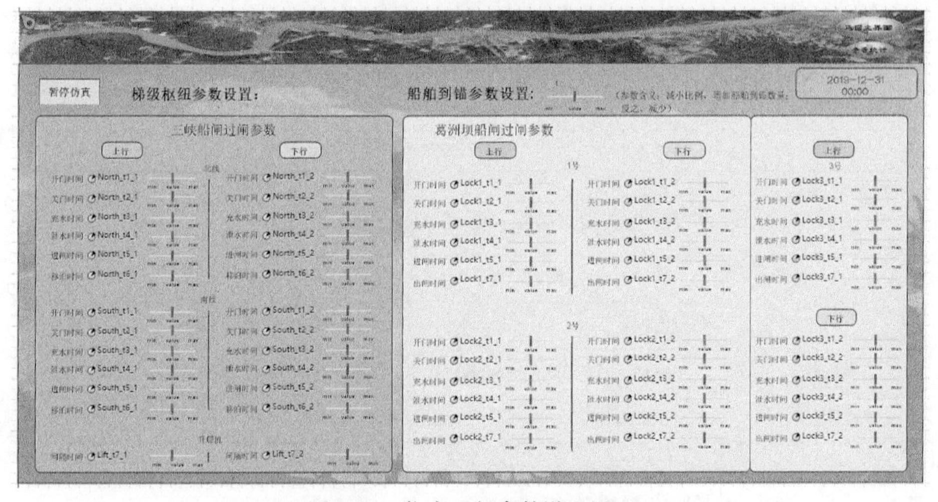

图 4-26 仿真运行参数设置界面

在相同测试条件下，对模型独立重复运行 5 次，结果如表 4-6 所示。首先对输出结果中的船舶通过总量和货运通过总量进行统计分析，然后取仿真均值分别与其对应的案例值进行对比，结果如表 4-7 所示。两个指标值与案例实际值的误差在 6%之内，相对较小，表明模型可靠。

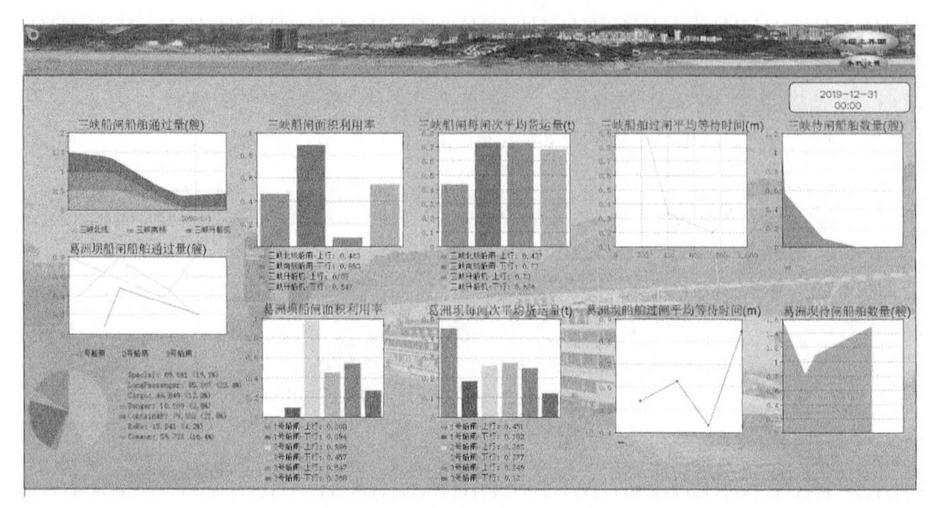

图 4-27　仿真运行查看统计界面

表 4-6　仿真实验结果

仿真次数	三峡		葛洲坝	
	总艘次/次	货运吨量/t	总艘次/次	货运吨量/t
1	45667	155152394	45879	156184507
2	45545	153627794	45805	155414388
3	45538	154488682	45776	156600338
4	45646	154805060	45881	156836748
5	45679	154729235	45948	156820927

表 4-7　仿真实验与案例数据对比

数据	三峡		葛洲坝	
	总艘次/次	货运吨量/t	总艘次/次	货运吨量/t
仿真数据	45615	154560633	45857.8	156371381.6
案例数据	45385	147022612	47695.0	147776857.0

4.5.3　不同交通流量下仿真输出统计

保持当前通航条件不变，调增船舶到锚数量，进行不同交通流量下的梯级枢纽通过能力测试。在模型中，通过缩短船舶到锚时间间隔来增加船舶数量，分别设置到锚时间间隔缩短 10%、20%、30%，即船舶到锚量对应增加 10%、20%、30%，进行不同交通流量下的模型测试。不同通航船舶流量对比如表 4-8 所示。

表 4-8　不同通航船舶流量对比

数据	三峡		葛洲坝	
	总艘次/次	货运吨量/t	总艘次/次	货运吨量/t
原值	45615.0	154560633.0	45857.8	156371381.6
10%	50852.0	172315060.2	51129.0	175048653.0
20%	51445.6	173911871.8	51688.4	185427885.4
30%	50213.8	171805942.0	50362.0	194265671.6

可以看出，随着船舶到锚数量的增加，三峡-葛洲坝枢纽的船舶通过总艘次和货运总量呈现先增加后平缓降低的趋势。这说明，单纯增加船舶到锚数量，并未持续增加三峡-葛洲坝梯级枢纽通过量，当达到通过能力极限时，通航船舶数量和货运量不会再增加，而且船舶数量的增加会带来堵塞等问题，对通航起负面作用。

4.5.4　仿真结论

三峡-葛洲坝梯级枢纽通航系统仿真模型以实际船舶通航数据为驱动，是验证两坝枢纽通航管控措施、实现船舶通航高效调度、提升枢纽通过能力的有效技术手段。针对复杂通航作业环境，采用基于多 Agent 和离散事件仿真的建模方法，开发面向流程的独立仿真模块，构建基于数据和事件驱动的三峡-葛洲坝梯级枢纽通航系统仿真模型，同时对制约通过能力的边界条件进行参数化设计，并建立多条件多场景通航全过程的动态仿真模型。

基于系统建模总体设计思路，从仿真假设和整体架构出发，对系统通航环境和通航要素进行建模，完成标准化模型库的构建。采用基于多 Agent 的参数化建模方法，实现基础仿真模型(如闸室、引航道、锚地等)的复制和继承，分别构建三峡枢纽和葛洲坝枢纽船舶通航调度仿真模型，按照船舶上下行流向进行模型对接，完成仿真模型的构建。

基于 2019 年实际船舶通航实测数据，结合仿真数据处理和参数设计展开三峡-葛洲坝梯级枢纽通航调度仿真模型的试验分析。仿真试验结果如下。

① 设置系统仿真时间为一年，得到的船舶总艘次和货运量两个指标值与 2019 年实际值误差小于 6%，模型结果合理。

② 船舶交通流量压力测试下，三峡-葛洲坝梯级枢纽船舶通过总艘次和货运总量呈现先增加后平缓降低的趋势，达到通过能力极限后不再增加，并且船舶数量的增加会带来堵塞等负面问题。

③ 提高船舶交通流量，即增加到锚船舶数量，对三峡-葛洲坝梯级枢纽闸室利用率和单闸次平均货运量影响不大。

第5章　梯级枢纽通航调度技术及平台

5.1　梯级枢纽通航调度组织流程概述

梯级枢纽通航调度组织流程主要包括基础数据收集、船舶申报、申报确认、排序排档、闸次运行、实绩统计等。

1. 基础数据收集

梯级枢纽通航调度组织首先需要收集过闸船舶基础资料建库，主要包括中华人民共和国船舶所有权登记证书、中华人民共和国船舶国籍证书、中华人民共和国内河船舶检验证书簿、船舶营运证、静水力曲线、船舶AIS标识码证书等相关证书、企业营业执照、水路运输许可证。申请通过升船机的船舶应提交船舶首部形状图(型线图)及其所属公司的安全管理体系符合证明或企业安全生产标准化二级以上达标等级证书。

2. 过坝申报

船舶过坝申报是指需要通过三峡船闸、升船机，以及葛洲坝船闸的船舶，按照规定向长江三峡通航管理局申请过坝计划。所有过坝船舶必须先进行过坝申报，通过后再排入调度计划中，最后根据调度计划和指令有序通过。船舶申报的方式主要包括远程申报和到锚申报，其中远程申报包括网页申报、微信申报、手机应用程序(application，APP)申报、GPS申报等。

3. 申报确认

申报成功的船舶航行至上下游，并由锚线自动触发到锚申请，系统接收到锚申请，即到锚成功，申报确认。申报确认是梯级枢纽通航调度组织流程中的重要环节，关系到船舶排队过坝的先后顺序。

4. 排序排档

船舶申报成功后，依据船舶申报确认时间，综合考虑优先级和船舶类型，完成过闸船舶排序，编制过闸计划，并在系统内排档，确认船舶进出及停靠顺序。

5. 闸次运行

根据调度作业计划有序组织船舶发航，船闸、升船机的运行管理部门按照调度作业计划和闸室排档图指挥过坝船舶有序进出通航建筑物，船舶根据指令通过三峡水利枢纽或葛洲坝水利枢纽。

6. 实绩统计

通过建立三峡-葛洲坝水利枢纽通航调度统计制度，全面、及时、准确地记录船舶过坝数据(包括船舶基本信息、申报信息、运行信息等)和通航建筑物运行统计数据，并及时编制有关统计报表。

5.2　梯级枢纽通航调度组织数学建模

梯级枢纽通航调度的实质是根据过坝船舶流量、船舶特性、通航条件、通过能力，以及航道、水情、气象等相关因素，按照“先到先过、兼顾效率、重点优先”的原则，以最大限度地利用闸室面积、减少船舶待闸时间、单位时间内通过能力最大化为目标，经济、合理地安排闸次和调度船舶流。三峡河段属于复杂的多线多梯级联合调度环境，基于三峡-葛洲坝枢纽通航现状构建联合调度数学模型，求解相关调度方案，有助于提高复杂环境下的联合调度智能化水平，维持两坝通航设施的均衡运行，将两坝通航设施综合通过能力和整体通航效益最大化。模型的建立主要包括优化目标的定义和约束条件的定义，为了规范问题描述及其边界，需要对模型做出基本假设，并定义模型中的符号。

5.2.1　基本假设

在模型建立和算法研究过程中，对调度计划不会产生影响的因素或情况将予以合理地简化或忽略。

① 在一个计划周期内，同一船闸的闸次运行时间、最短闸次间隔时间和倒闸/换向附加时间都是定值。

② 忽略船舶从缓冲区驶向船闸的时间。

③ 忽略现场运行因素的影响，船舶进闸时间即计划安排过闸时间。

④ 同一闸次所有船舶的进(出)闸时刻相同且都等于所在闸次的开始(结束)时刻，因此船舶的过闸时间等于其所在闸次的运行时间。

⑤ 进行闸室排档时，在闸室有效区域内忽略船舶之间，以及船舶与区域边界之间的安全距离限制。

5.2.2 数学模型符号说明

1. 符号说明

数学模型符号说明如表 5-1 所示。

表 5-1 数学模型符号说明

符号	定义
i 或者 p	船舶编号：$i,p\in \mathrm{N}$
j 或者 q	船舶航行阶段编号：$j,q\in \mathrm{N}$
(i,j) 或者 (p,q)	处在第 j (或者 q)个航行阶段的船舶 i (或者 p)，即调度单元
k 或者 u	大坝编号 $k,u\in \mathrm{N}$
l 或者 v	船闸编号 $l,v\in \mathrm{N}$
$[k,l]$ 或者 $[u,v]$	大坝 k (或者 u)的第 l (或者 v)个船闸
I	船舶编号集合，$I\in \mathrm{Z}^{+}$
J_i	船舶 i 的总航行阶段数 $J_i\in\{1,2\}$
Ψ	所有调度单元的集合，$\Psi=\{(i,j)\mid i\in I, j\in J_i\}$
K	大坝编号集合，$K\in\{1,2\}$，1 表示三峡大坝，2 表示葛洲坝
L_k	大坝 k 中的船闸集合，$\mathrm{L}_1=\{1,2,3\}$，$\mathrm{L}_2=\{4,5,6\}$，其中 1 表示升船机，2 表示三峡南线，3 表示三峡北线，4 表示葛洲坝一号闸，5 表示葛洲坝二号闸，6 表示葛洲坝三号闸
Ω	所有船闸的集合，$\Omega=\{[k,l]\mid k\in K, l\in \mathrm{L}_k\}$
Γ_k	大坝 k 中单向运行的船闸编号集合
Π_k	大坝 k 中双向运行的船闸编号集合
Ω'	所有单向运行船闸的集合，$\Omega'=\{[k,l]\mid k\in K, l\in \Gamma_k\}$
Ω''	所有双向运行船闸的集合，$\Omega''=\{[k,l]\mid k\in K, l\in \Pi_k\}$
k_{ij}	调度单元 (i,j) 要通过的大坝，$k_{ij}\in K$
L_{ij}	允许调度单元 (i,j) 通过的船闸编号集合
Ω_{ij}	允许调度单元 (i,j) 通过的船闸集合，$\Omega_{ij}=\{[k,l]\mid k\in K, l\in \mathrm{L}_{ij}\}$
ψ_k^0	大坝 k 的上行缓冲区中的调度单元集合
ψ_k^1	大坝 k 的下行缓冲区中的调度单元集合

续表

符号	定义
r_i	船舶 i 第一个航行阶段的到锚时间，$r_i \in \mathrm{R}^+$
α_{ij}	调度单元 (i,j) 的船舶船长，$\alpha_{ij} \in \mathrm{R}^+$
β_{ij}	调度单元 (i,j) 的船舶船宽，$\beta_{ij} \in \mathrm{R}^+$
S_{ij}	调度单元 (i,j) 的面积，$S_{ij} = \alpha_{ij}\beta_{ij}$ ，$\alpha_{ij}\beta_{ij}$ ，$S_{ij} \in \mathrm{R}^+$
r_{ij}	调度单元 (i,j) 的航行时间，$r_{ij} \in \mathrm{R}^+$
τ_{ij}	调度单元 (i,j) 的申报时间，$\tau_{ij} \in \mathrm{R}^+$
d_{ij}	调度单元 (i,j) 的航向，$d_{ij} \in \{0,1\}$ ，0 表示上下，1 表示下行
w_{ij}	调度单元 (i,j) 的权重，$w_{ij} \in \mathrm{R}^+$
x_{ij}	调度单元 (i,j) 装载的货种类型，$x_{ij} \in \mathrm{N}$
δ_{kl}	船闸 $[k,l]$ 的闸室有效长度, $\delta_{kl} \in \mathrm{R}^+$
σ_{kl}	船闸 $[k,l]$ 的闸室有效宽度, $\sigma_{kl} \in \mathrm{R}^+$
A_{kl}	船闸 $[k,l]$ 的闸室面积，$A_{kl} = \delta_{kl}\sigma_{kl}$, $A_{kl} \in \mathrm{R}^+$
h_{kl}	船闸 $[k,l]$ 的闸次运行时间，$h_{kl} \in \mathrm{R}^+$
m_{kl}	船闸 $[k,l]$ 的闸次最短间隔时间，$m_{kl} \in \mathrm{R}^+$
c_{kl}	船闸 $[k,l]$ 的倒闸 $([k,l] \in \Omega'')$ /换向 $([k,l] \in \Omega')$ 附加时间，$m_{kl} \in \mathrm{R}^+ \cup 0$ ，$R^+ \cup \{0\}$
η_{kl}^0	船闸 $[k,l]$ 上行闸次的最早开闸时间，$\eta_{kl}^0 \in \mathrm{R}^+$
η_{kl}^1	船闸 $[k,l]$ 下行闸次的最早开闸时间，$\eta_{kl}^1 \in \mathrm{R}^+$
W	不公平程度的上限
ω_t	计算公平程度时权重值到时间值的转换系数
θ_{kl}	船闸 $[k,l]$ 的总开闸次数
θ_{kl}^z	船闸 $[k,l]$ 第 z 闸次安排的船舶数量

2. 模型优化变量说明

模型优化变量如表 5-2 所示。

表 5-2　模型优化变量

变量	定义
t_{ij}	调度单元$[i,j]$的进闸时刻
x_{ij}	调度单元$[i,j]$的闸室停泊位置横坐标
y_{ij}	调度单元$[i,j]$的闸室停泊位置纵坐标
t_{ijkl}	调度单元$[i,j]$是否通过船闸$[k,l]$，其中1表示通过，0表示不通过
e_{ijkl}^{z}	调度单元$[i,j]$是否通过船闸$[k,l]$第z闸次，其中1表示通过，0表示不通过
b_{ijpq}	调度单元$[i,j]$与调度单元$[p,q]$是否同一批过闸船舶，即经同一闸次过坝，$b_{ijpq}\in\{0,1\}$，其中1表示在同一批，0表示不在同一批。规定$b_{ijpq}=1$
c_{ijpq}	调度单元$[i,j]$与调度单元$[p,q]$装载的货物是否互斥，$c_{ijpq}\in\{0,1\}$，其中1表示相互排斥，0表示不相互排斥。规定$c_{ijpq}=0$

5.2.3　优化目标

联合通航调度问题有多种优化目标，可以分为船舶航运目标和船闸运行目标两类。船舶航运目标主要包括平均船舶待闸时间、船舶两坝间待闸时间和跨台班(跨计划期)船舶数量。船闸运行目标主要包括平均闸室面积利用率、计划期内船闸的通航能力、三峡升船机与三峡船闸工作量的均衡性、葛洲坝三个船闸工作量的均衡性。这些目标相互联系、相互制约。

为了达到“先到先过、兼顾效率、重点优先”的原则，采用最大化平均闸室面积利用率和最小化平均船舶待闸时间作为优化目标。具体定义如下。

1. 平均闸室面积利用率优化目标

平均闸室面积利用率是指计划期内过闸船舶的面积之和与所有闸次面积之和的比值，简称闸室利用率。

令f_{kl}表示船闸$[k,l]$在一个调度计划期(24h)内的平均闸室面积利用率，即

$$f_{kl}=\frac{\sum\limits_{(i,j)\in\psi}e_{ijkl}S_{ij}}{\theta_{kl}A_{kl}} \tag{5-1}$$

令F_1表示三峡南北线、葛洲坝一号和二号船闸在一个调度计划期(24h)内的平均闸室面积利用率，即

$$F_1 = \frac{\sum_{[k,l]\in\Omega} f_{kl}}{4} \tag{5-2}$$

根据运行实际情况，三峡船闸及葛洲坝一号和二号船闸在平均闸室面积利用率 70%左右时发挥的通航效益较高。因此，将经验数据 70%～80%定为优化的平均闸室面积利用率取值范围。

2. 平均船舶待闸时间优化目标

船舶待闸时间是指船舶进入船闸时刻与船舶抵达指定水域时刻的差值。令 F_2 表示所有船舶过三峡、葛洲坝的平均待闸时间，即

$$F_2 = \frac{\sum_{(i,j)\in\psi} (r(i,j) - t_{ij})}{|\psi|} \tag{5-3}$$

不同于上述内容将最大化平均闸室面积利用率作为优化目标，船舶追求的目标是最小化平均船舶待闸时间。例如，在多个可行的调度计划中，即使具有相同的平均闸室面积利用率，调度方案的平均船舶待闸时间也可能并不相同，只有通过最小化平均船舶待闸时间，才可以计算出平均闸室面积利用率和平均船舶待闸时间表现都优异的调度计划。

3. 目标函数

联合调度模型以最大化平均闸室面积利用率和最小化平均船舶待闸时间为目标，根据式(5-2)和式(5-3)，将两个性能指标合并为一个综合指标。F_1 以指标最大化为目标，F_2 以指标最小化为目标，为了保持两个目标的一致性，令 F_1 的倒数为优化目标。因此，联合调度数学模型的目标函数为

$$F = \frac{\lambda}{F_1} + (1-\lambda)F_2 \tag{5-4}$$

其中，$\lambda \in [0,1]$，根据平均闸室面积利用率和平均船舶待闸时间两个指标的重要程度对 λ 进行取值。

通过分析历史调度数据结果，可以得出以下结论。第一，三峡南北线船闸、葛洲坝一号和二号船闸的闸室面积利用率的取值范围为[0.5, 0.9]。第二，待闸时间的取值范围为[100, 160]。船闸面积利用率的倒数 $1/F_1$ 的取值范围为(1.0, 2.0]，显然 $1/F_1$ 与 F_2 的取值范围不在同一数量级。为了使最优解的平均闸室面积利用率和平均船舶待闸时间更合理，需要将 $1/F_1$ 与 F_2 的取值范围调整到相同数量级。因此，将评价待闸时间 F_2 除以 100，其取值范围为[1.0, 1.6]。为了使目标函

数值进一步体现问题求解的目标，λ取 0.4。

5.2.4 约束条件

联合通航调度问题的约束很多，可以分为船舶航运约束、船闸运行约束和其他约束三类。船舶航运约束主要包括船舶过闸时间约束、客运船舶和公务船待闸时间约束、船舶装载互斥货种约束。船闸运行约束主要包括闸次间隔时间约束、闸室排档约束、三峡升船机(船闸)通过能力约束、葛洲坝船闸通过能力约束、三峡升船机(船闸)闸次均衡约束、葛洲坝船闸闸次均衡约束。其他约束主要包括两坝间船舶容量约束。

1. 船舶航运约束

(1) 普通船舶过闸时间约束计算

$$r(i,j) \leqslant t_{ij} \tag{5-5}$$

式(5-5)表示一个船舶的进闸时间约束，即船舶到锚后才能进闸(安排过闸计划)，$r(i,j)$ 表示调度单元 (i,j) 的到锚时间。

$$e_{ijkl}t_{ij} \geqslant e_{ijkl}[(1-d_{ij})\eta_{kl}^0 + d_{ij}\eta_{kl}^1] \tag{5-6}$$

式(5-6)表示船舶的进闸时间(即计划安排时间)不能早于该船闸的最早开闸时间。

$$\tau_{ij} \leqslant t_{ij} \tag{5-7}$$

式(5-7)表示船舶进闸时间(计划安排时间)不能早于申报时间。

$$e_{ijkl} = 0, \quad [k,l] \in \Omega - \Omega_{ij} \tag{5-8}$$

式(5-8)表示不允许调度单元不能通过的船闸。

$$e_{ijkl} = 1, \quad [k,l] \in \Omega_{ij} \tag{5-9}$$

式(5-9)表示一个调度单元必须通过且仅通过一个船闸。

$$b_{ijpq}(t_{ij} - t_{pq}) = 0 \tag{5-10}$$

式(5-10)表示同一批过闸的调度单元必须在同一时间进入同一船闸。

$$b_{ijpq}(d_{ij} - d_{pq}) = 0 \tag{5-11}$$

式(5-11)表示同一批过闸的调度单元具有相同的航向。

$$b_{ijpq}(e_{ijkl} - e_{pqkl}) = 0 \tag{5-12}$$

式(5-12)表示同一批过闸的调度单元具有相同的闸次。

(2) 客运船舶和公务船待闸时间约束计算

$$r(i,j)-t_{ij} \leqslant \begin{cases} T_1, & \text{调度单元}(i,j)\text{是客运船舶} \\ T_2, & \text{调度单元}(i,j)\text{是公务船} \end{cases} \tag{5-13}$$

其中，T_1 为客运船舶的最长待闸时间；T_2 为公务船的最长待闸时间。

(3) 船舶装载互斥货种约束计算

$$b_{ijpq}=0 \tag{5-14}$$

式(5-14)表示同一闸次的船舶装载的货种不互斥。由于一级易燃易爆危险品专闸通过、二级易燃易爆危险品集中通过，装有一级易燃易爆危险品的调度单元与任何调度单元互斥，装有二级易燃易爆危险品的调度单元与其他单元互斥，与同类调度单元不互斥。

2. 船闸运行约束

(1) 闸次间隔时间约束计算

如式(5-15)和式(5-16)所示，其中式(5-15)计算换向情况，式(5-16)计算倒闸情况，即

$$(1-b_{ijpq})e_{ijkl}e_{pqkl}(m_{kl}+c_{kl}\,|\,d_{ij}-d_{pq}\,|)\leqslant|\,t_{ij}-t_{pq}\,|,\quad [k,l]\in\Omega' \tag{5-15}$$

$$(1-b_{ijpq})e_{ijkl}e_{pqkl}[m_{kl}+c_{kl}(1-|\,d_{ij}-d_{pq}\,|)]\leqslant|\,t_{ij}-t_{pq}\,|,\quad [k,l]\in\Omega'' \tag{5-16}$$

式(5-15)和式(5-16)表示同一船闸任意两个相邻闸次开始时刻的间隔时间必须大于最短闸次间隔时间。如果这两个闸次之间还存在倒闸/换向过程，则必须再加上倒闸/换向的附加时间。

(2) 闸室排档约束计算

如式(5-17)～式(5-19)所示，其中式(5-17)和式(5-18)表示船舶停泊位置不能超出闸室有效区域的边界，式(5-19)表示船舶之间不能互相重叠，即

$$0\leqslant e_{ijkl}x_{ij}\leqslant e_{ijkl}(\delta_{kl}-\alpha_{ij}) \tag{5-17}$$

$$0\leqslant e_{ijkl}y_{ij}\leqslant e_{ijkl}(\delta_{kl}-\beta_{ij}) \tag{5-18}$$

$$\begin{gathered} b_{ijpq}\mu(x_{ij}+\alpha_{ij}-x_{pq})\mu(x_{pq}+\alpha_{pq}-x_{ij})\mu(y_{ij}+\beta_{ij}-x_{pq}) \\ \mu(y_{pq}+\beta_{pq}-y_{ij})=0 \end{gathered} \tag{5-19}$$

(3) 闸室面积约束计算

$$\sum_{(i,j)\in\psi} e^{z}_{ijkl}S_{ij}\leqslant A_{kl} \tag{5-20}$$

式(5-20)表示通过船闸 $[k,l]$ 第 z 闸次的船舶总面积不大于船闸 $[k,l]$ 的集泊

面积。

(4) 三峡升船机(船闸)船舶安排能力约束计算

① 通过三峡升船机船舶安排能力约束计算，即

$$\sum_{(i,j)\in\psi,k=1,l=1} e_{ijkl}S_{ij} \leqslant \sigma_1 \tag{5-21}$$

其中，σ_1 为升船机每天的船舶安排能力，可以根据升船机每天的闸次数和每闸次的闸室面积计算得到。

② 通过三峡南北线船舶安排能力约束计算，即

$$\sum_{(i,j)\in\psi,k=1,l=2} e_{ijkl}S_{ij} \leqslant \sigma_2 \tag{5-22}$$

$$\sum_{(i,j)\in\psi,k=1,l=3} e_{ijkl}S_{ij} \leqslant \sigma_3 \tag{5-23}$$

其中，σ_2 为三峡南线船闸每天的船舶安排能力，可以根据三峡南线每天的闸次数和每闸次的闸室面积计算得到；σ_3 为三峡北线船闸每天的船舶安排能力。

③ 通过葛洲坝船闸船舶安排能力约束计算，即

$$\sum_{(i,j)\in\psi,k=2,l=1} e_{ijkl}S_{ij} \leqslant \sigma_4 \tag{5-24}$$

$$\sum_{(i,j)\in\psi,k=2,l=2} e_{ijkl}S_{ij} \leqslant \sigma_5 \tag{5-25}$$

$$\sum_{(i,j)\in\psi,k=2,l=3} e_{ijkl}S_{ij} \leqslant \sigma_6 \tag{5-26}$$

其中，σ_4、σ_5、σ_6 为葛洲坝一号、二号、三号船闸每天的船舶安排能力，可以根据每个船闸每天的闸次数和每闸次的闸室面积计算得到。

(5) 三峡升船机和三峡(船闸)闸次均衡约束计算

① 三峡升船机和三峡船闸闸次均衡约束计算，即

$$\left(\frac{A'_{11}}{\sum\limits_{l=1,2,3} A'_{1l}} - \tau_1\right)^2 + \left(\frac{A'_{12}}{\sum\limits_{l=1,2,3} A'_{1l}} - \tau_2\right)^2 + \left(\frac{A'_{13}}{\sum\limits_{l=1,2,3} A'_{1l}} - \tau_3\right)^2 \leqslant \sigma_7 \tag{5-27}$$

其中，τ_1、τ_2、τ_3 为三峡升船机、船闸流量分配比例，$\tau_1+\tau_2+\tau_3=1$，$\tau_3 \geqslant 0$；σ_7 为闸次均衡参数；A'_{11} 表示升船机实际通过的船舶总面积之和，A'_{12} 表示三峡南线船闸实际通过的船舶总面积之和，A'_{13} 表示三峡船闸北线实际通过的船舶总面积之和，即

$$A'_{11} = \sum_{(i,j)\in\psi,k=1,l=1} e_{ijkl}S_{ij} \tag{5-28}$$

$$A'_{12} = \sum_{(i,j)\in\psi,k=1,l=2} e_{ijkl}S_{ij} \tag{5-29}$$

$$A'_{13} = \sum_{(i,j)\in\psi,k=1,l=3} e_{ijkl}S_{ij} \tag{5-30}$$

② 葛洲坝船闸闸次均衡约束计算，即

$$\left(\frac{A'_{21}}{\sum\limits_{l=1,2,3} A'_{2l}} - \tau_4\right)^2 + \left(\frac{A'_{22}}{\sum\limits_{l=1,2,3} A'_{2l}} - \tau_5\right)^2 + \left(\frac{A'_{23}}{\sum\limits_{l=1,2,3} A'_{2l}} - \tau_6\right)^2 \leqslant \sigma_8 \tag{5-31}$$

其中，τ_4、τ_5、τ_6 为葛洲坝一号、二号、三号船闸流量分配比例，$\tau_4+\tau_5+\tau_6=1$；σ_8 为闸次均衡参数；A'_{21} 表示一号船闸实际通过的船舶总面积之和，A'_{22} 表示二号船闸实际通过的船舶总面积之和，A'_{23} 表示三号船闸实际通过的船舶总面积之和，即

$$A'_{21} = \sum_{(i,j)\in\psi,k=2,l=1} e_{ijkl}S_{ij} \tag{5-32}$$

$$A'_{22} = \sum_{(i,j)\in\psi,k=2,l=2} e_{ijkl}S_{ij} \tag{5-33}$$

$$A'_{23} = \sum_{(i,j)\in\psi,k=2,l=3} e_{ijkl}S_{ij} \tag{5-34}$$

(6) 两坝间通过能力约束计算

$$(A^{0'}_{21}+A^{0'}_{22}+A^{0'}_{23}-A^{0'}_{11}-A^{0'}_{12}-A^{0'}_{13})^2+(A^{1'}_{11}+A^{1'}_{12}+A^{1'}_{13}-A^{1'}_{21}-A^{1'}_{22}-A^{1'}_{23})^2 \leqslant \sigma_9 \tag{5-35}$$

其中，$A^{0'}_{11}$、$A^{0'}_{12}$、$A^{0'}_{13}$ 为三峡升船机、船闸上行船舶总面积之和，即

$$A^{0'}_{11} = \sum_{(i,j)\in\psi,k=1,l=1} (1-d_{ij})e_{ijkl}S_{ij} \tag{5-36}$$

$$A^{0'}_{12} = \sum_{(i,j)\in\psi,k=1,l=2} (1-d_{ij})e_{ijkl}S_{ij} \tag{5-37}$$

$$A^{0'}_{13} = \sum_{(i,j)\in\psi,k=1,l=3} (1-d_{ij})e_{ijkl}S_{ij} \tag{5-38}$$

$A^{0'}_{21}$、$A^{0'}_{22}$、$A^{0'}_{23}$ 表示葛洲坝一号、二号、三号船闸上行船舶总面积之和，即

$$A^{0'}_{21} = \sum_{(i,j)\in\psi,k=2,l=1} (1-d_{ij})e_{ijkl}S_{ij} \tag{5-39}$$

$$A^{0'}_{22} = \sum_{(i,j)\in\psi,k=2,l=2} (1-d_{ij})e_{ijkl}S_{ij} \tag{5-40}$$

$$A_{23}^{0'} = \sum_{(i,j)\in\psi,k=2,l=3} (1-d_{ij})e_{ijkl}S_{ij} \tag{5-41}$$

$A_{11}^{1'}$、$A_{12}^{1'}$、$A_{13}^{1'}$表示三峡升船机、船闸下行船舶总面积之和，即

$$A_{11}^{1'} = \sum_{(i,j)\in\psi,k=1,l=1} d_{ij}e_{ijkl}S_{ij} \tag{5-42}$$

$$A_{12}^{1'} = \sum_{(i,j)\in\psi,k=1,l=2} d_{ij}e_{ijkl}S_{ij} \tag{5-43}$$

$$A_{13}^{1'} = \sum_{(i,j)\in\psi,k=1,l=3} d_{ij}e_{ijkl}S_{ij} \tag{5-44}$$

$A_{21}^{1'}$、$A_{22}^{1'}$、$A_{23}^{1'}$表示葛洲坝一号、二号、三号船闸下行船舶总面积之和，即

$$A_{21}^{1'} = \sum_{(i,j)\in\psi,k=2,l=1} d_{ij}e_{ijkl}S_{ij} \tag{5-45}$$

$$A_{22}^{1'} = \sum_{(i,j)\in\psi,k=2,l=2} d_{ij}e_{ijkl}S_{ij} \tag{5-46}$$

$$A_{23}^{1'} = \sum_{(i,j)\in\psi,k=2,l=3} d_{ij}e_{ijkl}S_{ij} \tag{5-47}$$

3. 其他约束

两坝间船舶容量约束计算公式为

$$M_{21}^{0'} + M_{22}^{0'} + M_{23}^{0'} - M_{11}^{0'} - M_{12}^{0'} - M_{13}^{0'} \leqslant \sigma_{10} \tag{5-48}$$

$$M_{11}^{1'} + M_{12}^{1'} + M_{13}^{1'} - M_{21}^{1'} - M_{22}^{1'} - M_{23}^{1'} \leqslant \sigma_{11} \tag{5-49}$$

其中，$M_{11}^{0'}$、$M_{12}^{0'}$、$M_{13}^{0'}$表示三峡升船机、船闸上行船舶总数，即

$$M_{11}^{0'} = \sum_{(i,j)\in\psi,k=1,l=1} (1-d_{ij})e_{ijkl} \tag{5-50}$$

$$M_{12}^{0'} = \sum_{(i,j)\in\psi,k=1,l=2} (1-d_{ij})e_{ijkl} \tag{5-51}$$

$$M_{13}^{0'} = \sum_{(i,j)\in\psi,k=1,l=3} (1-d_{ij})e_{ijkl} \tag{5-52}$$

其中，$M_{21}^{0'}$、$M_{22}^{0'}$、$M_{23}^{0'}$表示葛洲坝一号、二号、三号船闸上行船舶总数，即

$$M_{21}^{0'} = \sum_{(i,j)\in\psi,k=2,l=1} (1-d_{ij})e_{ijkl} \tag{5-53}$$

$$M_{22}^{0'} = \sum_{(i,j)\in\psi,k=2,l=2} (1-d_{ij})e_{ijkl} \tag{5-54}$$

$$M_{23}^{0'} = \sum_{(i,j)\in\psi,k=2,l=3} (1-d_{ij})e_{ijkl} \tag{5-55}$$

其中，$M_{11}^{1'}$、$M_{12}^{1'}$、$M_{13}^{1'}$表示三峡升船机、船闸下行船舶总数，即

$$M_{11}^{1'} = \sum_{(i,j)\in\psi,k=1,l=1} d_{ij}e_{ijkl} \tag{5-56}$$

$$M_{12}^{1'} = \sum_{(i,j)\in\psi,k=1,l=2} d_{ij}e_{ijkl} \tag{5-57}$$

$$M_{13}^{1'} = \sum_{(i,j)\in\psi,k=1,l=3} d_{ij}e_{ijkl} \tag{5-58}$$

其中，$M_{21}^{1'}$、$M_{22}^{1'}$、$M_{23}^{1'}$表示葛洲坝一号、二号、三号船闸下行船舶总数，即

$$M_{21}^{1'} = \sum_{(i,j)\in\psi,k=2,l=1} d_{ij}e_{ijkl} \tag{5-59}$$

$$M_{22}^{1'} = \sum_{(i,j)\in\psi,k=2,l=2} d_{ij}e_{ijkl} \tag{5-60}$$

$$M_{23}^{1'} = \sum_{(i,j)\in\psi,k=2,l=3} d_{ij}e_{ijkl} \tag{5-61}$$

5.3　梯级枢纽通航调度组织智能算法

梯级枢纽通航调度组织智能算法研究主要包括船舶优先级计算、闸室编排算法、联合调度算法。

5.3.1　船舶优先级计算

影响船舶优先级(权重)的因素繁多，把船舶过坝权重属性分成静态和动态两个部分。

1. 静态权重模型

(1) 静态权重的组成

根据指标评价体系，船舶的静态权重包含三个方面的属性，即船舶类型、过坝方式、船舶货种。静态权重属性如图 5-1 所示。

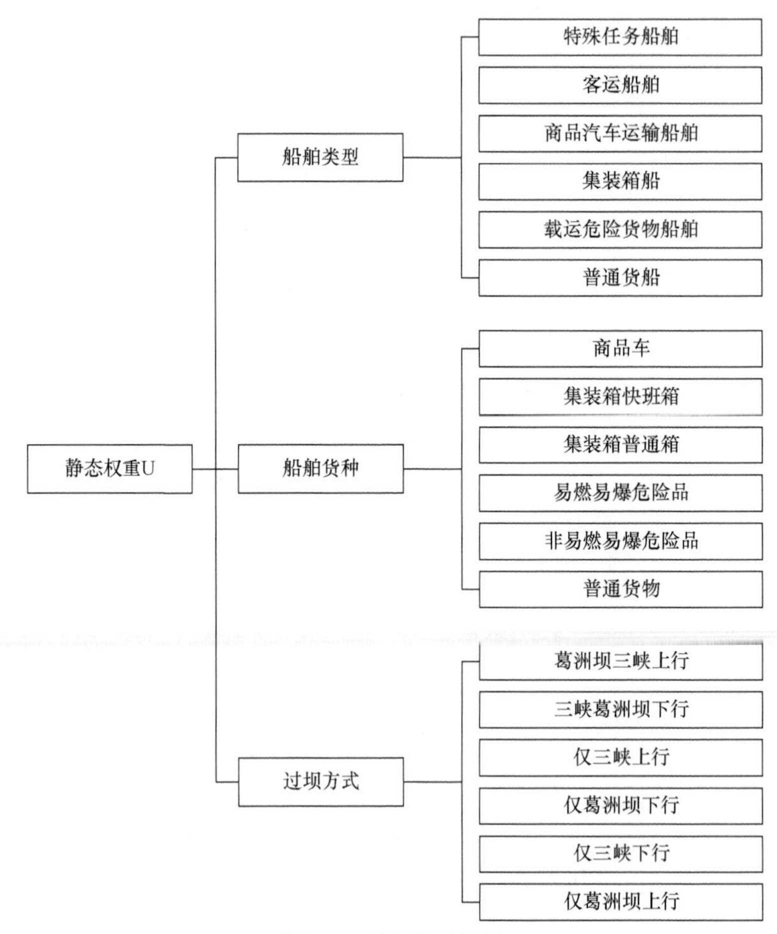

图 5-1　静态权重属性

① 对船舶静态权重影响的重要性进行优先级排序。根据三峡通航相关调度规则，并结合调研结果，可将船舶属性静态权重的优先级顺序定为船舶类型＞船舶货种＞过坝方式，进而构建船舶静态权重编码。

② 根据专家经验确定优先级。船舶类型的优先级排列为，第一类船舶(特殊任务船舶)、第二类船舶(客运船舶)、第三类船舶(商品汽车运输船舶)、第四类船舶(集装箱船)、第五类船舶(载运危险货物船舶)、第六类船舶(普通货运船舶)。船舶货种的优先级排列为，载运一级易燃易爆危险品船舶专闸过闸，载运二级易燃易爆危险品船舶集中过闸。是否安排载运易燃易爆危险品船舶过闸需要人工设定，因此可不考虑其优先级排列。除一级、二级易燃易爆危险品，其余货种优先级排列，即商品车、集装箱快班箱、集装箱普通箱、非易燃易爆危险品、普通货物。过坝方式的优先级排列为，葛洲坝三峡上行、三峡葛洲坝下行、仅三峡上

行、仅葛洲坝下行、仅三峡下行、仅葛洲坝上行。

因两坝间锚泊能力有限且水流条件较差，一般情况下，在仅过一坝的四种过坝方式中，疏散两坝间的船舶(即三峡上行和葛洲坝下行)相对优先。

(2) 船舶静态权重的生成

船舶静态权重编码 > 载运危险货物船舶+非易燃易爆危险货物 > 普通干散货船舶+普通干散货。根据船舶静态权重模型的特点，设计一种基于二进制编码的船舶静态权重表示方法，既可以简化计算量又能比较客观地表示船舶的权重。各属性的二进制编码位数由每个属性的分类数量决定，如船舶的过坝方式分为 6 种。按优先级排列为，葛洲坝三峡上行=三峡葛洲坝下行 > 仅三峡上行=仅葛洲坝下行 > 仅三峡下行=仅葛洲坝上行。葛洲坝三峡上行与三峡葛洲坝下行具有相同的优先级，因此过坝方式的二进制编码为 3 位，表示 1-3 位优先级，优先级由高到低分别为 100 > 010 > 001。表 5-3～表 5-5 分别表示船舶类型、船舶货种、过坝方式的编码表。

表 5-3　船舶类型编码表

船舶类型	特殊任务船舶	客运船舶	商品汽车运输船舶	集装箱船	载运危险货物船舶	普通货运船舶
二进制编码	111	110	100	011	010	001

表 5-4　船舶货种编码表

船舶货种	商品车	集装箱快班箱	集装箱普通箱	非易燃易爆危险品	普通货物
二进制编码	101	100	011	010	001

表 5-5　过坝方式编码表

过坝方式	葛洲坝三峡上行	三峡葛洲坝下行	仅三峡上行	仅葛洲坝下行	仅三峡下行	仅葛洲坝上行
二进制编码	100	100	010	010	001	001

根据船舶静态权重的二进制编码规则，对船舶类型、船舶货种与过坝方式进行编码，示例如表 5-6 所示。

表 5-6　船舶静态权重编码示例表

船舶序号	船舶类型	船舶货种	过坝方式
1	普通货运船舶	普通货物	仅葛洲坝上行
	001	001	001

续表

船舶序号	船舶类型	船舶货种	过坝方式
2	集装箱船	集装箱快班箱	仅三峡下行
	011	100	001
3	商品汽车运输船舶	商品车	三峡葛洲坝下行
	100	101	011
4	客运船舶	无	葛洲坝三峡上行
	101	000	011

在表 5-6 中，船舶静态权重是一串长为 9 位的二进制编码。当某船舶提出申报和请求过闸时，系统将从数据库中提取与该船舶权重模型有关的属性信息，并生成代表该船舶静态权重的二进制编码。静态权重的值是一个 9 位的二进制编码对应的十进制数值。例如，船 1 的静态权重二进制编码为 001001001，则船 1 的静态权重值为 $w'_{sr}=2^6+2^3+1$。由于 w'_{sr} 是一个较大的实数，为了便于数据的运算，需要对其进行处理，使其更具有可操作性。假设若 $w'_{sr\max}$ 为大于所有船舶静态权重 w'_{sr} 的值，则 $w'_{sr\max}$ 取值为 2^9，即每条船舶的静态属性值为

$$w_{sr}=\frac{w'_{sr}}{w'_{sr\max}} \tag{5-62}$$

2. 动态权重模型

(1) 影响动态权重的因素

根据船舶的通航特性，船舶综合权重的动态属性主要考虑船舶的待闸时间，为体现调度原则中的“先到先过”原则，船舶的综合权重应随着待闸时间的增长而增加，静态权重越大的船舶随着待闸时间增加，综合权重增加得越快。

(2) 动态权重处理方法

船舶的动态权重与其静态权重和待闸时间有关。某一船舶的动态权重随着待闸时间的增加而增加，船舶的综合权重综合考虑船舶的静态属性和动态属性，因此有可能某些船舶的静态权重很小。如果等待过闸时间很长，它的综合权重会很大。船舶静态权重越大，表示该船舶的等级越高，过闸更为急迫，其动态权重随待闸时间增长的速度就越快。

选用指数函数表示船舶的动态权重，即

$$w_{dr}=\lambda_1 w_{sr}\exp((n+m)\lambda_2) \tag{5-63}$$

其中，w_{dr} 为该船舶的动态权重；n 为一个与待闸时间相关的量；λ_1 和 λ_2 为比例系数，$\lambda_1,\lambda_2\in[0,1]$；$m$ 为与待闸时间相关的量，用来提高超过 24h 待闸船舶的

权重。

3. 综合权重

用 w_{ijr} 表示第 i 号船闸第 j 闸次内第 r 艘船舶的综合权重，w_{ijr} 包括船舶的静态权重和动态权重，则综合权重的计算公式为

$$w_{ijr} = w_{sr} + w_{dr} \tag{5-64}$$

由此可以计算一条船舶的综合权重，船舶综合权重越大，排序越靠前，综合权重越小，排序越靠后。

4. 综合权重计算实例

为了说明船舶权重的计算原理，实例选择待闸船舶中包括以上类型船舶的一组数据进行综合权重的计算，根据任务船、客运船舶的处理方式，对原始信息表进行整理。整理后的船舶基本信息如表 5-7 所示。

表 5-7　船舶基本信息表

序号	船舶类型	船舶货种	过坝方式	等待时间/h
A	客运船舶	无	三峡葛洲坝下	无
B	客运船舶	无	葛洲坝三峡上	无
C	商品汽车运输船舶	商品车	葛洲坝三峡上	4
D	商品汽车运输船舶	商品车	三峡葛洲坝下	9
D_c	商品汽车运输船舶	商品车	三峡葛洲坝下	1
E	商品汽车运输船舶	商品车	葛洲坝三峡上	15
F	商品汽车运输船舶	商品车	三峡葛洲坝下	21
G	集装箱船	集装箱快班	三峡葛洲坝下	7
H	集装箱船	集装箱快班	葛洲坝三峡上	9
I	集装箱船	集装箱普通箱	葛洲坝三峡上	15
J	集装箱船	集装箱普通箱	三峡葛洲坝下	12
K	载运危险货物船舶	非易燃易爆危险品	三峡葛洲坝下	9
L	载运危险货物船舶	非易燃易爆危险品	葛洲坝三峡上	13
M	特殊任务船舶	无	三峡葛洲坝下	无
N	特殊任务船舶	无	葛洲坝三峡上	无
O	普通货运船舶	普通货物	葛洲坝三峡上	13.5

续表

序号	船舶类型	船舶货种	过坝方式	等待时间/h
P	普通货运船舶	普通货物	三峡葛洲坝下	15
Q	普通货运船舶	普通货物	仅葛洲坝上	21
R	普通货运船舶	普通货物	仅三峡下	30
R_d	普通货运船舶	普通货物	仅三峡下	36
S	普通货运船舶	普通货物	仅葛洲坝下	14
T	普通货运船舶	普通货物	仅三峡上	20

根据静态权重的编码方式生成船舶的静态权重二进制编码，如表 5-8 所示。

表 5-8 船舶的静态权重二进制编码

序号	船舶类型	船舶货种	过坝方式	编码值
A	110	000	100	388
B	110	000	100	388
C	100	100	100	292
D	100	100	100	292
D_c	100	100	100	292
E	100	100	100	292
F	100	100	100	292
G	011	100	100	228
H	011	100	100	228
I	011	011	100	220
J	011	011	100	220
K	010	010	100	148
L	010	010	100	148
M	111	000	100	452
N	111	000	100	452
O	001	001	100	76
P	001	001	100	76
Q	001	001	001	73
R	001	001	001	73
R_d	001	001	001	73
S	001	001	010	74
T	001	001	010	74

计算表 5-8 中船舶的静态权重二进制编码，可得船舶的静态权重值，如表 5-9 所示。

表 5-9　船舶的静态权重值

序号	静态权重	序号	静态权重
A	0.759295499	K	0.28962818
B	0.759295499	L	0.28962818
C	0.571428571	M	0.884540117
D	0.571428571	N	0.884540117
D_c	0.571428571	O	0.148727984
E	0.571428571	P	0.148727984
F	0.571428571	Q	0.142857143
G	0.446183953	R	0.142857143
H	0.446183953	R_d	0.142857143
I	0.430528376	S	0.14481409
J	0.430528376	T	0.14481409

按照表 5-9 的静态权重值对船舶进行优先级的排序，结果为

$$M = N > A = B > C = D = E = F = D_c > G = H > I = J > K = L > O$$
$$= P > S = T > Q = R = R_d$$

其中，三峡下行的船舶静态权重排序为

$$M > A > D = F = D_c > G > I > K > P > S > R = R_d$$

根据已计算出的静态权重值，取 $\lambda_1 = 0.15$ 、$\lambda_2 = 0.2$ ，用式(5-62)和式(5-63)计算船舶的动态权重和综合权重，如表 5-10 所示。

表 5-10　船舶的综合权重值

序号	静态权重	等待时间/h	闸时间区间	动态权重	综合权重	排序
A	0.75929550	1	1	0.13911084	0.898406	2
B	0.75929550	无	1	0.13911084	0.898406	2
C	0.57142857	4	1	0.10469166	0.676120	9
D	0.57142857	9	2	0.12787068	0.699299	6
D_c	0.57142857	1	1	0.10469166	0.676120	9
E	0.57142857	15	3	0.15618161	0.727610	4
F	0.57142857	21	4	0.19076065	0.762189	3
G	0.44618395	7	1	0.08174555	0.527929	13
H	0.44618395	9	2	0.09984424	0.546028	12

续表

序号	静态权重	等待时间/h	闸时间区间	动态权重	综合权重	排序
I	0.43052838	15	3	0.11767108	0.548199	11
J	0.43052838	12	2	0.09634093	0.526869	14
K	0.28962818	9	2	0.06481117	0.354439	16
L	0.28962818	13	3	0.07916054	0.368789	15
M	0.88454012	无	1	0.16205696	1.046597	1
N	0.88454012	无	1	0.16205696	1.046597	1
O	0.14872798	13.5	2	0.03328141	0.182009	20
P	0.14872798	15	3	0.04065001	0.189378	18
Q	0.14285714	21	4	0.04769016	0.190547	17
R	0.14285714	30	5	0.55191327	0.694770	7
R_d	0.14285714	36	5	0.58021047	0.723067	5
S	0.14481409	14	2	0.03240559	0.177221	21
T	0.14481409	20	3	0.03958027	0.184394	19

按照表 5-10 的综合权重值对船舶进行优先级的排序，结果为

$$M = N > A = B > F > E > R_d > D > R > C = D_c > I > H > G > J > L > K > Q > P > T > O > S$$

其中，三峡下行的综合权重排序为

$$M > A > F > R_d > D > R > D_c > I > G > K > P > S$$

综上，发现静态权重相等的 D 和 F，由于 F 的待闸时间比 D 长，因此 F 比 D 具有较大的动态权重和综合权重。D 和 D_c 具有相同的静态权重，由于 D 的待闸时间比较长，因此 D 比 D_c 具有较大的动态权重和综合权重。比较 R、R_d、G 发现，虽然 G 的静态权重远高于 R 与 R_d 的静态权重，但是 R 与 R_d 的待闸时间超过 24h，因此 R 与 R_d 的综合权重高于 G 的综合权重，体现了待闸时间对综合权重的影响。实例说明，设计的船舶综合权重模型能较真实合理地反映实际情况，且简单易行。

5.3.2 闸室编排算法

在三峡-葛洲坝两坝联合调度中，单个船闸的计划编制是一个时间上串联的时间表问题(timetable problem，TTP)，空间上是装箱问题(packing problem)。对于一个固定计划期，时间表的时间序列可以通过启发式算法求得，如遗传算法、模拟退火算法、禁忌搜索算法、人工神经网络等。由于每个船闸的开闸时间序列与船舶流的具体船舶面积有关，因此在制定启发式搜索时，要嵌入二维装箱问

题。计划编制中的时间表问题和装箱问题是个耦合问题，解决装箱问题的算法性能，直接影响整个计划编制算法的性能。因此，需要研究闸室排档算法。闸室排档可以用二维装箱模型来描述，是一个典型的 NP-hard(non-deterministic polynomial)问题。本节拟采用遗传算法求解闸室排档问题。

我们将船舶简化为一个小的矩形，将船舶排档的过程简化为小矩形填充大矩形的过程。船闸排档示意图如图 5-2 所示。在排档过程中，船舶状态(被选中与否)，以及被选中的船舶在闸室内的坐标都将直接影响最终的排档结果。保证船舶先到先过的同时，兼顾船舶优先级，将过闸船舶按权重排序后得到一个有序的船舶队列。

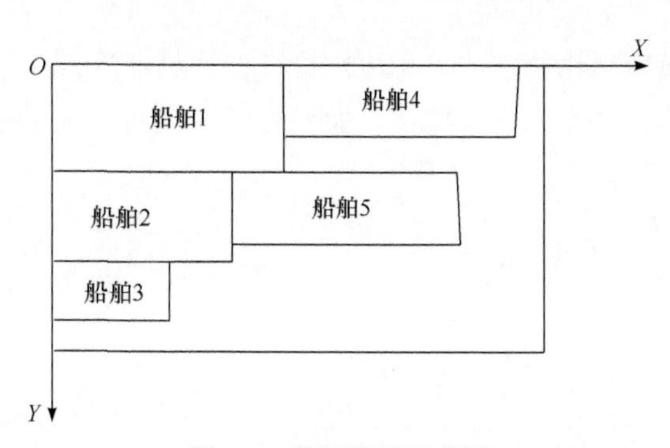

图 5-2　船闸排档示意图

1. 闸室排档数学模型

(1) 符号定义

令 a_i 为第 i 艘船的面积；len_i 为第 i 艘船的长度；wid_i 为第 i 艘船的宽度；L 为闸室有效长度；M 为闸室有效宽度；A 为闸室面积；在船闸中以船闸左上角为原点建立坐标系，x_i 与 y_i 为第 i 艘船的停泊坐标；m 为已选船舶总数；n 为待选船舶总数。

(2) 目标函数与约束条件

闸室排档以最大化闸室面积利用率为目标，即

$$\max\left\{f=\sum_{i=1}^{m}\frac{a_i}{A}\right\} \tag{5-65}$$

选择进入某一闸次的船舶必须满足以下约束条件。

① 所有选中的船舶能全部排下，即

$$\sum_{i=1}^{n}a_i \leqslant A \tag{5-66}$$

② 每条选中船舶的尺寸必须小于船闸的尺寸，即

$$0 < \mathrm{len}_i \leqslant L \tag{5-67}$$

$$0 < \mathrm{wid}_i \leqslant M \tag{5-68}$$

③ 所有选中船舶的放置位置不允许重叠，设船舶 j 是已选船舶中除 i 以外的任意一艘，则必须满足

$$x_i + \mathrm{len}_i \leqslant x_j \text{ 或 } x_i \geqslant x_j + \mathrm{len}_j \text{ 或 } y_i + \mathrm{wid}_i \leqslant y_j \text{ 或 } y_i \geqslant y_j + \mathrm{wid}_j \tag{5-69}$$

2. 基于遗传算法的闸室排档算法

遗传算法是模拟生物的遗传进化机制进行搜索寻优的方法。遗传算法的设计包含编码表示、选择操作、交叉操作、变异操作等方面。基于遗传算法的闸室排档算法流程图如图 5-3 所示。

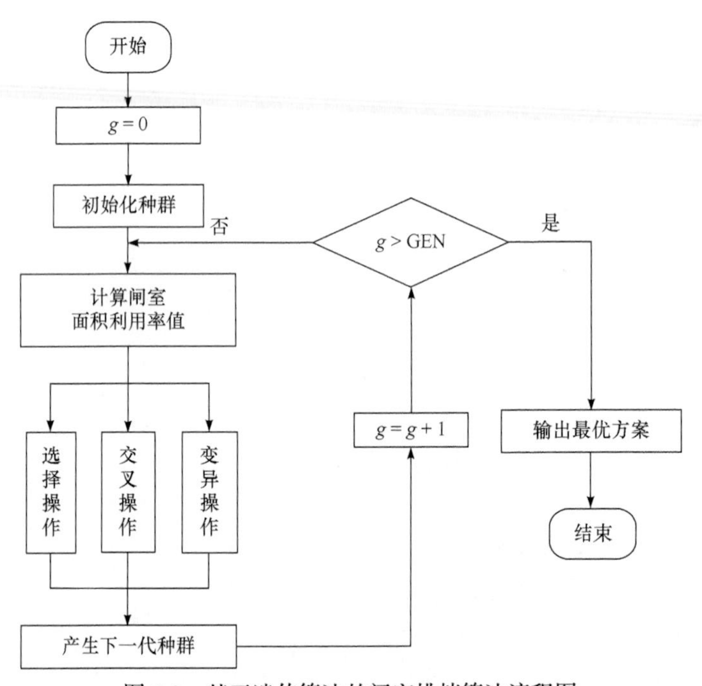

图 5-3　基于遗传算法的闸室排档算法流程图

(1) 编码表示

设 n 为待选船舶数，使用长度为 n 的二进制串表示一个染色体，每个染色体代表一个闸室排档方案，如果染色体的第 i 位为 1，则表示 n 条船中第 i 条船被选进闸室。

(2) 初始化种群

种群中个体(染色体)表示为 $I_k = b_1(k)b_2(k)\cdots b_n(k)$，其中 $b_i(k)\in\{0,1\}$，$i\in\{1,2,\cdots,n\}$，$k\in\{1,2,\cdots,N\}$，N 为种群中的个体总数。如果 $b_i(k)$ 为 1，那么表示 n 条船中第 i 条船被选进闸室。

(3) 适应度函数

在遗传算法中，适应度函数是用来衡量种群中个体优劣的标准，直接反映个体的性能，适应度函数值大的个体性能好，适应度函数值小的性能差。根据适应度函数值的大小，决定某些个体是繁殖还是消亡。个体 I_k 的适应度函数定义为

$$f(I_k)=\sum_{i=1}^{n}\frac{a_i\cdot b_i(k)}{A} \tag{5-70}$$

(4) 选择操作

① 根据适应度函数计算个体的适应值。

② 计算各个体相对适应值为该个体的选择概率 $p(I_k)$，即

$$p(I_k)=\frac{f(I_k)}{\sum_{i=1}^{N}f(I_i)} \tag{5-71}$$

其中，$f(I_i)$ 表示第 i 个个体的适应值；N 为群体规模。

③ 采用转盘式选择策略对个体进行选择。将一个圆盘按选择概率比重分成 N 份，其中第 i 个扇形的中心角为 $2\pi p(I_i)$，转动圆盘，待其停止。若某参照点落到第 i 个扇形内，则选择个体 I_i。

(5) 交叉操作

交叉操作指把选出的两个父代个体的部分结构，加以替换重组生成新个体的操作。通过交叉操作，遗传算法的搜索能力可以得到飞跃提高。为模拟生物的杂交过程，人们设计了一种新的杂交算子。其基本原理是，按转盘式选择算法，随机地从种群中选择两个父代个体 I_1 和 I_2，随机产生交叉点 pos1，两个父代个体 I_1 和 I_2 在 pos1 处进行交叉，产生两个新的个体。

(6) 变异操作

随机选择个体 I_1 进行变异操作，同时随机选择个体 I_1 的某一位进行变异操作，即对该位的基因在一定范围内进行随机取值并替换原值，进而获得变异个体。

5.3.3 联合调度算法

联合调度算法主要针对正常通航条件下三峡-葛洲坝的船舶调度。正常条件

指梯级枢纽通航河段通航设施正常运行，没有异常碍航气象、异常急剧水文变动、大量船舶积压、异常船流变动情况下的通航状态，可分为汛期、枯水期、中水期。

1. 算法总体框架

全面梳理船舶过坝组织流程，并结合各节点关键要素和约束条件，提出算法总体框架，如图 5-4 所示。

2. 第一层编排

依据船舶通过三峡船闸下行及葛洲坝一号、二号、三号船闸时的计划编制，梳理其关键节点和操作要点，形成三峡船闸下行闸次，以及葛洲坝船闸闸次计划编制流程图，具体如图 5-5～图 5-7 所示。

3. 第二层编排

根据船舶通过三峡船闸下行、葛洲坝船闸上行或下行时的计划编制，梳理其关键节点和操作要点，形成船舶通过三峡船闸下行闸次，以及通过葛洲坝船闸上行和下行闸次计划编制流程图，具体如图 5-8～图 5-10 所示。例如，如果当前船舶流中有客运船舶申报过坝计划，那么需要对计划编制流程进行调整，具体如图 5-11 所示。

4. 联合调度模型

(1) 问题模型分析

首先，建立三峡-葛洲坝联合通航调度问题的数学模型，是一个混合整数非线性规划模型。模型优化变量如表 5-11 所示。目标函数如式(5-72)所示，其中 F_1 表示三峡南北线、葛洲坝一号、二号船闸在一个调度计划期(24h)内的平均闸室面积利用率，如式(5-73)所示，F_2 表示所有船舶过三峡、葛洲坝的平均待闸时间，如式(5-74)所示，即

$$F=\frac{\lambda}{F_1}+(1-\lambda)F_2 \tag{5-72}$$

$$F_1=\frac{\sum\limits_{[k,l]\in\Omega} f_{kl}}{4} \tag{5-73}$$

$$F_2=\frac{\sum\limits_{(i,j)\in\psi}(r(i,j)-t_{ij})}{|\psi|} \tag{5-74}$$

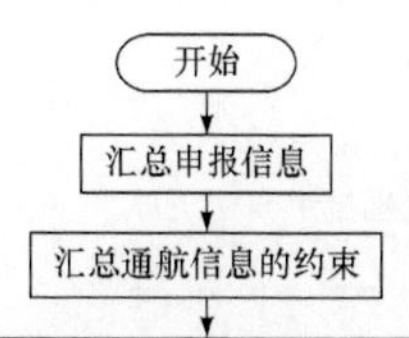

按照在锚船舶和申报船舶进行面积测算和船舶数量统计；根据船闸的工况，得出船闸运行模式，以及两坝通过能力的大小；结合船闸的通过能力为申报的船舶流折合闸次流；对计划期内的申报船舶进行分时段密度分析；船舶待闸时间的分析；确定计划期内采用计划模式

分配各个方向的闸次数，三峡上/下水闸次数=Min(上/下水折算闸次数，上/下水最大运行闸次数)。在不倒闸的情况下，葛洲坝上/下水闸次数=Min(上/下水折算闸次数，上/下水最大运行闸次数)。根据40:16:16的比例分配葛洲坝3号、2号、1号船闸的闸次数。倒闸一般考虑1号、3号闸，2号闸不倒闸

安排三峡下水闸次计划，根据船舶流情况，确定三峡升船机的分流方式，即快速通道分流方式、协同运行分流方式、应急疏散分流方式。在满闸的情况下按最短时间间隔安排闸次。在通过能力富裕的情况下，首先以满足客运船舶过坝时间为原则确定客运船舶所在的闸次，然后根据粗估的总闸次数和闸次最短时间间隔插入货运船舶闸次。货运船舶闸次的时间点要考虑船舶流的情况，如果待闸的货运船舶总面积超过允许的最低闸室面积利用率，就可以加开一个闸次。框架制定好以后在每个闸次中填船并排档

汇总得到葛洲坝上下水的船舶流，根据客运船舶的到达时间安排葛洲坝船闸的客运船舶闸次，优先安排客运船舶通过3号船闸，如果3号船闸不能及时安排则在1号和2号船闸按照就近的原则安排。客运船舶闸次安排好以后，根据各闸的估算闸次和最短间隔时间填入货运船舶闸次。填入货运船舶需要兼顾葛洲坝3个闸室的均衡。框架制定好以后向每个闸次填船

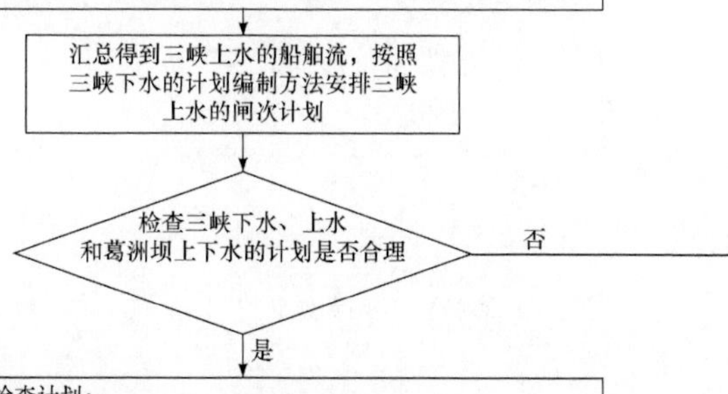

从4个方面检查计划：
① 客运船舶的两坝时间衔接、开闸时间是否及时合理(一般客运船舶在三峡等待的时间不超过2小时，在葛洲坝不超过1小时)；
② 转闸拖轮的间隔时间要保证；
③ 货运船舶的两坝时间衔接、开闸时间是否及时合理；
④ 两坝间船舶待闸限度(下水限度不超过3个闸次，上水限度不超过5个闸次)

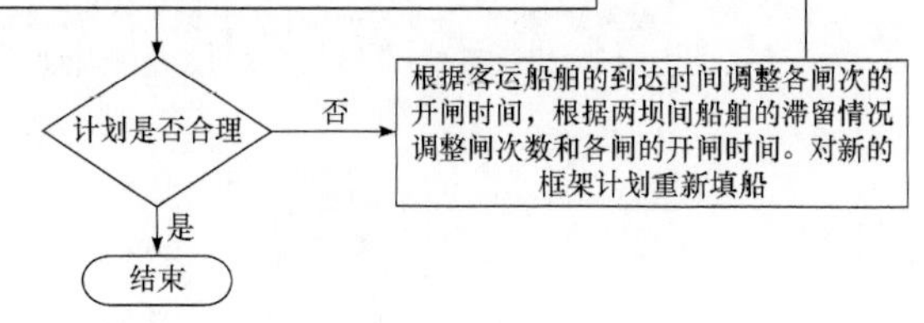

图 5-4　算法总体框架

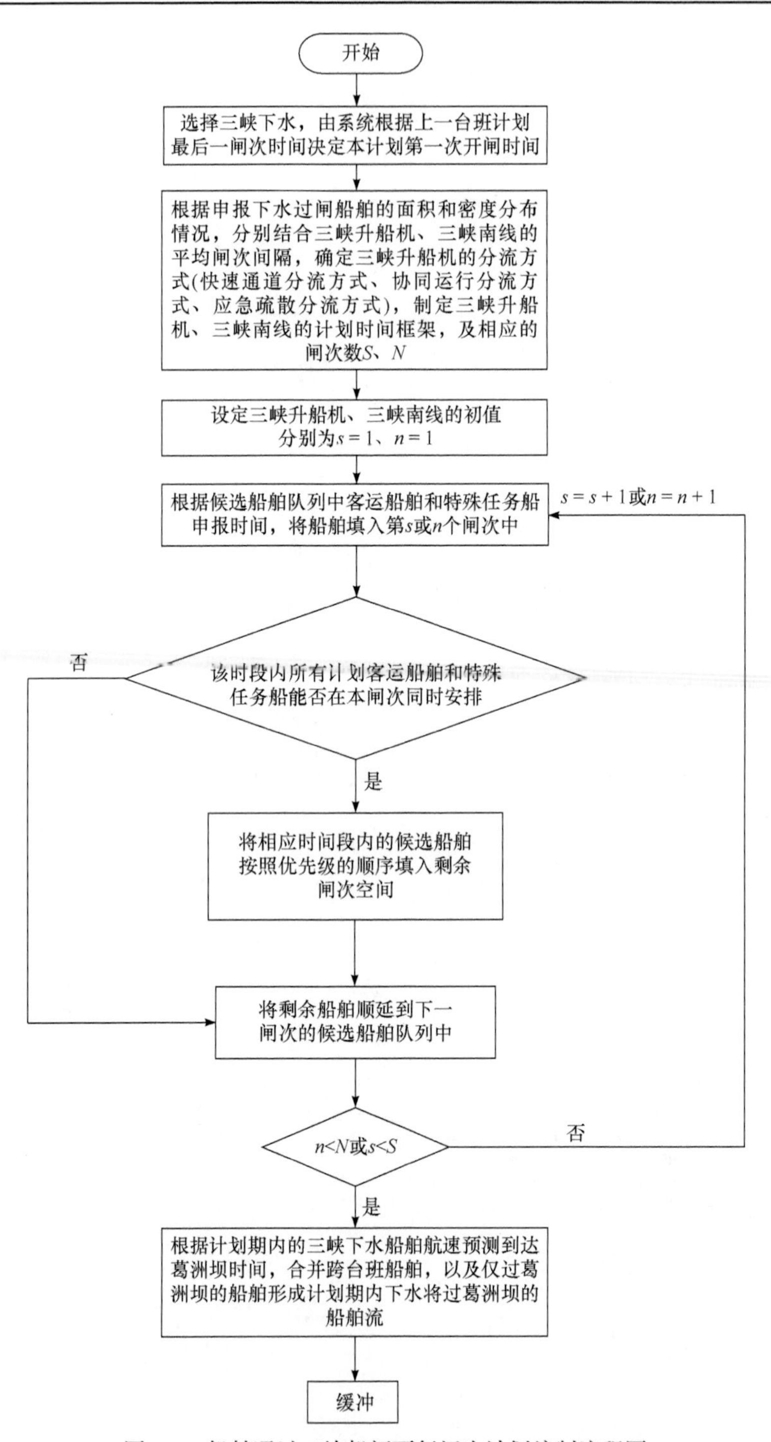

图 5-5　船舶通过三峡船闸下行闸次计划编制流程图

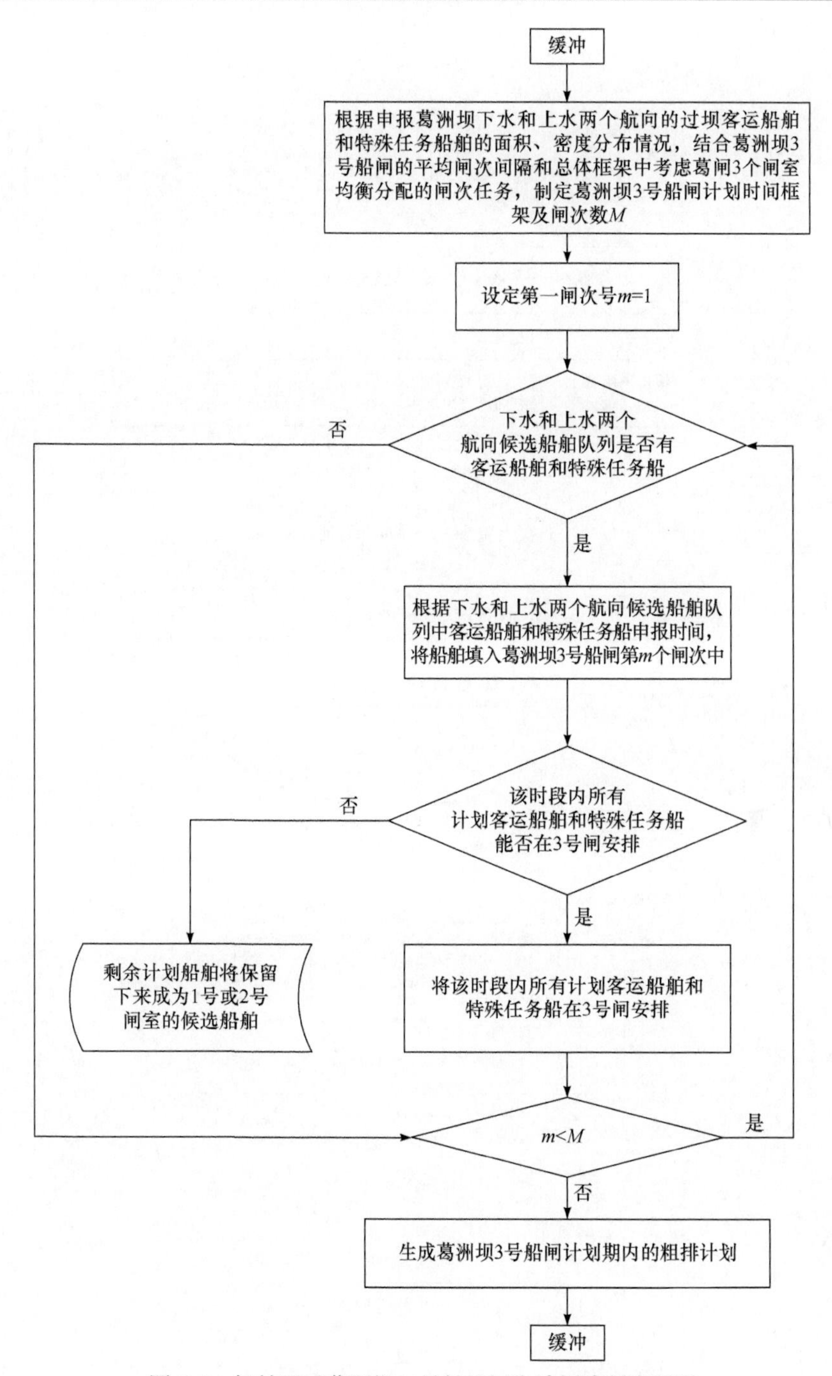

图 5-6　船舶通过葛洲坝三号船闸闸次计划编制流程图

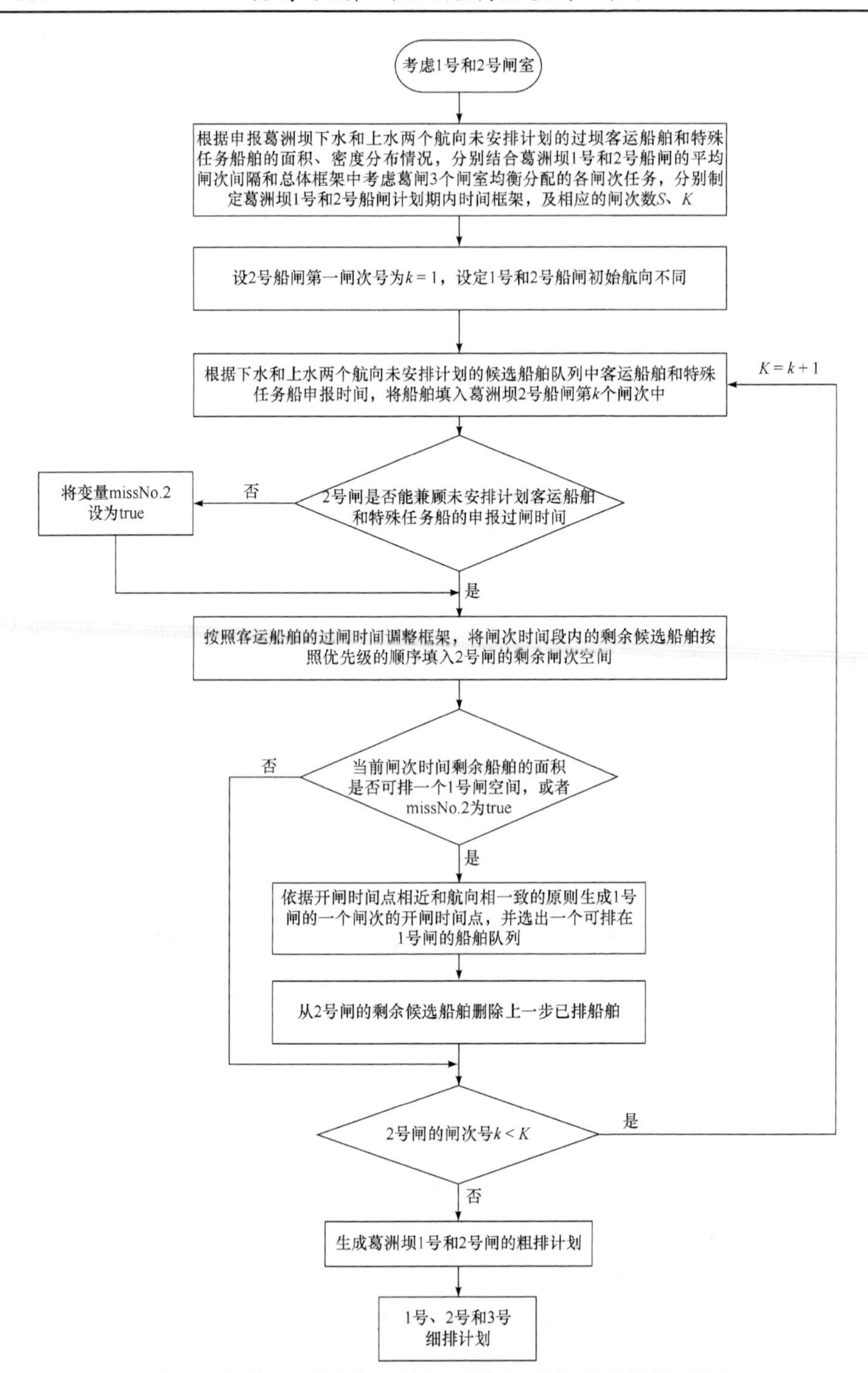

图 5-7 船舶通过葛洲坝一号和二号船闸闸次计划编制流程图

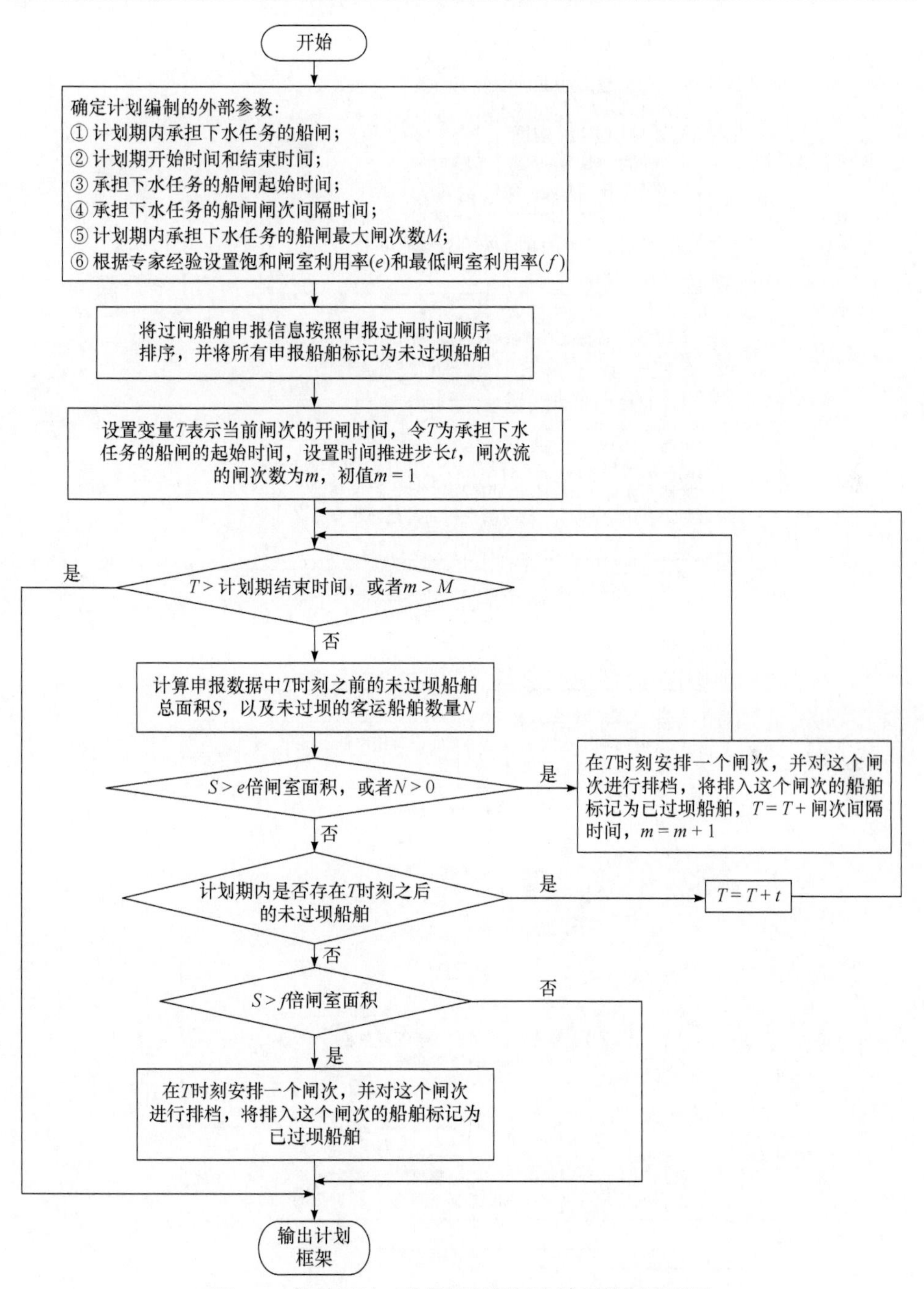

图 5-8　船舶通过三峡船闸下行闸次计划编制流程图

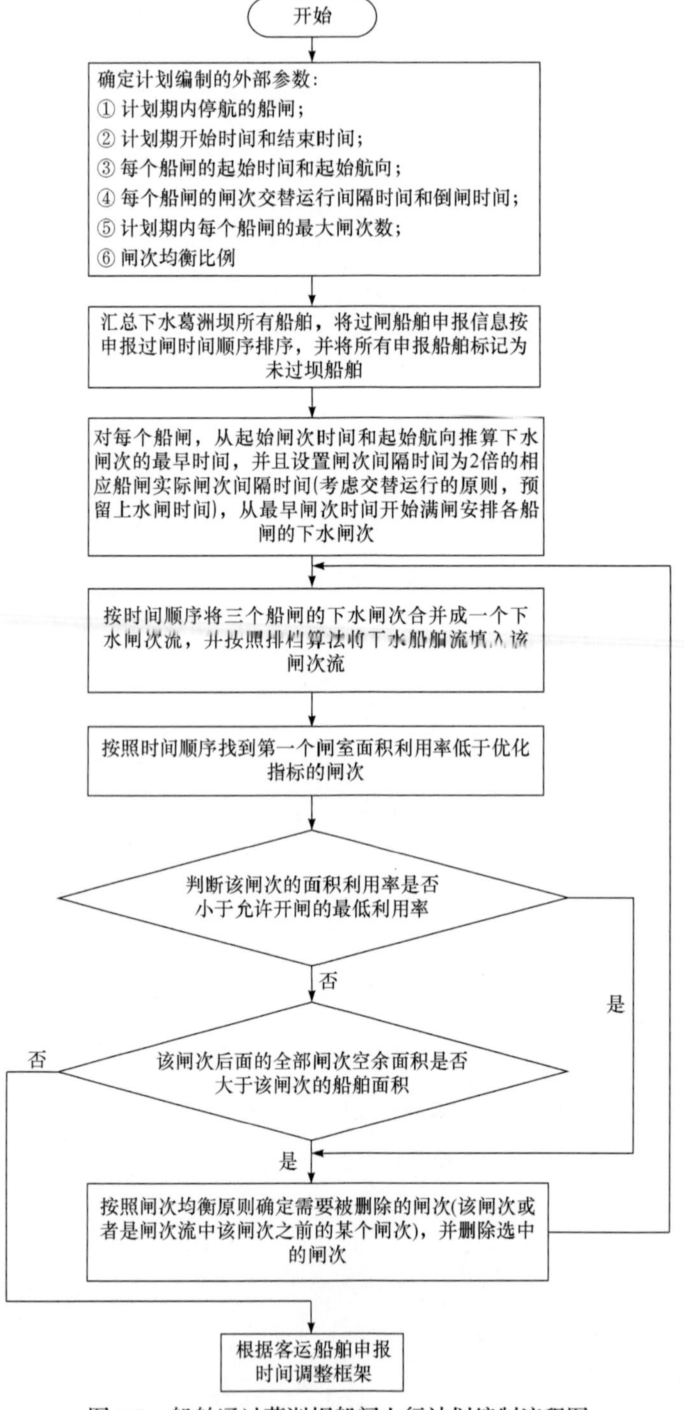

图 5-9　船舶通过葛洲坝船闸上行计划编制流程图

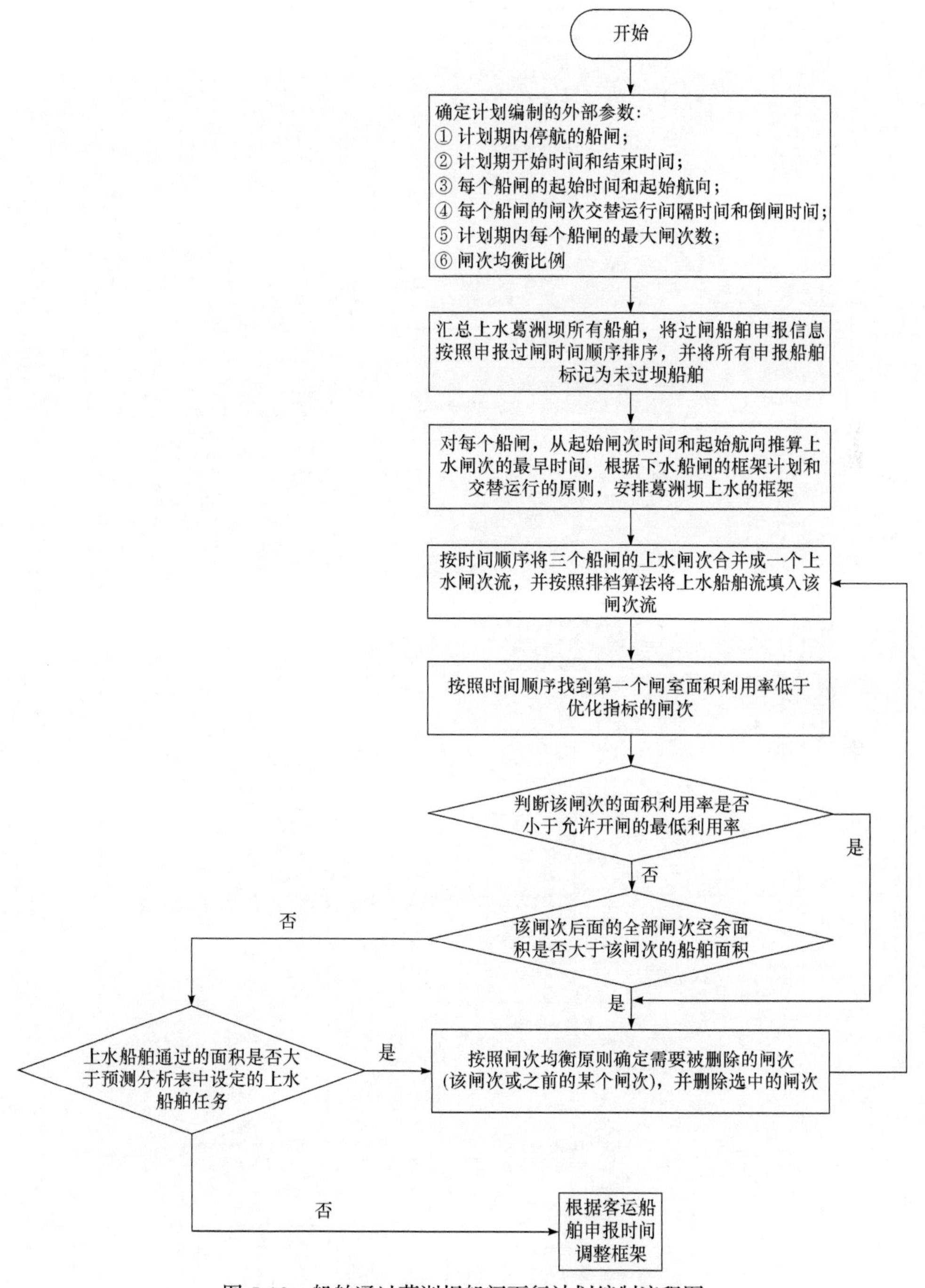

图 5-10　船舶通过葛洲坝船闸下行计划编制流程图

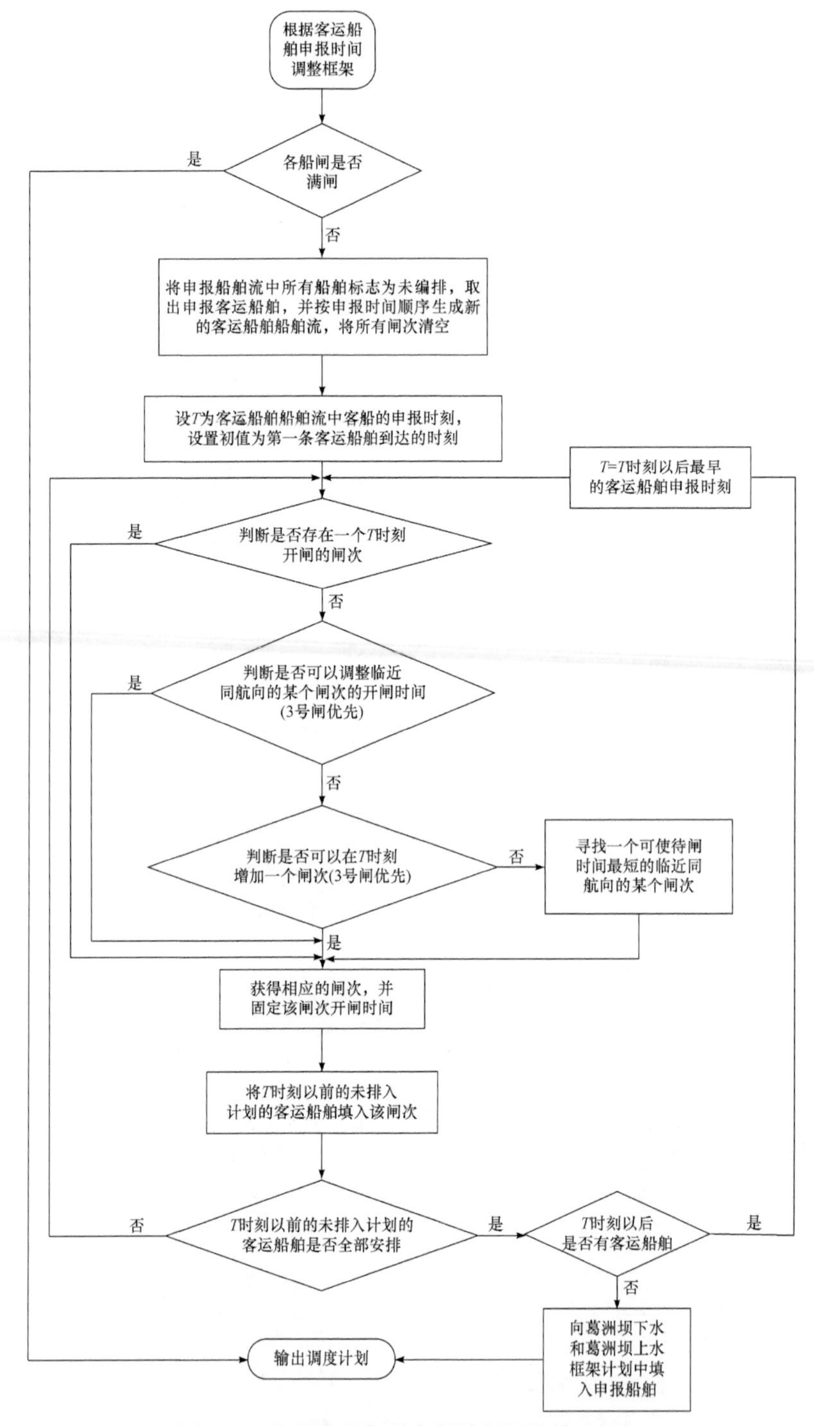

图 5-11　根据客运船舶申报计划调整算法框架

表 5-11　模型优化变量

变量	定义
t_{ij}	调度单元 (i,j) 的进闸时刻
x_{ij}	调度单元 (i,j) 的闸室停泊位置横坐标
y_{ij}	调度单元 (i,j) 的闸室停泊位置纵坐标
e_{ijkl}	调度单元 (i,j) 是否通过船闸 $[k,l]$，其中 1 表示通过，0 表示不通过
e_{ijkl}^{z}	调度单元 (i,j) 是否通过船闸 $[k,l]$ 第 z 闸次，其中 1 表示通过，0 表示不通过
b_{ijpq}	调度单元 (i,j) 与调度单元 (p,q) 是否同一批过闸船舶，即经同一闸次过坝，$b_{ijpq}\in\{0,1\}$，其中 1 表示在同一批，0 表示不在同一批。规定 $b_{ijij}=1$
c_{ijpq}	调度单元 (i,j) 与调度单元 (p,q) 装载的货物是否互斥，$c_{ijpq}\in\{0,1\}$，其中 1 表示相互排斥，0 表示不相互排斥。规定 $c_{ijij}=0$

如果对模型定义的优化变量直接进行求解，会带来较高的时间复杂度。为避免这种情况，可采用另外一种对等的思维方式，基于闸次时间表的优化，进行联合调度能大大提高优化调度方案的搜索效率。其基本思路是，从船闸操作计划的角度求解调度问题，求解模型时不直接搜索优化变量的值，而是以闸次时间表为中介。根据闸次时间表，利用特定的算法生成调度计划，通过对闸次时间表的调整实现调度方案的搜索。我们用 $[k,l,n]$ 表示船闸 $[k,l]$ 的第 n 个闸次，闸次时间表优化变量如表 5-12 所示。

表 5-12　闸次时间表优化变量

变量	定义
N_{kl}	船闸 $[k,l]$ 的闸次总数，$0\leqslant k<K$，$0\leqslant 1<\mathrm{L}_k$
t_{kln}	闸次 $[k,l,n]$ 的开始时刻，$0\leqslant k<K$，$0\leqslant 1<\mathrm{L}_k$，$0\leqslant n<N_{kl}$
d_{kln}	闸次 $[k,l,n]$ 的航向，$0\leqslant k<K$，$0\leqslant 1<\mathrm{L}_k$，$0\leqslant n<N_{kl}$

(2) 算法总体流程

我们主要采用粒子群优化算法和模拟退火算法，采用两层循环对变量进行搜索，外层循环利用改进的粒子群优化算法对 d_{kln} 和 N_{kl} 的值进行变换；内层循环在由 d_{kln} 和 N_{kl} 划定的子空间内，利用改进的模拟退火算法对 t_{kln} 进行搜索。

① 符号定义。调度算法中的符号定义如表 5-13 所示。

表 5-13　调度算法中的符号定义

符号	定义
G	闸次时间表
S	调度计划
$F(S)$	调度计划的目标函数
X_i	粒子编码
$P_l(i)$	粒子 X_i 局部最优位置
P_g	全局最优位置
P_m	变异概率
T	模拟退火的系统温度
r	模拟退火的降温系数
N	模拟退火的降温次数上限
n	模拟退火的降温次数
ULITA	特定温度下解变换次数的上限
SUM	总闸次数
Total	特定温度下发生解变换的次数
Acts	特定温度下被接受的解变换的次数
q	接受的变换次数在总变换次数中比例的下限
f_c	用来检验模拟退火过程是否“冻结”的变量

② 算法总体流程。

步骤 1，初始化粒子种群，对每一个粒子 X_i，初始化其局部最优位置 $P_l(i)$，根据式(5-72)计算粒子的适应度函数值，计算初始全局最优位置 P_g。根据全局最优位置 P_g 生成初始闸次时间表 G 及初始调度计划 S，设最优计划 $S^* = S$，最优目标函数值 $F_x = F(S)$。

步骤 2，令全局最优位置 P_g，进入内层循环。

步骤 3，定义初始温度 T，降温系数 r，降温次数 N。令 $n=0$、$f_c=0$、$\text{Total}=0$、$\text{acts}=0$、$\text{Sum}=\sum_{l=0}^{L_k} N_{kl}$，其中 $k=0$ 表示三峡，$k=1$ 表示葛洲坝。

步骤 4，对 t_{kln} 进行启发式变换得到新的闸次时间表 G_c，基于 G_c 生成调度计划 S_c。

步骤 5，如果 $F(S_c) < F_x$，则令 $F(S_c) < F_x$，$S_x = S_c$，并且 $f_c = 0$。

步骤 6，令 $S = S_c$， acts=acts $+1$。

步骤 7，在 (0,1) 选择一个随机数 z，如果 $\mathrm{e}^{(-\Delta/T)} > z$，则令 $S = S_c$，且 acts = acts $+1$。

步骤 8，Total = Total +1，如果(Total < ULITA) 且(acts < SUM)，返回步骤 2。

步骤 9，计算 pc = acts/Total，如果 pc < q，令 $f_c = f_c + 1$。

步骤 10，令 $T = r \times T$、Total = 0、acts = 0、$n = n + 1$。

步骤 11，如果 $n \geqslant 10$ 或者 $f_c \geqslant 10$，停止内层循环；否则，返回步骤 2。

步骤 12，对每一个粒子 X_i，执行粒子飞行操作。

步骤 13，以变异概率 P_m 从粒子种群中选择粒子，执行粒子变异操作。

步骤 14，计算每个粒子的适应度函数值。

步骤 15，将每一个粒子与其经历过的局部最好位置 $P_l(i)$ 进行比较，如果优于 $P_l(i)$，则更新 $P_l(i)$。

步骤 16，将所有粒子的局部最好位置与整个种群经历过的全局最好位置 P_g 进行比较，如果优于 P_g，则更新 P_g；否则，不更新。

步骤 17，如果满足终止条件(通常为迭代次数)，则输出全局最优位置 P_g，算法终止；否则，转至步骤 2。

5.4　梯级枢纽联合调度技术平台与应用

基于上述对梯级枢纽通航调度组织业务流程及智能联合调度算法的研究，建立梯级枢纽联合调度技术平台，包括远程申报系统和通航指挥调度系统两方面。远程申报系统主要面向船方，通航指挥调度系统主要面向通航管理者。梯级枢纽通航联合调度的主要技术手段包括远程申报系统、通航指挥调度系统、船舶 AIS 和 VTS 系统。

5.4.1　远程申报系统

远程申报系统作为梯级枢纽联合调度技术平台的重要组成部分，可以向船方提供过坝申报、通航信息、助航服务提示、船岸交互等服务。系统提供三种便捷途径，帮助船方完成船舶过坝申报，包括网页(政务网)、APP、企业微信。无论通过哪种方式申报，船方都须先注册微信号并加入企业微信，确保船舶资料中的船舶名称及联系电话准确，并进行关联绑定。远程申报系统流程如图 5-12 所示。

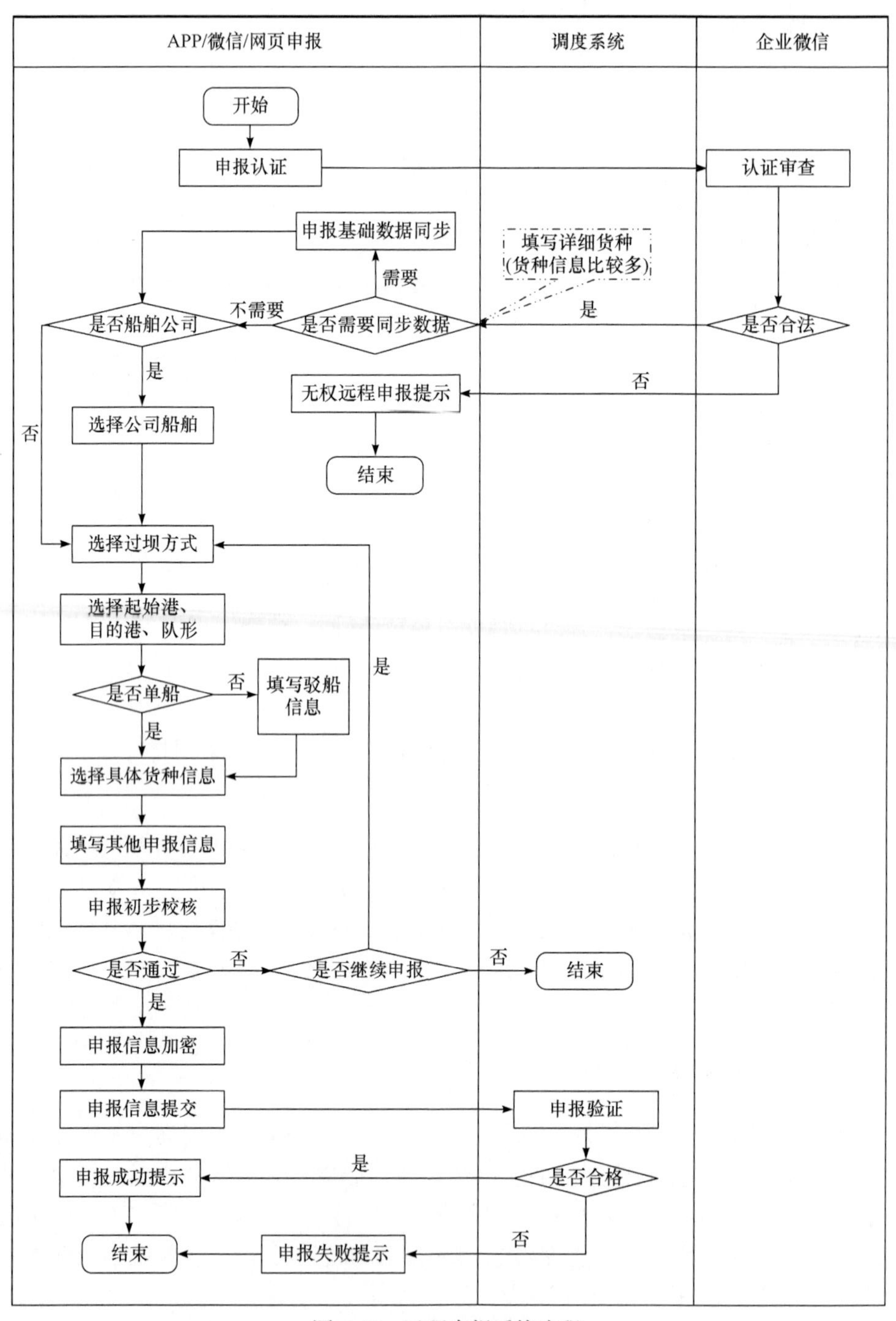

图 5-12　远程申报系统流程

1. 过坝申报服务

过坝申报服务主要包括船舶资料在线办理、远程申报、受理排序、船位信息管理。

(1) 船舶资料在线办理

船舶资料在线办理主要包含船舶信息的注册、变更、注销等功能。船舶通过三峡-葛洲坝水利枢纽时必须先进行船舶资料信息登记。以往办理船舶资料登记需要携带船舶检验证书、所有权证书和国籍证书，到通航管理部门现场完成信息审核再确认登记与否。为了方便船方或船舶公司，现在提供船舶信息管理在线办事功能，主要包含船舶信息注册、变更、船舶更名、注销等功能，办理过程只需船舶公司通过在线提交相关资料及办事信息，通航管理部门在线审批、快速办理即可。

(2) 远程申报

通过三峡-葛洲坝水利枢纽的船舶必须申报才能进行调度计划编排。远程申报系统为船舶过坝提供便捷的申报渠道，包括网页(政务网)、APP、企业微信三种便捷途径。其功能主要包括远程申报的授权、登记、校核、修改、取消等。船舶通过两坝只需申报一次，一日内往返通过两坝或一坝的船舶须提出书面申请。

(3) 受理排序

受理排序是船舶过坝调度流程中的一个重要环节，关系到船舶排队过坝的先后顺序，通过多重校验船舶的位置信息，识别船舶是否真正到锚。受理排序主要包含远程自动受理排序、人工申请到锚、人工受理排序、虚假到锚识别。

(4) 船位信息管理

船位信息管理通过抽取收集船位信息、实时识别船舶位置，向船舶提供准确的定位通航服务。根据船舶实时位置信息对船舶到锚的真实性和准确性进行识别，提供船舶虚假到锚告警与提示。船位信息管理主要包含船位信息来源、定位信息服务、船位信息校核功能。

2. 通航信息服务

通航信息服务用于查询船舶基础信息、船舶状态、通航查询服务、船舶诚信管理，以及调度管理指令推送等。

(1) 船舶基础信息

提供船舶基础信息查询功能，方便智能终端进行调度申报数据的校核及应用。基础信息管理主要包括船舶、船公司、货种、港口、过闸方式等。

(2) 船舶状态

船舶用户或船舶公司可通过远程 APP、企业微信、网页，实时了解管辖范围内的各类船舶过坝状态及历史过坝情况，查询所辖船舶的定位、申报、到锚、安检、计划、水情气象等各类信息。

(3) 通航查询服务

船舶用户或船舶公司可通过远程APP、企业微信、网页，实时了解管辖范围内的各类船舶通航调度情况及历史情况，查询所辖船舶的申报、安检、计划、违章、环境、政策法规等信息。

(4) 船舶诚信管理

船舶诚信管理是为过坝船舶设立过坝诚信档案，记录船舶在过坝及通航环节内的所有行为，实现诚信经营、诚信作业。通过记分制管理为船舶通航诚信情况进行定量，对违反规章制度的船舶或船舶公司执行记分扣除，对遵纪守法、遵守规章制度的船舶给予一定的奖励分。诚信管理记分采用周期性更新记分模式。船方可通过远程申报系统获取自身诚信情况，主要包括船舶诚信记分、诚信加分、诚信等级，以及某个周期内的历史加分、扣分等。

(5) 调度管理指令推送

调度管理推送的指令主要包含调度指令、广播服务、安检指令信息、调度计划信息、通航公告等。

3. 助航服务提示

船舶进入梯级枢纽辖区范围后，助航服务提示系统结合船舶GPS、AIS雷达信息、地理信息系统(geographic information system，GIS)江图，进行助航服务提示、相关调度指令语音播报，并对辖区通航建筑物、助航设备设施、航行违规进行标识提醒。若有突发情况，该系统可以为船方实时推送相关信息，及时提醒船舶安全航行。

4. 船岸信息交互

船岸信息交互服务主要包含公共信息交互服务、船舶群组交互服务、资料校核、交互记录留存等功能。船岸信息交互提供语音、视频、图片、文字等多种方式的信息交互，全程采用密文进行数据传输，杜绝明文传输，有效提高信息传输的安全性。

5.4.2 通航指挥调度系统

通航指挥调度系统是面向梯级枢纽通航全程的综合信息系统，涉及坝区升船机、船闸、锚地等，实现环境数据采集、船舶过闸排序排档、通航数据统计分析、助航信息服务等功能，满足梯级枢纽联合运行、统一调度的管理需求，在通航组织上逐步实现智能化，提高枢纽河段的通过能力，在很大程度上满足船舶过坝要求[4]。通航指挥调度系统模块主要包含基本信息管理、环境信息管理、船舶过坝申报管理、计划管理等。

1. 基本信息管理

基本信息管理是整个调度系统的基础，提供最基本的业务数据，包括船舶基本信息、申报属性、船闸信息、停航类别信息等。

① 船舶基本信息包含申报船舶的各类基本信息，如船舶种类、船舶队形、归属国家、归属省份、船舶公司等。

② 申报属性包含申报方式、过坝方式、港口信息、货种归属、货种信息、货种互斥、部门申报方式等，是船舶申报信息的汇总。

③ 船闸信息主要包含名称、长度、宽度、高度、吃水、限航流量等信息，是描述三峡南线船闸、升船机、葛洲坝船闸的基本特征信息。

④ 停航类别信息主要包含停航类别名称、是否船闸原因停航等，是描述实际或计划停航情况下停航的种类。停航类别包含船闸检修、船闸大修、其他维修、维修停电、维修停航、大修停航、观测测量、气候、水文、航道工程、设备故障、供电故障、故障碍航、其他故障、门体水下水工、过闸违章、过闸违章碍航、船闸原因停碍航、非船闸原因停碍航等。

2. 环境信息管理

环境信息管理是通航指挥调度系统中重要的一部分，能为船舶过坝排序排档提供全局、整体、详细、多维度的信息服务，主要包括气象、水位、流量、航道、停航、控制运行等信息。

(1) 气象信息

三峡坝区气象条件复杂多变，给坝区通航带来一定的影响。气象信息作为气象条件的载体反映当前坝区气象情况，虽然不直接干预调度流程，但是间接影响通航调度，是系统中不可分割的一部分。气象信息主要来源于气象监测站，主要包含观测时间、观测站点、温度(℃)、湿度(%)、气压(百帕)、海压(百帕)、风向(°)、风速(m/s)、平均风向(度)、平均风速(m/s)、分雨量(mm)、日雨量(mm)、能见度(km)。

(2) 水位信息

航道水位情况直接影响船舶航行和调度。水位信息主要包含测量时间(采集时间)、测量站点、水位、报告人，信息采集以小时为单位进行。

(3) 流量信息

流量信息包含预报流量和实际流量。预报流量信息包括观测时间、观测站点、当日 20 时、第二日 8 时、第二日 20 时、第三日 8 时、第三日 20 时、第四日 8 时、第四日 20 时、第五日 8 时、第五日 20 时的预测流量。实际流量信息包括观测时间、观测站点、实际流量。

(4) 航道信息

航道信息指三峡-葛洲坝辖区整体航道的实时信息，每天定时获取并登记，是各类船舶在辖区航行的安全基数。航道信息主要包含观测时间、观测站点、航道深度、航道宽度、是否在施工期、影响评估等。利用航道信息可以避免船舶与航道尺寸不符导致的搁浅问题。

(5) 停航信息

停航信息分为计划停航和实际停航，主要包含船闸名称、停航起始时间、结束时间、停航原因、停航类别。

(6) 控制运行信息

控制运行信息指辖区范围内，部分水域由于特殊原因禁航，但是船闸暂时没有中断运行时所反馈的信息。控制运行信息主要包含禁航区域、起始时间、结束时间、原因、影响评估。

3. 船舶过坝申报管理

通航管理者通过该系统对船舶的申报信息进行管理，主要包括申报登记、申报取消、申报恢复等功能。

(1) 申报登记

在船舶需要申报过坝但无法自行申报的情况下，可以通过申报登记完成船舶申报，分为普通船舶申报和特殊任务船舶申报。

(2) 申报取消

当已申报过坝船舶在通航过程中出现特殊情况，不能按指定计划过坝，或船舶出现违章违规情况，需要按规定取消船舶申报时，可以通过申报取消功能完成。申报取消功能分为待排计划取消和已排计划取消两种模式。待排计划取消指船舶未排入计划情况下进行申报取消，此时可以直接取消船舶申报。已排计划取消是船舶已经排入计划情况下进行申报取消，此时需要先取消船舶过坝计划，再取消其申报。

(3) 申报恢复

为了防止申报取消误操作，通过恢复功能降低误操作风险。

4. 计划管理

计划管理是通航调度过程中的关键一环，包括计划排船、计划调整、计划执行等。

(1) 计划排船

计划排船参考总体调度规则，统筹考虑申报船舶的优先级别、船舶待闸时间、船闸闸室面积利用率、船闸运行工况、运行模式、两坝通过能力、通航环境信息等因素，利用梯级枢纽通航智能联合调度算法筛选船舶，依次向框架闸次内添加符合条件的船舶，完成计划框架内各个闸次的船舶编排。具体要求如下。

① 待排船舶必须是满足闸次排船的待闸船舶(有效申报且未排计划)。

② 船舶平面尺寸不能大于闸室的集泊尺寸。

③ 船舶面积利用率不大于 100%。

④ 闸室排档图中的船舶不超出排档图内边界。

⑤ 同一申报船舶在同一坝中只能排入一个闸室。

⑥ 船舶申报高度必须小于排入船闸运行高度。

⑦ 客运船舶与载运危险品船舶不能混合编排。

⑧ 载运一级易燃易爆危险品船舶专闸过闸，并且待排列表中不能出现其他非一级易燃易爆危险品船舶。

(2) 计划调整

当计划发布以后，可能出现通航环境(风、雾、流量)变化，或船舶、船闸在运行过程中出现异常，导致计划不能正常执行，因此需要调整计划。计划调整主要包括以下类别。

① 计划内船舶调整。根据需要对计划内船舶进行调整，但是不能调出计划。

② 闸次调整。根据实际需要进行闸次的增加、删除空闸次(在没有船可以补充情况下)、闸次运行顺序调整。

③ 计划外船舶增补。由于特殊情况，部分船舶取消过闸，为提高闸室面积利用率，适当将计划外的船舶填补至空缺中。

④ 船舶计划取消。已排入计划的船舶，由于特殊原因不能继续过坝，因此执行计划取消操作。

(3) 计划执行

计划执行指根据发布的计划，结合实际通航经验，及时、准确地进行船舶过坝发航及组织船舶过闸，同时详细记录船舶的发航时间、船舶过闸等信息，及时反馈计划执行进度，协助计划编制的人员根据异常情况进行计划调整。

5.4.3　船舶自动识别系统和船舶交通管理系统

AIS、VTS 的主要功能是控制辖区水域通航状况，有效帮助通航管理部门及时掌握通航环境，维护通航环境安全。其中，船舶 AIS 是一种基于甚高频频段进行通信的系统，用于船与船、船与岸之间的数据交换，实现船舶位置信息、船舶基本信息、航行相关信息、安全相关信息的收发，避免船舶发生碰撞。VTS 利用 AIS 基站、雷达、CCTV 系统、无线电话、船载终端等通信设施，监控在航船舶和进出港口船舶，为船舶提供航行中所需的安全信息。通过该系统可监控船舶的航路是否脱离、行进方向、速度、船舶相互交行等，向船舶快速提供进出港所需的安全航行信息。

第6章　船舶过闸安全检查技术及系统

6.1　船舶过闸安检体系

6.1.1　船舶过闸安检工作依据

长江三峡工程的安全运行，关系到国民经济的健康有序发展，关系到沿江人民群众的生命和财产安全，关系到长江航运安全畅通，因此国家高度重视长江三峡水利枢纽安全，先后颁布《长江三峡水利枢纽安全保卫条例》、《中华人民共和国反恐怖主义法》等。

为服务长江经济带建设需求，加强水上安全管理，明确安全责任，《长江三峡水利枢纽过闸船舶安全检查暂行办法》(以下简称“部令第1号《暂行办法》”)于2018年1月11日发布，2018年6月1日起实施。第三条要求：“长江航务管理局负责长江三峡水利枢纽过闸安检监督管理工作，交通运输部海事局指导长江三峡水利枢纽过闸安检业务工作，长江三峡通航管理局具体实施长江三峡水利枢纽过闸安检工作”；第二十五条要求：“长江三峡通航管理局应当配备必要的安检人员、装备和设施，按照本办法规定的过闸安检内容，结合船舶安检申请时间和实际到闸时间，合理安排过闸船舶安检顺序”。

6.1.2　船舶过闸安检体系现状

为了贯彻实施部令第1号《暂行办法》，加强和规范长江三峡水利枢纽过闸船舶安全检查工作，保障过闸船舶和长江三峡水利枢纽水域安全，长江航务管理局于2018年5月颁布了《长江三峡水利枢纽过闸船舶安全检查暂行办法》实施细则(以下简称“长江航务管理局《实施细则》”)和《长江三峡水利枢纽过闸船舶安全检查暂行办法》实施方案(以下简称“长江航务管理局《实施方案》”)。

船舶过闸安检工作包括三峡大坝和葛洲坝之间38km河段内过闸船闸安全检查，以及葛洲坝水利枢纽工程至临江坪水域23.7km河段内过闸船闸安全检查。

2018年6月1日以来，长江三峡通航管理局贯彻落实部令第1号《暂行办法》、长江航务管理局《实施细则》及《实施方案》工作要求，对过闸船舶实施100%安检，有效保障了三峡枢纽水域安全、船舶过坝安全。

6.2　船舶过闸安检信息系统

6.2.1　船舶过闸安检信息系统架构

三峡-葛洲坝船舶过闸安检信息系统打通了现有调度系统和远程申报系统等业务系统，共享船舶申报、安检信息，实现安检规则设置、安检确认、安检船舶设置、安检项目设置、安检日志、统计报表、水情通航信息查询、移动 APP 安检等功能。系统总体架构如图 6-1 所示。

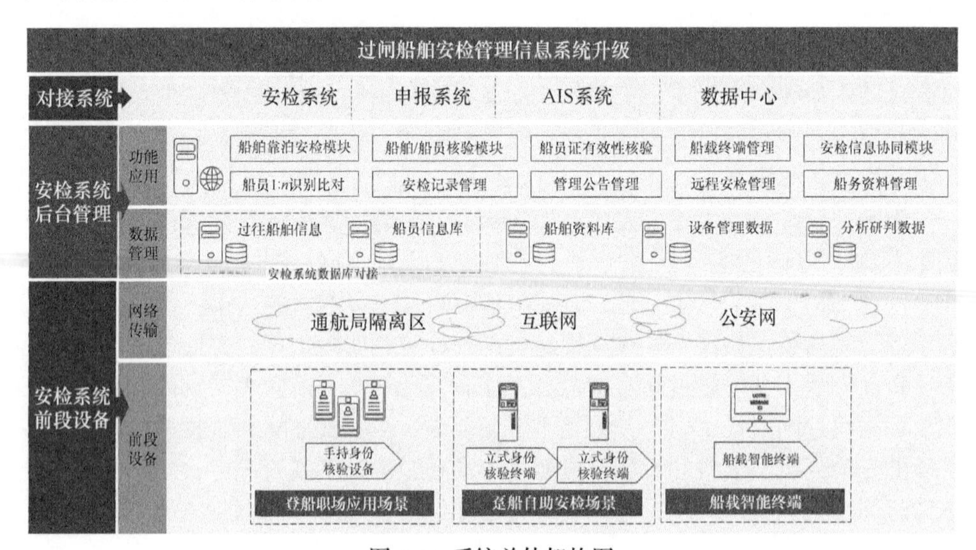

图 6-1　系统总体架构图

6.2.2　船舶过闸安检信息系统安检流程

1. 登船安检流程

船舶申报成功到达指定待检区域后，海事执法人员通过移动安检终端登船进行安检。系统具备人证核验功能，执法人员可以通过刷身份证对当前船舶人员进行核验，利用人脸识别 1 : n 核验模式(在海量的人像数据库中找出当前用户的人脸数据并进行匹配的核验模式)，通过和船员数据库、申报数据的对接，实现高效率的人脸识别认证过程。

2. 趸船自助安检流程

系统实现自助安检流程，即船方接收到靠检指令后，可将船舶停靠至服务趸船。船员可通过立式人证核验自助终端实现自助核验。如果系统通过当前船员身份证，没有查询到当前船员，则船员需通过设备实现自助资料补充，选择所属船舶及申报信息，进行 1∶1 核验，核验通过后保存核验记录。如果查询到当前船员，但是不存在申报信息，则由船员实现资料的补充，完成船员核验。

3. 船载终端远程安检流程

安检系统同多功能单北斗船载智能终端进行对接，可以实现各类特色安检功能，包括互动式安检、人工点检、随机抽检等，在不影响船舶正常航行的前提下，实现各种安检，保障管辖流域的航行安全。

6.2.3 船舶过闸安检信息系统信息汇总及查阅

1. 申报信息查询

安检工作人员可以直接在手机上查询当前需要过闸的申报信息。查询申报信息可以了解坝上、坝下船舶积压情况，以便结合实际工作进度实时反馈给后台安检管理员控制安检船舶数量，确保积压分流过程中安检环节的畅通。申报查阅信息主要包含船舶名称、到锚状态、计划状态、船舶尺寸、吃水、装载货物、载重量、主机功率、始发港、目的港、船舶种类、优先级、船舶联系方式和申报人等信息。

2. 安检情况查询

安检情况查询针对已经安检完毕的船舶安检信息进行查询，可以查看安检船舶基本信息、安检信息、安检内容、安检意见、安检地点、时间、安检人员等信息。

3. 环境信息查询

环境信息的获取可以让一线安检人员及时了解三峡坝区出入库流量信息、水位信息、气象信息、运行计划进度情况、航道信息、船闸工况信息、船舶待闸情况等。信息查阅要求信息集中汇聚、页面简单友好、图表相结合，让安检人员快速、方便获取更多有价值的信息，以便结合安检业务进行船舶安全检查的控制。

4. 待检船舶查询

安检人员直接在手机终端上即可查询当前坝上、坝下待安检和已安检船舶数量，便于安检工作人员了解安检的进度，提高安检工作人员的效率，减轻安检人员工作负担。查阅信息主要包含船舶名称、到锚状态、计划状态、船舶尺寸、吃水、装载货物、载重量和主机功率等信息。

5. 船舶位置定位

为了便于海事、公安等部门安检工作人员方便、快速定位待检船舶位置，节省因不清楚船舶具体方位找船所耗费的大量时间，通过手机终端查询船舶在锚区的实时定位位置来提高安检工作人员的安检效率。船舶位置实时定位还可提供单条船舶实时方位查询，使位置信息更加醒目，安检工作人员的工作变得更加便捷。

6. 诚信过闸记录

诚信过闸记录是约束三峡坝区过闸船舶过闸规范的管理工具，通过违章管理实时记录船舶违章信息，提供相应的惩罚依据，促使其在将来的航行过程中遵守辖区航行规则，保证通航秩序和安全。

7. 过闸违章登记

对辖区内船舶各类过闸违章信息进行登记，方便违章管理，以及为违章处罚提供处罚依据。违章登记信息主要包含船舶名称、违章类别、违章事件详细记录、违章发生时间、违章的地点、登记人和登记时间等。

6.2.4 船舶过闸安检信息系统功能

三峡-葛洲坝船舶过闸安检信息系统，实现船舶安全检查流程电子化，主要满足以下海事日常业务需求。

① 按船舶种类进行安全检查，载运一级危险品、二级易燃易爆危险品的船舶必检，载运其他货品的船舶按货种进行抽检。

② 安检流程全电子化，可追溯操作记录日志，每日报表可打印输出。

③ 安检工作人员移动执法，可通过移动终端实时查询船舶定位信息，进行现场安检确认，船舶即可进入待排计划列表，提高工作人员的安检工作效率，提高船舶过闸效率。

④ 安检反馈信息自动发送到船方 GPS 终端，方便船方第一时间了解安检状态，提升船舶过闸服务质量。

⑤ 各类水情、通航类信息可通过计算机和移动端及时查询，方便安检工作进行。

⑥ 拓展移动端执法安检、立式自助靠泊安检、船载终端远程安检等多模式混合安检功能，实现两坝间船员随机抽检，以及安检数据的收集、归纳、整理与数据分析。

⑦ 构建完整完善的船员数据库，实现船员数据的入库、新增、更新等，为

安检系统、申报系统提供船员数据支撑，实现基于船舶、船员的各类业务功能。

⑧ 完成与远程申报系统、综合监管系统、政务网站和内网网站、调度系统、数据中心等的对接，实现更加便捷的申报服务，通过读取申报系统中船员信息，可实现高效的 1∶n 核验，全面提升船员安检效率。

6.3　诚信管理信息系统

三峡通航诚信管理信息系统(以下简称“诚信系统”)主要包含“三船”(船公司、船舶、船员)信息查询、诚信信息记录与查询、诚信分值计算与评级、失信黑名单管理、申述管理、日志管理、权限管理、统计分析、调度安检等系统功能，并打造“三船”诚信体系，为诚信过闸建立制度基础[5]。

6.3.1　诚信管理信息系统结构

三峡通航诚信管理信息系统，是一套涵盖“三船”基本信息管理、信息记录与查询、诚信评分与评级、失信处理、黑名单等诚信信息管理于一体的信息系统。其总体架构如图 6-2 所示。

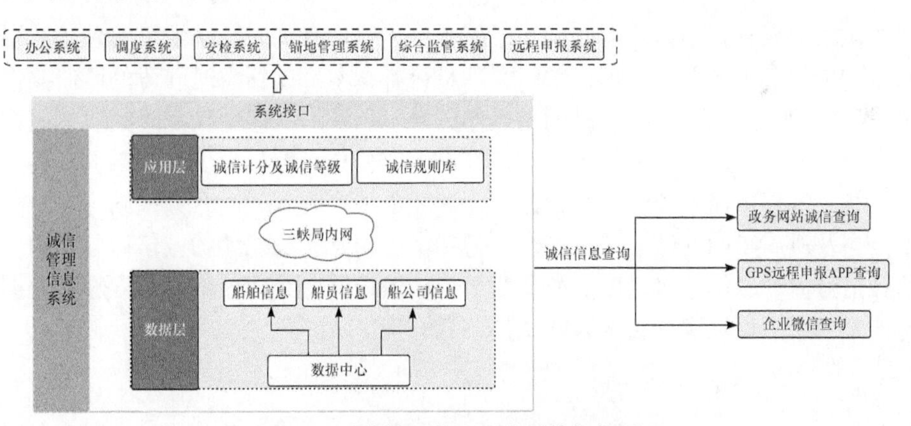

图 6-2　诚信管理信息系统总体架构图

该系统的“三船”基本信息来自存放于数据中心调度系统的“三船”信息表。记分规则由各业务部门分别设立，并按照船公司、船舶、船员分类设定，以便诚信管理部门可以快速查找到本部门适用的记分规则，并进行相应的操作。

该系统的分值计算和排序功能是年度“三船”奖惩的重要依据，“三船”的诚信分值和诚信等级可以在系统中进行查询，同时对接远程申报系统进行公示，以便船方查询和社会监督。系统设定相应的等级规则，不同的诚信等级用不同的颜色进行区分标识。同时，系统会建立失信名单库，将失信名单库与调度系统、安检系统、锚地管理系统、远程申报系统等联动，按照设置的规则对船方的过闸行为进行限制。诚信系统对系统船舶进行诚信分值的实时计算，并显示当前诚信排名情况。

6.3.2 诚信管理信息系统功能

1. 诚信信息规则设置

在诚信系统中建立对应的规则条目，以便对诚信信息规则进行选取。诚信信息规则内容主要包括规则编号、规则分类、规则名称、加分或扣分选项、分值和备注等。

2. 诚信信息记录

诚信信息由现场工作班组记录，包括记分对象、记分分值、记分事由、记分依据、记录人等相关信息，各单位诚信管理负责人进行审核。诚信记录发起后，与现有办公系统对接，办公系统再将审核结果返回诚信系统。

3. 诚信信息查询

诚信信息查询分为对内查询和对外查询。对内查询时，系统可实现普通用户账号和部门管理员账号管理，部门管理员可查询本部门任意时间段的诚信操作记录，不同记录人在任意时间段的内操作记录，以及“三船”任意时间段的诚信记分、当前诚信分值、诚信等级。对外查询为船公司、船员提供查询渠道，船公司通过登录远程申报系统，在企业微信、远程申报系统APP、政务网站等渠道实现本公司及所属船舶的诚信信息查询，包括本公司及所属船舶的诚信记分明细、当前诚信分值、诚信等级，以及所属船员的诚信记分、当前诚信分值。船员根据身份证号或船员证号实现对本人的诚信信息查询。

4. 诚信信息统计

实现船公司、船舶、船员的分类统计，能根据“三船”的当前诚信分值区间或者诚信等级进行计算统计，将相同分值区间或者等级的诚信对象进行可视化展示，不同的诚信等级通过不同的颜色予以区分标识，并提供诚信分值的排名排序。

5. 诚信信息联动功能

系统将船公司与船舶关联、船舶与船员关联，并对“三船”的当前诚信分值、诚信等级与调度系统、安检系统、远程申报系统、锚地管理系统、综合监管系统等进行联动。在诚信系统中，失信的船舶自动关联到调度系统、安检系统、远程申报系统、锚地管理系统、综合监管系统中。

6. 失信名单管理

系统设置失信规则，船公司及船舶在触发相应的失信规则时，自动进入失信名单。同时，失信名单管理功能需要具备查询统计功能，能够查询任意时间段内的船公司及船舶的失信时间和失信理由，并将失信名单与调度、安检等系统进行关联。

7. 申诉管理

对诚信处罚有异议的船舶可通过远程申报系统进行申诉。该功能具备图片、文本、音频、视频上传等功能。申诉提交后由诚信管理部门负责审核。审核过程流程化管理，实时显示申诉处理流向，流程处理对接至办公系统。同时，处理过程向船方进行展示，流程处理完毕后，办公将申述处理结果反馈至诚信系统，并将结果通过远程申报系统终端向申诉船舶反馈结果。

6.4　船舶吃水检测系统

船舶吃水检测系统可以实时监测三峡上下行过往船只的吃水深度值，将检测到的吃水数据发送至调度系统和安检系统中，方便调度或安检执行人员进行业务处理和判断。

6.4.1　船舶吃水检测系统结构

移动式船舶吃水检测设施能够对 70m 宽航道范围内的通航船舶进行全自动、智能、准确、高效的吃水检测，实现对通航船舶的实时监控和管理，对船舶超吃水、瞒报、漏报进行报警。使用单位收到船舶报警信息后，可采取相关手段，限制相关船舶通行，减少和避免不必要的船舶搁浅或卡闸事故发生。移动式船舶吃水检测设施由浮式平台(趸船)、水下检测架和检测系统组成。

1. 浮式平台(趸船)

吃水检测设施浮式平台如图 6-3 所示。它是搭载整套检测设施的基础，由两艘长趸船组成，所有机械设备及中控设备均安装在浮式平台上。

图 6-3　吃水检测设施浮式平台

2. 水下检测架

如图 6-4 所示，水下检测架是部署检测传感器的重要平台，安装在浮式平台一侧，通过卷扬设备进行升降。

图 6-4　吃水检测设施水下检测架

3. 检测系统

检测系统负责控制采集船舶吃水深度的数据及辅助数据，并计算船舶吃水结果。现场检测的 3 种不同船型船舶的吃水深度情况如图 6-5 所示。

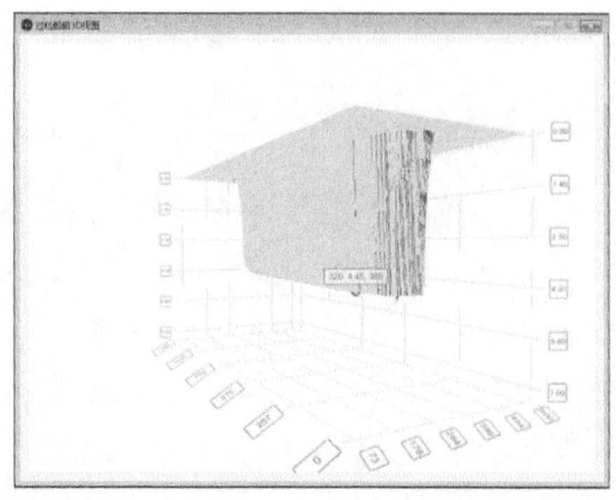

(a) 船型1船舶

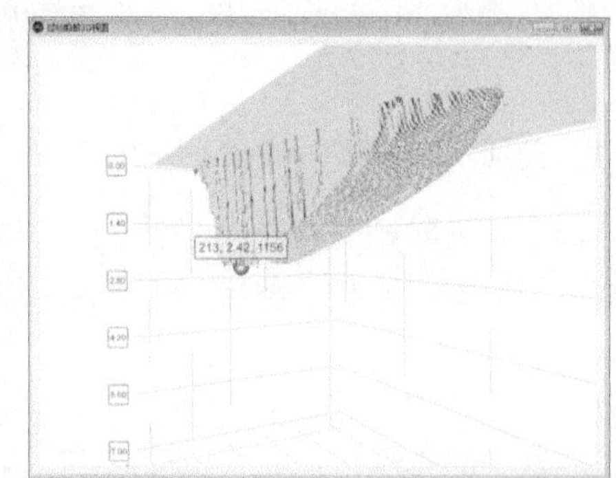

(b) 船型2船舶

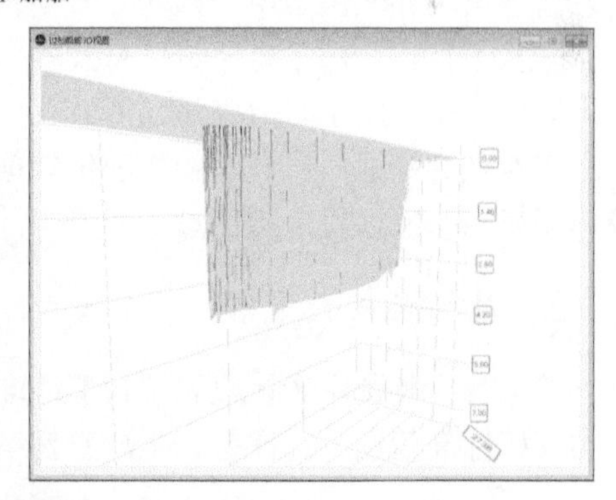

(c) 船型3船舶

图 6-5　不同船型船舶的吃水深度检测

6.4.2　船舶吃水检测系统吃水检测数据应用

1. 调度应用

吃水监测数据可为船舶调度提供基础数据依据。对于申报船舶，将船舶的实测吃水信息记录到调度系统对应的船舶申报信息中。对于非申报船舶，事先保留临时信息，待船舶人工申报后同步加载吃水检测信息。

2. 安检系统应用

安检系统 PC 端接入吃水检测实时数据，在安检系统申报信息查询、船舶基本信息查询、安检结果查询及待检信息处理等业务处理过程中，将实测吃水数据直观运用起来，以便海事检查核验。APP端引入实测吃水，便于一线执法人员在登船检查过程中查询申报信息、船舶基本信息、安检结果及待检信息处理时快速掌握船舶的实际吃水情况。

6.5　内河水上船舶综合管理系统

6.5.1　内河水上船舶综合管理系统结构

内河水上船舶综合管理系统应用于长江流域船舶的综合管理，包括船载智能终端、船舶安检装置、排污监测装置、锚地管理装置和总控中心。

1. 船载智能终端

船载智能终端包括北斗定位模块、安检信息模块、物质排放信息模块、锚泊消息管理模块和多模态申报模块。其中，北斗定位模块用于检测船舶当前位置信息；安检信息模块用于将船员信息及第一过闸附件信息发送至船舶安检系统；物质排放信息模块用于获取排污监测装置监测的物质排放信息；锚泊消息管理模块用于将船舶的锚泊消息和船舶当前位置信息发送至锚地管理装置；多模态申报模块用于将船舶的远程申报信息和船舶当前位置信息发送至远程申报装置。

2. 船舶安检装置

船舶安检装置用于接收船载智能终端发送的船员信息和第一过闸附件信息，并与安检标准信息进行比对，生成安检结果，并发送至总控中心。

3. 排污监测装置

排污监测装置用于监测船舶在长江流域运行中的物质排放信息。

4. 锚地管理装置

锚地管理装置用于接收船载智能终端发送的锚泊消息和船舶当前位置信息，根据锚泊消息和船舶当前位置信息，生成对应的指泊消息，并将其发送至总控中心。

5. 总控中心

总控中心包括安检结果管理模块、环境综合监管模块、指泊消息管理模块和远程申报后台操作模块。其中，安检结果管理模块用于接收并存储安检结果，环境综合监管模块用于环境综合监管模块获取所述报文数据，指泊消息管理模块用于接收并存储指泊消息，远程申报后台操作模块用于接收智能船载终端发送的远程申报信息。

内河水上船舶综合管理系统总体架构如图 6-6 所示。

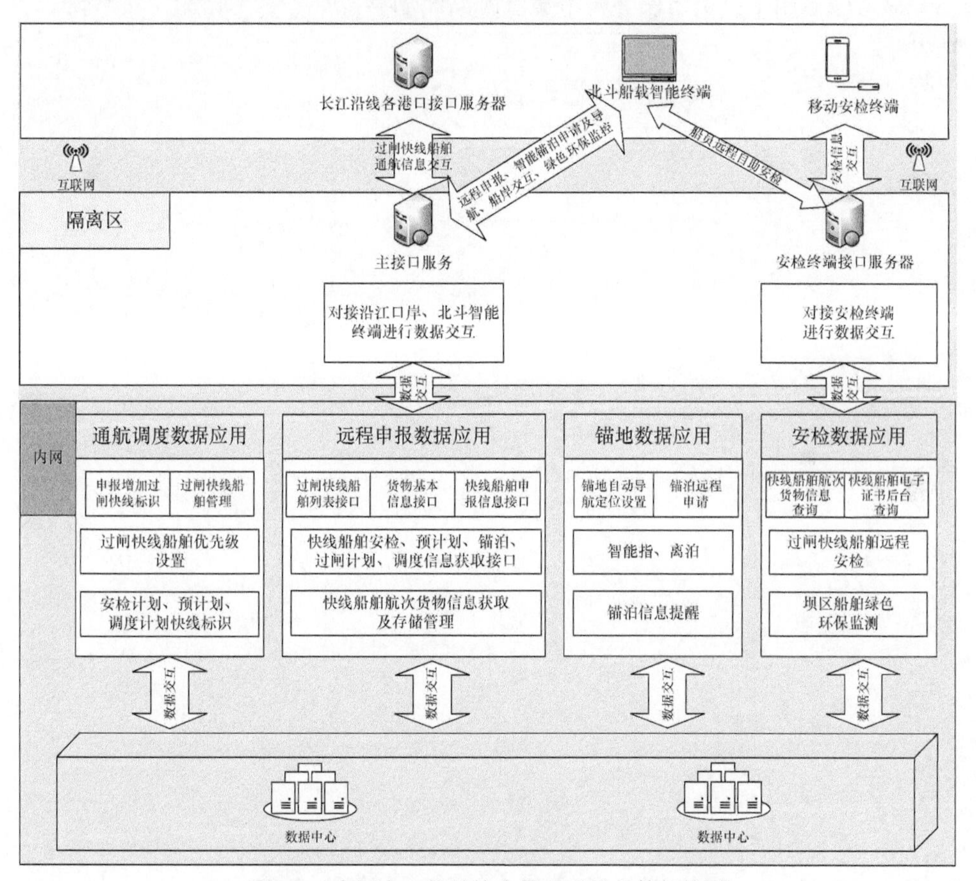

图 6-6　内河水上船舶综合管理系统总体架构图

6.5.2　内河水上船舶综合管理系统安检应用

船舶安检装置包括存储模块、处理模块和显示模块。

1. 存储模块

存储模块用于存储船舶信息、船员信息、第一过闸附件信息和第二过闸附件信息。第二过闸附件信息是船舶进出港的数据。

2. 处理模块

处理模块用于将船舶信息、船员信息与船舶安检标准信息进行对比分析，即将第一过闸附件信息与第二过闸附件信息进行对比分析。

3. 显示模块

显示模块用于显示对比分析结果，判断船舶是否符合安检标准，并得到安检结果。

第7章　船闸水工建筑物和设备运行安全监测技术及系统

7.1　船闸水工建筑物安全监测概述

船闸水工建筑物安全监测是指通过各种观测设备，及时获取反映船闸主体、基础、附近岸坡和周围环境的各种数据，并对观测数据进行计算处理，并由此监控船闸运行状况，为船闸安全运行提供评判依据。

对船闸水工建筑物进行安全监测的主要目的，可以归纳为以下四点。

① 通过分析施工期观测所得数据，可以掌握工程和基础的实际状况，以此修改、完善技术方案，提高工程设计水平，保证工程质量。

② 监测船闸运行状况，及时发现异常迹象，防止发生破坏事故。

③ 掌握水位、蓄水量等情况，了解水工建筑物在各种状态下的安全程度。

④ 分析船闸水工建筑物的运行规律，为施工设计和科学研究提供资料。

由于船闸水工建筑物监测是一项重要工作，因此观测人员应做到以下两点。

① 做好现场观测。根据规定的监测项目、测次、时间，在现场进行观测记录，做到“四无”，即无缺测、无漏测、无不符合精度要求、无违时；“五随”，即随观测、随记录、随计算、随校核、随整理；“四固定”，即固定人员、固定仪器、固定测次、固定时间。

② 对监测资料进行整理分析。校对现场观测资料，及时绘制图表；及时分析监测成果，研究建筑物工作变化规律，发现异常情况应找出原因并采取措施；及时上报分析成果，每月底编制船闸水工建筑物安全监测月报，每年汛期前，提交前一年船闸水工建筑物安全监测年报、特殊时期的船闸水工建筑物安全监测报告等；在每一个安全鉴定周期内，编制闸坝安全监测报告，定期呈报上级主管部门，以便各部门掌握建筑物工作状态。

观测方法主要包括变形观测、渗流及渗压观测、应力应变和温度观测。

1) 变形观测

船闸水工建筑物在自重、水压力、扬压力、土压力和温度等荷载作用下，必然产生变形，通过变形观测能够了解船闸水工建筑物的工作状态。变形观测主要包括水平位移观测、垂直位移观测、接缝和裂缝观测等。其中，水平位移是由船闸水工建筑物(挡水闸墙、底坎、闸门门槛等部位)的挠度和滑动引起的水平方向的变形，分为垂直和平行于坝轴线方向的位移。观测水平位移的方法有正垂线法、倒垂线法、引张线法、视准线法、小角度法等。垂直位移主要是船闸水工建筑物(挡水闸墙、底坎、闸门门槛等部位)在垂直方向的变形，观测垂直位移多采用几何水准法。接缝观测能够了解接缝的冷却降温是否正常，灌浆质量是否合格，坝段是否存在异常错动等现象，以此判断船闸水工建筑物的工作状态，接缝观测设备包括单向标点和三向相对位移标点两类。裂缝观测能够掌握裂缝的发生、发展和变化过程，以达到保障船闸水工建筑物安全运行的目的。裂缝观测方法分为裂缝的深度观测和开合度观测两种。深度观测可采用超声波法和钻孔法，开合度观测可通过地面摄影、使用读数显微镜和塞规等方式测量。对于接缝观测和裂缝观测，直接观测有困难时可采用遥测缝计进行观测。

2) 渗流及渗压观测

渗流是指流体在孔隙介质中的流动。渗流及渗压观测是在船闸水工建筑物及其地基内，对渗流形成的浸润线、渗透压力(或渗透水头)、渗流量和渗水水质等的观测。渗流及渗压观测的目的是，掌握水工建筑物及其地基的渗流情况，判断是否正常，分析可能发生不利影响的程度和原因，为水利工程的勘测、设计、施工和科研提供参考资料。渗流及渗压观测包括扬压力、渗流量观测等项目。进行渗流观测时，应同时观测上下游水位、水温，以及其他必要的水文气象项目。渗流及渗压观测常采用的设备有测压管、渗压计、量水堰、排水孔。

3) 应力应变和温度观测

应力应变观测包括对水工建筑物应力应变、钢筋应力、锚索应力、围岩锚杆应力、围岩变形、接缝开合、接触土应力等进行观测。监测仪器有应变计、无应力计、钢筋计、锚索测力计、锚杆应力计、多点位移计、测缝计和土压力计等。应力应变和温度观测仪器选型分为两种，即差动电阻式(简称差阻式)和振弦式(也称钢弦式)。两种仪器的工作原理有很大区别，采用的二次观测仪表也不同，前者采用水工比例电桥，后者一般采用弦式读数仪。

7.2　船闸水工建筑物安全监测自动化系统

7.2.1　船闸水工建筑物人工监测缺陷

随着闸室充泄水，两侧闸墙(升船机塔柱)承受反复荷载，高水头船闸闸室空满闸水位落差大，闸墙在短时间内变形较大。这些特点导致人工监测船闸水工建筑物会出现不少弊端，主要表现在以下方面。

① 人工观测条件不稳定。大型船闸的过闸时间一般为 40～60min，工作人

员很难在同一闸室水位条件下完成全部观测，导致每次观测时闸室水位不一致，观测结果欠缺规律性。

② 人工观测和充泄水过程不能同步。充泄水过程的监测数据是衡量船闸水工建筑物运行状态的重要依据，人工无法对其进行全面动态的观测。

③ 监测实施难度大。船闸水工建筑物监测点数量多、分布范围广，人工观测工作强度大、观测周期长，难以实施应急监测或加密监测。

④ 人工介入较多。人工观测需要专家完成，不符合现代“无人值守、少人值班”的水利枢纽运行模式。

综上所述，用自动化监测方法取代人工观测很有必要，实现大坝安全监测自动化不但可以降低观测人员劳动强度，而且能够快速、准确取得监测数据，及时掌握水工建筑物的运行状态。

7.2.2　水工建筑物安全监测自动化系统结构

水工建筑物安全监测自动化系统包含数据自动采集、数据传输、数据存储和数据管理。该系统由监测仪器、数据采集装置、通信装置、监测计算机、外部设备、数据采集软件、信号和控制线路等组成。

信号采集包括模拟量信号采集和数字量信号采集。采集对象通常包括差动电阻式、电感式、电容式、压阻式、振弦式、差动变压器、电位器式、光电式等监测仪器、步进电机式测量装置、真空激光准直装置、其他测量装置。

系统通过采集计算机完成采集工作，支持24h不间断运行方式。同时，系统搭载工程安全监测管理软件。该软件的主要功能包括在线监测、离线分析、图表制作、测值预报、网络通信、数据库、系统管理、安全保密等。

7.2.3　水工建筑物安全监测自动化系统管理与维护

为检验变形监测系统设施的运行质量和抗干扰性能，常采用标定法和线体试验法检测传感器性能和线体系统误差。

标定法，即采用厂家的专用标定架，人为产生位移变化，与自动化系统测量结果进行比较来评估传感器的测量精度。具体操作步骤如下。

① 将标定架固定在观测墩上，把垂线体固定在标定架上。

② 用垂线坐标仪测读初始读数 $A0$。

③ 分别向上下游、左右岸推移固定值(5～10mm)，垂线坐标仪测读初始读数 $A1$。

④ 根据各档 $A0$、$A1$，换算成实测位移量，用标定量与实测变化量之差来评价垂线坐标仪的测量准确性。

考虑垂线标定器的标定值和垂线坐标仪读数存在误差，因此采用方差分析的

方法来检验测量结果。设垂线坐标仪结果为 $A_{实}$，垂线标定仪推移值为 $A_{标}$，则两者差值 $\delta=\left|A_{实}-A_{标}\right|$，取 2 倍误差作为测值误差的限值，即 $\delta<2\sigma$，σ 为

$$\sigma=\pm\sqrt{\sigma_{实}^{2}+\sigma_{标}^{2}} \tag{7-1}$$

其中，$\sigma_{实}$ 为自动化系统测量精度；$\sigma_{标}$ 为标定仪器精度。

考虑各类垂线坐标仪的标称精度(±0.1mm)受使用年限、零漂、温度等多种因素的影响，精度取 $\sigma_{实}=\pm0.25$mm；垂线标定器标定值精度取 $\sigma_{标}=\pm0.35$mm。因此，自动化垂线坐标仪测值与标定值之差的绝对值应满足

$$\delta<2\sigma=0.86\text{mm} \tag{7-2}$$

例如，葛洲坝船闸垂线坐标仪准确性测试成果表如表 7-1 所示。葛洲坝船闸正、倒垂线复位误差检验表如表 7-2 所示。

表 7-1　葛洲坝船闸垂线坐标仪准确性测试成果表

测点编号	推线方向	标准值 A/mm	初值 A0/mm	测值 A1/mm	差值 /mm	测点编号	推线方向	标准值 A/mm	初值 A0/mm	测值 A1/mm	差值 /mm
IP1	上游	7.00	2.91	9.84	0.08	PL1	上游	7.00	2.99	9.96	0.03
	下游	9.00	–2.11	–11.18	0.07		下游	9.00	0.23	9.41	0.18
	左岸	8.00	2.55	10.47	0.09		左岸	8.00	1.56	9.51	0.04
	右岸	9.00	–1.54	–10.45	0.08		右岸	8.00	3.92	11.94	0.03
IP2	上游	8.00	0.18	8.14	0.05	PL2	上游	2.30	0.69	2.29	0.71
	下游	9.00	–2.60	–11.33	0.27		下游	2.96	0.23	2.47	0.72
	左岸	9.00	0.64	9.53	0.11		左岸	2.63	0.38	2.41	0.60
	右岸	9.00	3.22	12.10	0.12		右岸	2.63	0.97	3.17	0.43

表 7-2　葛洲坝船闸正、倒垂线复位误差检验表

测点编号		上下游向				左右岸向			
		初始值/mm	复位值/mm	复位时间/min	差值/mm	初始值/mm	复位值/mm	复位时间/min	差值/mm
IP1		–0.274	–0.236	3	0.038	0.213	0.221	3	0.008
IP2		–0.198	–0.189	3	0.009	–0.136	–0.129	3	0.007
IP3		0.062	0.061	3	0.001	–1.490	–1.488	3	0.002
IP4		–0.308	–0.324	3	0.016	–0.207	–0.188	3	0.019
PL1#	1	0.036	0.018	3	0.018	–0.125	–0.096	3	0.029
	2	0.071	0.073	3	0.002	0.015	0.041	3	0.026
	3	0.046	0.027	3	0.019	–0.066	–0.066	3	0.000
	4	0.201	0.199	3	0.002	–0.118	–0.123	3	0.005

线体试验法通常指引张线三角线体试验和复位差测试，具体步骤如下。

① 将引张线处于未挠动的自由状态视为初始状态，对各测点逐点进行人工测读和自动化系统测读(记为 *A*0)。

② 架设拨线设施，进行线体读数(记为 *B*0)。

③ 在引张线中间部位的测点处，将线体往闸墙左侧或右侧推动 5～10mm，待线体稳定后，对各测点进行测读(记为 *B*1)。

④ 取出标准块，记录引张线的稳定复位时间，并再次逐点进行测读(记为 *A*1)。

根据相似三角形原理，计算各测点的理论位移值(记为 *B*)，并将实测位移值与理论位移值进行比较，这就是线体试验。线体试验人工限差不超过 0.5mm，自动化限差不超过 0.3mm 为合格。线体复位稳定后的测值与初始状态测值相比(各测点理论位移值应为零)，计算复位差，这就是复位测试。复位测试人工限差不超过 0.3mm，自动化限差不超过 0.2mm 为合格。

葛洲坝船闸引张线线体试验和复位差测试结果如表 7-3 所示。

表 7-3　葛洲坝船闸引张线线体试验和复位差测试结果表(自动化)

测点编号	理论值 *B*/mm	初始值 *A*0/mm	拨线初始值 *B*0/mm	拨线测值 *B*1/mm	复位值 *A*1/mm	线体试验差值 ‖*B*1–*B*0–*B*‖/mm	复位试验差值 ‖*A*1–*A*0‖/mm
EX1	1.013	–0.185	–0.038	–1.200	–0.038	0.002	0
EX2	2.303	–0.370	–0.054	–2.697	–0.053	0.024	0.001
EX3	3.274	–0.364	0.077	–3.703	0.077	0.065	0
EX4	4.401	–0.584	0.062	–5.019	0.063	0.034	0.001
EX5	5.518	–0.860	–0.078	–6.411	–0.080	0.033	0.002

续表

测点编号	理论值 B/mm	初始值 $A0$/mm	拨线初始值 $B0$/mm	拨线测值 $B1$/mm	复位值 $A1$/mm	线体试验差值 $\|\|B1-B0-B\|\|$/mm	复位试验差值 $\|\|A1-A0\|\|$/mm
EX6	6.702	–1.127	–0.178	–7.843	–0.181	0.014	0.003
EX7	7.774	–1.273	–0.168	–9.063	–0.169	0.016	0.001
EX8	8.816	–1.424	–0.172	–10.213	–0.175	0.027	0.003
EX9	10.000	–1.651	–0.227	–11.678	–0.228	0.027	0.001
EX10	8.738	–1.401	–0.186	–10.145	–0.188	0.006	0.002
EX11	7.601	–1.168	–0.094	–8.798	–0.095	0.029	0.001
EX12	6.470	–0.926	–0.018	–7.426	–0.022	0.030	0.004
EX13	5.201	–0.775	–0.051	–5.993	–0.053	0.017	0.002
EX14	4.140	–0.746	–0.164	–4.922	–0.166	0.036	0.002
EX15	2.790	–0.608	–0.226	–3.433	–0.229	0.035	0.003
EX16	1.568	–0.465	–0.231	–2.064	–0.236	0.031	0.005

为直观，通常绘制引张线线体试验实测位移与理论值对比图，如图7-1所示。

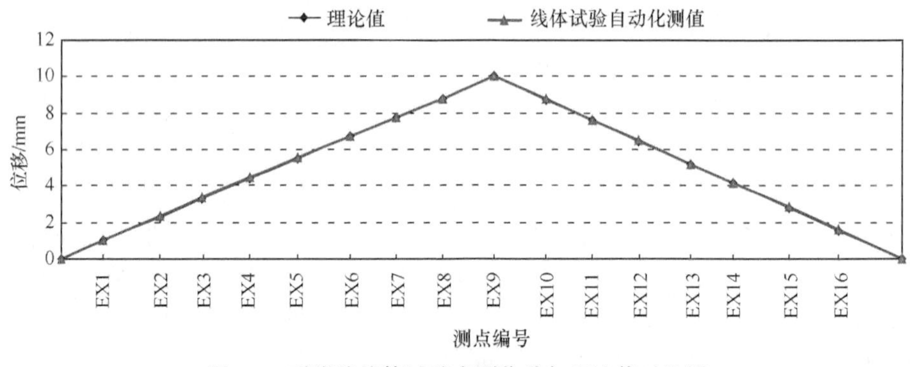

图7-1　引张线线体试验实测位移与理论值对比图

由此可见，引张线各测点的复位差极小，自动化复位差值小于允许值(0.2mm)，复位性较好，满足要求。线体试验的实测值和理论值的差值均小于允许值(0.3mm)，各测点测值精确度高。

7.2.4　葛洲坝船闸安全监测自动化系统

葛洲坝船闸于1989年建立安全监测自动化系统，并先后于2001、2005年分别完成二号、三号船闸平面位移监测系统的自动化，初步实现葛洲坝枢纽三江通航建筑物的安全监测自动化网络。2008～2012年又实施了一号船闸监测自动化系统的改造。至此，完成葛洲坝枢纽通航建筑物的自动化监测系统网络[6]。

1. 葛洲坝二、三号船闸安全监测自动化系统

葛洲坝二、三号船闸安全监测自动化系统分为船闸平面位移监测自动化系统和内部观测自动化系统两部分。两闸相距近 400m，利用光缆通信技术，将三号船闸监测自动化系统和二号船闸监测自动化系统融合，使之形成葛洲坝三江航道船闸水工建筑物的自动化监测网络系统。

葛洲坝二号船闸平面位移监测自动化系统包括 5 条引张线、7 条正倒垂线、闸室水位计、37 台电容式单向引张线仪、19 台电容式双向垂线坐标仪和 1 支水位计。内部观测自动化系统主要包括测缝计、钢筋计、裂缝计、基岩变位计等。

该船闸安全监测自动化系统根据测点位置布置 25 台数据采集单元，用于内部观测仪器、平面位移测点和闸室水位信息的自动化采集。系统采用分布式原理，通过 RS-485 现场总线构成主从拓扑结构。数据采集单元采用高集成度智能模块化结构，由数据采集智能模块、通信模块和电源模块组成。各数据采集智能模块独立运行，互不干扰。由于采用全封闭智能化模块，如果模块失效，只需换上新模块即可，因此系统无须停止运行。

葛洲坝三号船闸安全监测自动化系统包括 25 台引张线仪、6 台垂线坐标仪、8 支渗压计、4 支测缝计。整个系统共设置 10 台智能型数据采集单元和 12 个各类数据采集模块。

葛洲坝船闸自动化监测管理软件如图 7-2 所示。软件除了可以实现在线采集，还具有离线分析、年月报表制作、测值图形制作、测值预测、监测数据管理、文档资料管理、软件系统管理、远程监控和辅助服务等功能。

该系统基本涵盖葛洲坝三江通航设施的主要监测项目，完成一次监测仅需 120s。自动化监测系统具有采集速度快、精度高等特点，在船闸应用中具有较大的优势。因此，在闸室充泄水过程中，短时间内动态的水压力荷载对水工建筑物变形的影响可通过自动化系统进行监测。

开展两次实验测试分析，对葛洲坝二号船闸充泄水过程进行动态观测，均按 2min 采集一次数据的频率，持续监测 30min 以上。两次监测时，上下游水位变化值在 0.5m 以内，水头差在 0.7m 以内。根据采集数据分析，葛洲坝二号船闸左下闸首正垂线闸室充水过程横向位移变化过程如图 7-3 所示。葛洲坝二号船闸右下闸首正垂线闸室充水过程横向位移变化过程如图 7-4 所示。

可以看出，随着闸室水位的上升，左右下闸均向闸室中心线外侧发生位移，开始位移时间略有滞后，滞后时长约 4min，后续位移时间与闸室充泄水时间基本同步，当闸室水位达到上游水位时，位移也达到最大。各测点位移值大小与测点所处高程相关，测点越高，位移值越大，测点越低，位移值越小。在充水过程中，左右两侧同一测线的各测点最大位移差值约为 0.9mm。

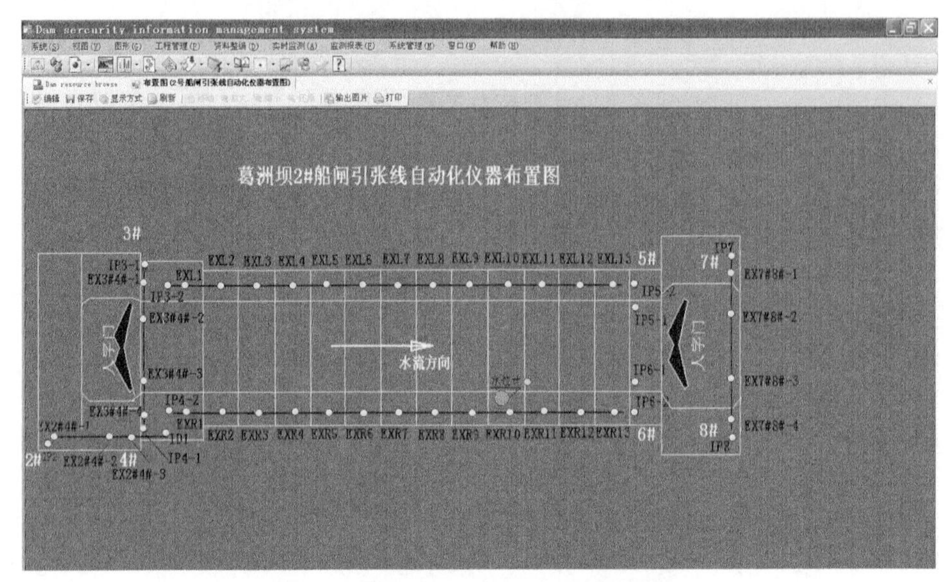

图 7-2　葛洲坝船闸自动化监测管理软件

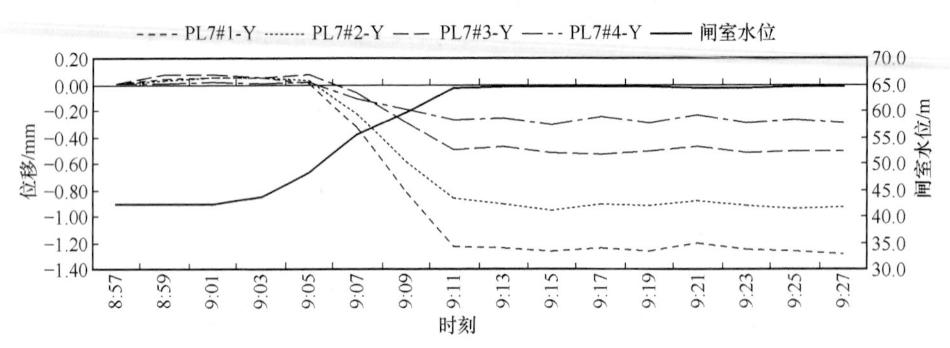

图 7-3　葛洲坝二号船闸左下闸首正垂线闸室充水过程横向位移变化过程线

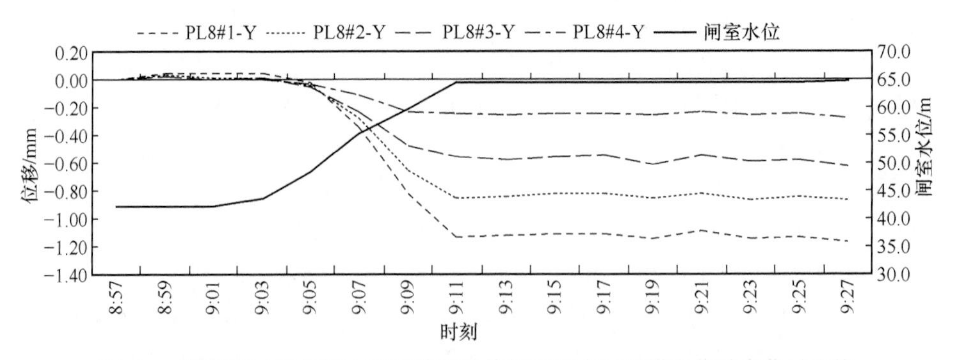

图 7-4　葛洲坝二号船闸右下闸首正垂线闸室充水过程横向位移变化过程线

三号船闸安全监测设施经过自动化改造后，在监测精度和监测效率上有很大的提高。原观测设施进行一次全面观测需 8～10h，采用自动化监测系统后，完成一次全面观测仅需 90s 左右。这种监测速度使实时监测成为可能。

如图 7-5 所示，在监测时段内第一次闸室泄水过程中，泄水 4min 后，渗压计 P06 指示的位置处渗压水位由泄水前的 31.91m 上升至 32.54m，在闸室水位稳定到下游水位后，渗压水位继续下降直至闸室充水；在充水开始 3min 后，渗压水位从充水前的 31.98m 下降至 31.61m，然后逐步回升，待上游水位稳定 10min 左右后，渗压水位基本趋于稳定，达到 31.78m。

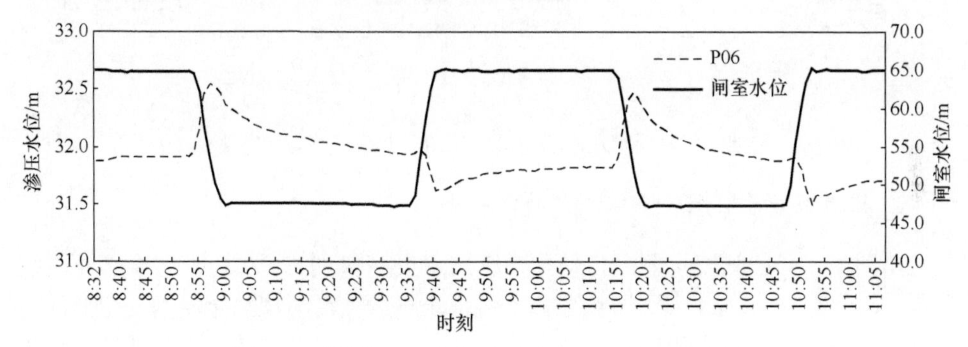

图 7-5　葛洲坝三号船闸基础渗压-闸室水位对应图

如图 7-6 所示，位于闸室底板纵缝的测缝计(J01、J02)在闸室充泄水过程中受闸室水位荷载作用发生相应的变形。埋设于左侧纵缝的 J02 在船闸泄水 1min 后开始变形，在闸室水位达到下游水位时，测值由满闸时的–0.65mm 变为– 0.70mm，结构缝闭合 0.05mm；埋设于右侧纵缝的 J01 在船闸泄水过程中的变形与左侧测点一致，开始变形时间滞后泄水过程 1min，在闸室水位达到下游水位时，测值由满闸时的–1.02mm 变为–1.07～1.08mm，结构缝闭合 0.05～0.06mm。

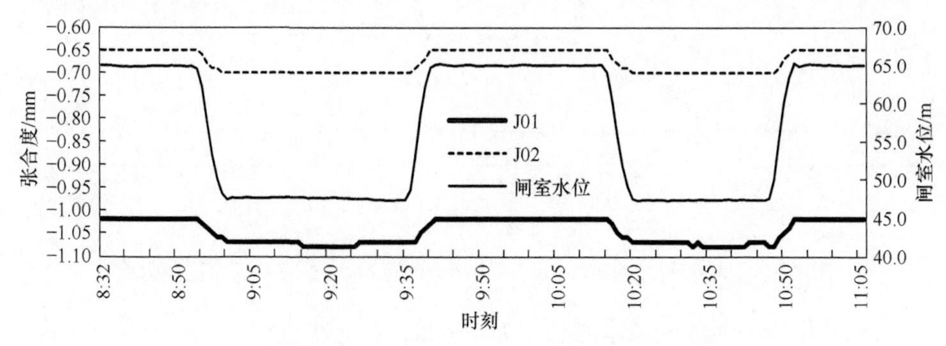

图 7-6　葛洲坝三号船闸 J01、J02 与闸室水位变化关系图

如图 7-7 所示，左闸墙第三、四、七块在船闸泄水时基本随闸室水位变化同步发生位移，至泄水结束时，分别向闸室中心线发生 1.33mm、1.63mm、

1.75mm 位移。在船闸充水时，闸墙同步向闸室中心线外侧发生位移，并且位移大小和水位高低变化基本同步。

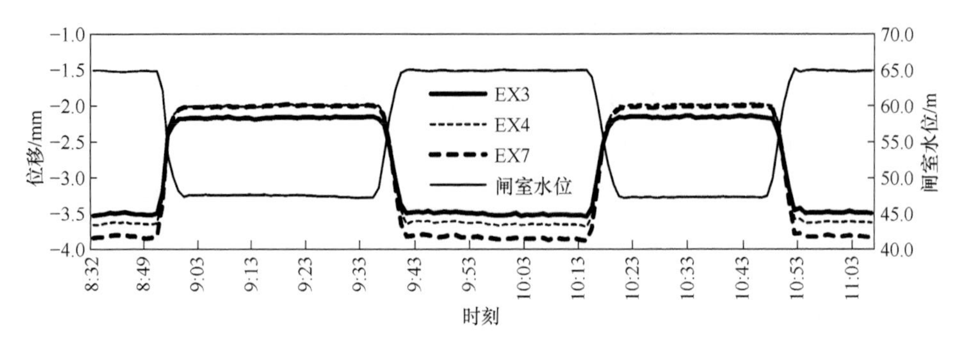

图 7-7　葛洲坝三号船闸左闸墙顶第三、四、七块位移与闸室水位关系图

2. 葛洲坝一号船闸安全监测自动化系统

葛洲坝一号船闸安全监测自动化系统测点包括 4 个倒垂线点、24 个正垂线测点、4 个变位计、1 个水位计、57 个引张线测点。葛洲坝一号船闸安全监测自动化系统首次进行引张线监测设施的无浮托改造，可以取消传统引张线监测设施的测线浮托装置。

2011 年 5 月 23 日和 11 月 16 日，利用葛洲坝一号船闸已建的安全监测设施，即基础廊道左右两侧无浮托引张线、上下闸首挠度监测正垂线，分别对该船闸的充泄水过程进行全过程的监测。图 7-8 和图 7-9 所示为左基础廊道和右基础廊道引张线部分测点泄水过程位移变化过程线。

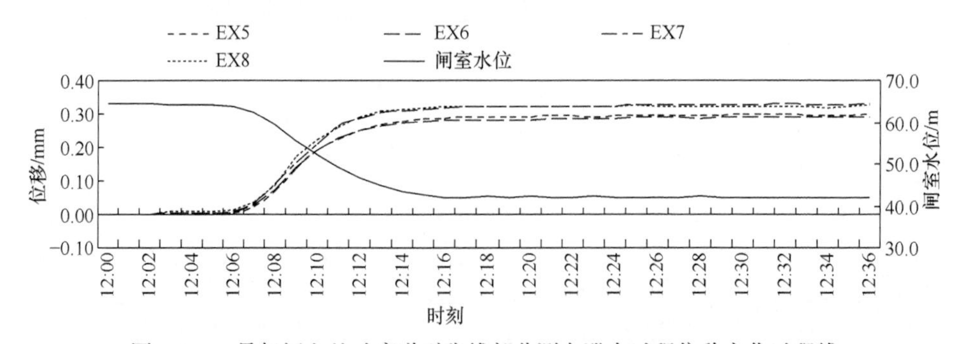

图 7-8　一号船闸左基础廊道引张线部分测点泄水过程位移变化过程线

可以看出，一号船闸泄水时长约为 10min，在泄水过程中，随着闸室水位降低，各测点向闸室中心线方向发生位移，并且位移变化相对于闸室水位的变化基本无滞后。

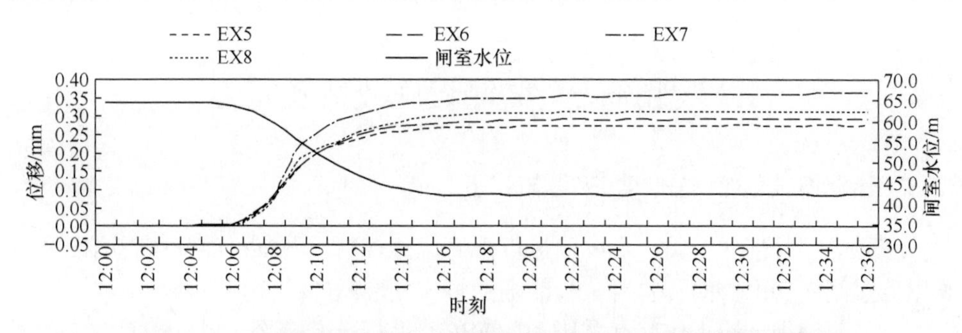

图 7-9　一号船闸右基础廊道引张线部分测点泄水过程位移变化过程线

图 7-10 和图 7-11 所示为一号船闸左下闸首挠度观测设施泄水和充水过程横向位移变化过程线。

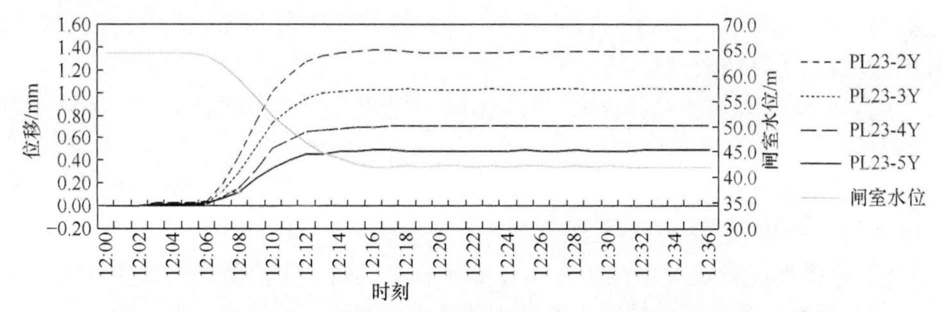

图 7-10　一号船闸左下闸首挠度观测设施泄水过程横向位移变化过程线

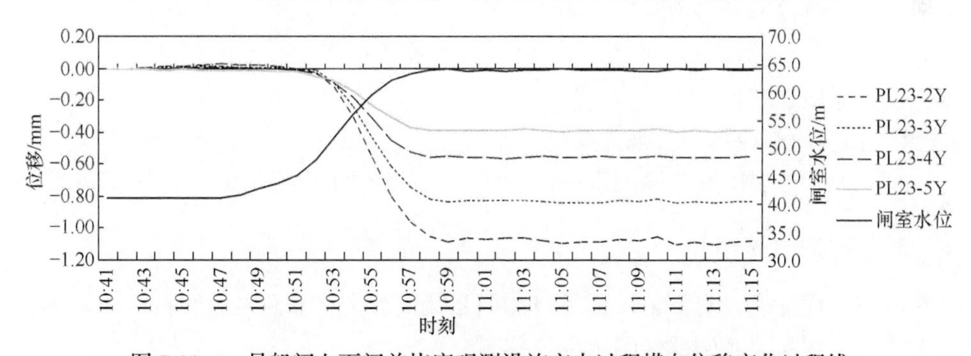

图 7-11　一号船闸左下闸首挠度观测设施充水过程横向位移变化过程线

可以看出，当船闸泄水时，随着闸室水位降低，下游人字门承受水压力的减小，下闸首结构块向下、向闸室中心线外侧的压力分量亦减小，下闸首两侧垂线发生向上的纵向位移和向闸室中心线方向的横向位移；船闸闸室充水时，受水压力荷载增大的影响，测点横向位移方向背向闸室中心线。

7.3 船闸安全监测设施改造及完善

7.3.1 葛洲坝三号船闸安全监测设施改造

三号船闸外部变形监测系统仅进行闸面位移观测，没有基础位移观测设施，难以通过闸面变形监测资料对三号船闸的整体变形做出综合判断。

三号船闸视准线工作基点采用大地四边形进行稳定检验。测量精度主要受闸室充泄水、测点对中、照准误差、观测过程中的大气折光和观测设施本身布置的图形条件等因素的影响较大。三号船闸观测资料分析表明，平面位移测点受各种因素的影响而存在较大的误差，回归效果不显著。仅考虑照准误差，视准线测量精度约为±1.3mm。统计分析结果表明，回归误差均达到2.0mm左右，说明观测数据精度较低，可靠性较差。

综上所述，有必要对葛洲坝三号船闸安全监测设施进行更新改造，改造遵循以下要求。

① 针对性地设置监测项目和布置监测仪器，使更新改造后的监测系统准确反映建筑物和基础的工作状态。

② 选择性能稳定可靠，能够在恶劣环境中长期工作的监测仪器和设备。仪器量程应满足监测要求，精度应符合规范要求，监测方法技术成熟、便于操作。重要监测项目仪器设备应便于更换。

③ 更新改造方案应方便施工，监测设施布置应不影响船闸闸顶的交通和景观，设备应便于维护。

④ 监测设施应易于实现自动化，同时支持人工观测。

葛洲坝三号船闸安全监测设施改造主要包括以下内容。

1. 水平位移监测

废弃原视准线方案，采用倒垂线加引张线的方案，监测左右闸首、闸墙顶、右下闸首、右闸墙基础部位的水平位移。

在三号船闸左右闸顶管线廊道内各布置1条以倒垂线为工作基点的引张线，左右每个闸块设1个测点，引张线的端点分别布设于上下闸首，其中引张线的上闸首固定端埋设在水平钻孔中。在位于三号船闸右闸墙的冲沙闸基础排水廊道内，布置1条以倒垂线为工作基点的引张线，每个闸块设1个测点，引张线的端点分别设于右1和下闸首右边墩。

在左右检修排水泵房内各布置 1 条倒垂线，作为左右闸顶引张线的工作基点。各倒垂线沿相应检修排水井一侧的井壁，以孔径 219mm 为标准进行垂直钻孔，至基岩以下 21m(总孔深 66m)处设置锚块。在三号船闸右闸墙的冲沙闸基础排水廊道内，于右 1 和下闸首右墩各布置 1 条倒垂线，作为右闸墙基础引张线的工作基点。从冲沙闸基础排水廊道底板高程 32m 处开钻，钻设孔径 168mm 的倒垂孔，至基岩以下 21m(总孔深 28m)处设置锚块。

2. 垂直位移监测

保留原闸顶精密水准测量线路，监测闸顶垂直位移。

3. 接缝开度监测

在底 5 的左右纵缝处各布置 1 支测缝计，监测纵缝的张合变化。如图 7-12 所示，其中 J 表示测缝计编号，P 表示渗压计编号。

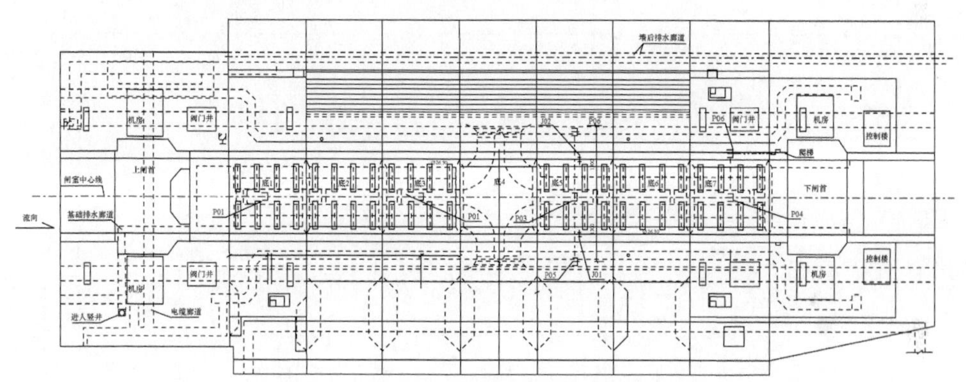

图 7-12　三号船闸安全监测更新改造工程接缝及渗流监测仪器平面布置图

4. 渗流监测

增加基础扬压力监测设施，即沿船闸中心线布置 1 个监测纵断面，共布置 4 个测点，即在底 1、底 3、底 5、底 7 的中心处各布置 1 支渗压计；沿垂直水流方向于闸室底 5 中部布置 1 个监测横断面，共布置 3 个测点，即在左 5、底 5、右 5 基底各布置 1 支渗压计。

5. 闸室水位监测

在船闸运行过程中，为记录闸室充、泄水动态过程，在闸室内布置 1 支渗压计，用于监测闸室水位变化。

综上，改造后的监测设施运行情况良好，可以有效地解决三号船闸水工监测数据的精度和准确度问题，对三号船闸的安全运行有重大意义。

7.3.2　葛洲坝一号船闸下右 2 块裂缝监测及补强

如图 7-13 所示，葛洲坝一号船闸下闸首为分离式结构，两条顺水流向的纵缝将闸首结构分为左、右边墩和底板 3 部分，1 条垂直水流向的横缝将边墩和底板共分成 6 个浇筑块。下闸首右边墩顺水流向总长度为 56m，下右 1 块长 21m，下右 2 块长 35m，垂直水流方向宽度 40.5m，闸墩顶部高程 70.0m，建基面高程 12.7m。混凝土强度等级为 C20。下右 2 块为人字门机房，其结构内布置有泄水廊道和启闭机房等建筑物。

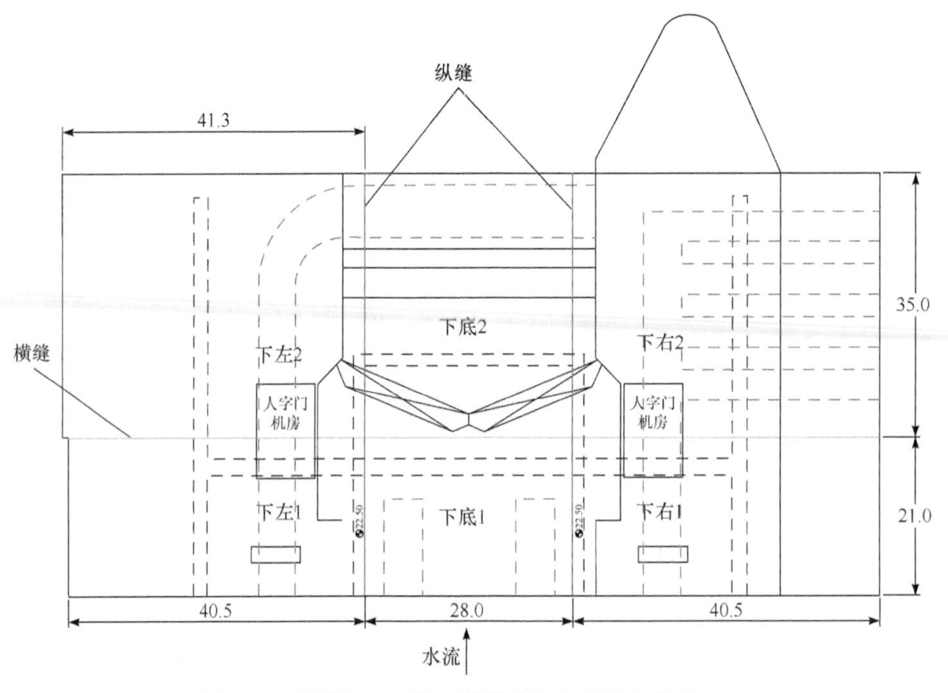

图 7-13　葛洲坝一号船闸下闸首平面布置图(单位：m)

一号船闸下右 2 块于 1983 年 3 月开始浇筑混凝土。1984 年 10 月在下右 2 块下游面中间部位发现 1 条近似竖直方向的裂缝，裂缝表面宽度一般在 0.5mm 以下，最宽处约为 1.2mm，最大缝宽部位在高程 45～55m，裂缝下部被下辅导墙混凝土遮挡，上部已延伸至浇筑块顶部。在进行仓面铺筋处理之后，随着浇筑块的上升，裂缝继续向上延伸，至 1984 年 12 月底，混凝土浇到顶高程，裂缝也随之延伸至闸顶。

为了恢复整体结构，1985 年对该裂缝进行了化学灌浆补强处理，但从 1987 年开始发现该裂缝有发展趋势。船闸于 1990 年投入运行后，管理单位先后 6 次采用不同方法对裂缝进行跟踪检测，证实裂缝深度及范围一直在缓慢发展。

为了监控裂缝的发展规律和保障结构运行安全，从 1987 年开始对裂缝进行了为期 10 年的跟踪观测，积累了大量现场检查数据，为分析裂缝成因、进行裂缝补强加固处理设计提供了宝贵资料。

1. 超声波检测

在 1987 年及船闸投入使用后的 1991～1992 年，对裂缝进行钻孔超声波测试检查。裂缝深度检测如表 7-4 所示。

表 7-4　1987～1992 年裂缝深度检测

高程/m	裂缝深度/m			
	1987 年	1991 年 1 月	1992 年 1 月	1992 年 2 月
53.5	4.3	—	7.0	4.25
56.5	—	6.3	8.9	8.3
59.5	—	7.9	9.7	>10

2. 裂缝开度检测

从 1996 年开始，在下游立面主裂缝沿高程方向跨缝埋设编号为 J1、J2、J3 的测缝计，其高程分别为 54.0m、59.0m、56.0m，同时在管线廊道侧墙壁也跨缝埋设 1 支测缝计，编号为 J4，高程为 60.1m，用来检测裂缝开度增量变化规律。裂缝缝宽变化增量观测成果如表 7-5 所示。

表 7-5　裂缝缝宽变化增量观测成果

观测日期	T_1/℃	δ_1/mm	T_2/℃	δ_2/mm	T_3/℃	δ_3/mm	T_4/℃	δ_4/mm
1996 年 12 月 18 日	17.0	0.00	17.1	0.00	16.8	0.00	15.6	0.00
1996 年 12 月 31 日	14.6	+0.04	14.0	+0.17	14.2	0.14	14.0	+0.09
1997 年 1 月 10 日	8.8	+0.33	8.1	+0.61	7.2	+0.36	11.5	+0.11
1997 年 1 月 29 日	14.0	+0.24	12.6	+0.04	12.8	+0.06	9.9	+0.17
1997 年 2 月 14 日	12.4	+0.20	11.3	+0.34	10.9	0.02	10.3	+0.11
1997 年 2 月 26 日	13.1	+0.08	12.1	+0.17	11.5	0.2	11.6	+0.08

续表

观测日期	T_1/℃	δ_1/mm	T_2/℃	δ_2/mm	T_3/℃	δ_3/mm	T_4/℃	δ_4/mm
1997年3月14日	14.0	0.16	13.3	0.10	12.4	0.46	13.3	0.00
1997年3月26日	14.2	0.12	13.5	0.10	13.4	0.48	12.6	0.00
1997年4月15日	17.2	0.29	16.8	0.27	16.8	0.66	15.2	0.02
1997年4月29日	20.5	0.35	20.0	0.40	21.1	0.76	15.1	+0.02
1997年5月16日	22.1	0.45	22.1	0.50	22.9	0.88	21.6	0.04
1996年05月26日	23.0	0.43	23.2	0.50	24.2	0.88	22.1	0.04

注：“+”号表示拉伸增量。

3. 面波仪检测

1997 年，船闸管理单位联合相关单位，采用面波仪技术对该裂缝进行测试。结果表明，该块裂缝在顶部已沿顺水流方向贯通，裂缝深度在 1.5～16.2m，较之前有扩大趋势。裂缝缝面形态分布如图 7-14 所示。

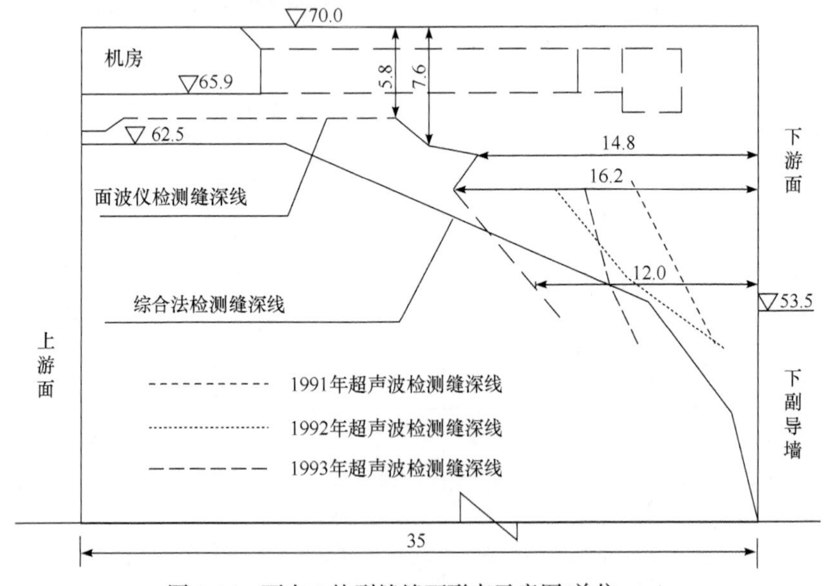

图 7-14　下右 2 块裂缝缝面形态示意图(单位：m)

4. 综合检测

1998 年 1 月，再次进行裂缝全面复查工作。复查工作以 1987～1997 年以来历次检查成果为基础，并采取逐步渐进法追踪裂缝部位，采用钻孔压水检查、钻孔彩色电视观察、跨孔超声波层析成像、孔内全波列声波测试等综合检测技术。结果表明，混凝土内部仍以单一裂缝发展为主，顶部网状裂缝属表面不规则龟裂，未发现有向下发展的迹象，而且主裂缝形态与 1997 年检查结果基本一致。

在主裂缝跨缝埋设 2 支测缝计，裂缝面底线以下和缝面内布置 28 束预应力锚索(其中 3 束为观测锚)，并进行灌浆处理，在顶面布置钢筋网，再浇厚 12cm 的钢纤维混凝土，使缝面顶不能自由变形，确保顶面整体性。施工时，按照先进行主裂缝灌浆，再安装锚索，施加预应力，最后灌其余裂缝的顺序进行。加固工程于 1999 年 5 月完成，加固后的下闸首结构运行状况良好，锚索受力稳定，裂缝开度变化幅值得到了较好控制。实践证明，经过灌浆、安装预应力锚索等加固措施，下右 2 的整体性得到恢复，确保了大坝和船闸的安全。

7.4　船闸设备运行安全检查及监测系统

7.4.1　船闸设备运行安全检查

船闸设备运行安全检查是按照规定要求，通过人体感官或检测仪器，对设备状态进行检查，及时发现设备存在的隐患，以便采取相应措施，避免故障发生，确保船闸和升船机设备的安全运行。

传统巡检包括以下四种方式。

① 看。通过观察外观、位置、温度、压力、颜色、灯光、信号、指示等，对设备进行分析判断，例如查看电气开关有无灼烧痕迹。

② 听。通过声音判断设备运行是否正常，例如船闸启闭机工作时，电机正常运行的声音是均匀无异响。

③ 摸。通过触摸不带电的设备外壳，判断设备的温度、震动等是否存在异常，例如触摸运行状态下的深井泵电机，可检测其温度是否正常。

④ 嗅。通过气味判断是否有设备发生过热、放电等异常，例如通过嗅觉判断配电室有无焦煳等异常气味，查找有无短路、绝缘老化、非正常摩擦等设备异常。

巡检发现设备有异常时，应通过测量工具或检测仪器对设备作进一步检测。设备巡检应做到五定，即定点(设定检查的部位、项目和内容)、定期(设定检查的周期)、定法(确定巡检检查方法)、定人(确定巡检人员)、定标(制定巡检标准)。

船闸设备巡检内容主要包括电气设备巡检、机械和金属结构设备巡检等。

1. 电气设备巡检

① 可编程逻辑控制器(programmable logic controller，PLC)巡检内容。检查报警信息是否冗余，检查电线、电缆、电容有无发热、冒烟、松动、烧坏等现象，检查各测点的压力温度信号是否在正常范围内，检查 CPU(central processing unit，中央处理器)指示灯是否正常，检查 PLC 输出继电器吸合是否正常，擦拭设备浮灰、粉尘。

② 上位机巡检内容。检查闸、阀门运行是否正常，检查门体合拢信号是否正常(门体错位值是否在允许范围内)，检查闸、阀门限位指示是否正确(变频器、开度仪、水位计运行是否正常)，检查是否发生故障报警且及时上报无法消除的故障，检查水平信号是否正常，检查网络通信是否正常。

③ 变频器巡检内容。检查并记录人机交互界面的各显示参数，检查并记录环境温度，检查通风散热设备(空调、通风扇等)是否正常运转，擦拭设备浮灰、粉尘。

④ 不间断电源(uninterruptible power system，UPS)巡检内容。检查主机各工作点和控制点的数据是否正常，检查环境参数是否正常(包括温度、湿度、输入电压、输出电压、零地电压等)，检查电池总电压和端电压是否正常。

⑤ 变压器、开关柜巡检内容。检查柜内和柜门元器件是否有灰尘和确保开关柜清洁，检查开关柜一次连接点和二次接线端子是否发生松动，检查柜内线缆是否破损，检查电缆孔洞是否封堵严密和屏体是否密封良好，检查电缆外观是否破损，检查变压器箱体是否有积尘，检查温控器工作是否正常和温度显示是否正确，检查变压器是否发生异音、异味、异常发热现象，检查绝缘子是否破损和绝缘表面是否具有爬电痕迹和碳化现象，检查相序标注是否清晰，检查电压表、电流表指示是否正常。

⑥ 电气盘柜巡检内容。检查报警部件是否发生异常，检查设备是否发生破损、变色、发热等现象，检查接线编号是否清晰，检查柜内和端子箱内的接线是否脱落松动或断裂，检查电压表、电流表、信号灯是否工作正常，检查开关分合是否灵活、保险座是否接触良好，检查监控系统运行是否正常，检查标签是否齐全、牢固。

2. 机械和金属结构设备巡检

① 闸门巡检内容。检查闸门开关过程中门体是否发生卡阻、撞击、振动、异响或其他异常现象，检查门体有无漏水现象，检查闸门各极限位置行程开关工作是否正常。

② 阀门巡检内容。检查门体是否发生封水异常。

③ 机械式启闭机巡检内容。检查减速器是否发生异常声响、振动、撞击和渗漏等现象，检查油箱内油位、油温是否在规定范围内，检查制动器各螺栓是否松动、制动轮表面和制动闸瓦是否严重磨损、制动器制动力矩是否正常，检查液压推动器是否渗漏油、是否有异常振动噪声，检查齿轮、齿条润滑是否良好，检查拉杆各连接处是否有松动、卡阻现象，检查钢丝绳油脂涂层是否良好、滑轮转动是否灵活，检查稀油润滑系统工作压力是否正常，检查稀油润滑泵站运行时是否发生异常振动和发热现象，检查油泵、管系等是否存在渗漏油现象。

④ 液压式启闭机巡检内容。检查液压泵是否有异常声振、渗漏、发热现象，检查液压启闭机泵站工作压力是否正常、压力表指示是否准确，检查液压泵和电机连接处的螺栓是否松动，检查联轴器状况是否良好，检查各液压阀件是否存在损坏、卡阻、渗漏、失灵等异常现象，检查各截止球阀启闭运行是否正常，检查过滤器压差报警是否正常，检查油箱外观是否整洁、油箱附件是否齐全完好、油箱各接头和密封面有无渗漏现象、油箱油位显示是否正常、油液是否发生明显变质和乳化现象，检查管系、各接头是否发生渗漏现象，检查油缸运行是否正常(例如有无异常声振、滞行、渗漏、爬行等，活塞杆表面是否存在斑点、铬层脱落、擦伤痕迹、纵向沟槽等)。

7.4.2　船闸设备运行安全监测系统

船闸设备运行安全监测系统主要对船闸人字门门体结构、顶底枢、人字门启闭机等机械和金属结构进行动态监测。系统的采集数据和分析结果直接发送至船闸通航生产运行监控系统，为判断船闸运行状态和船闸管理提供数据支撑。机械及金属结构监测构架示意图如图 7-15 所示。

系统主要监测以下内容。

(1) 人字门门体结构应力在线监测

通过在人字门门体金属结构上布设光纤光栅式应变计，分析门体金属结构变形强度，监测金属结构变形引起的应力变化情况。

(2) 人字门门体结构塌拱度在线监测

安装光纤光栅系列单轴倾角计，通过改变角度计算各测点塌拱度位移。此处，光纤光栅式倾角计具有精密度高、稳定性强、防水等特点，可用于室外和水下环境。

(3) 人字门门体结构母材、焊缝裂纹状态在线监测

通过在每扇人字门门体结构上原焊缝开裂部位布设光纤光栅式裂缝位移计，在每条焊缝上布设不同数量的传感器，计算被测裂缝的位移值及其变化量。

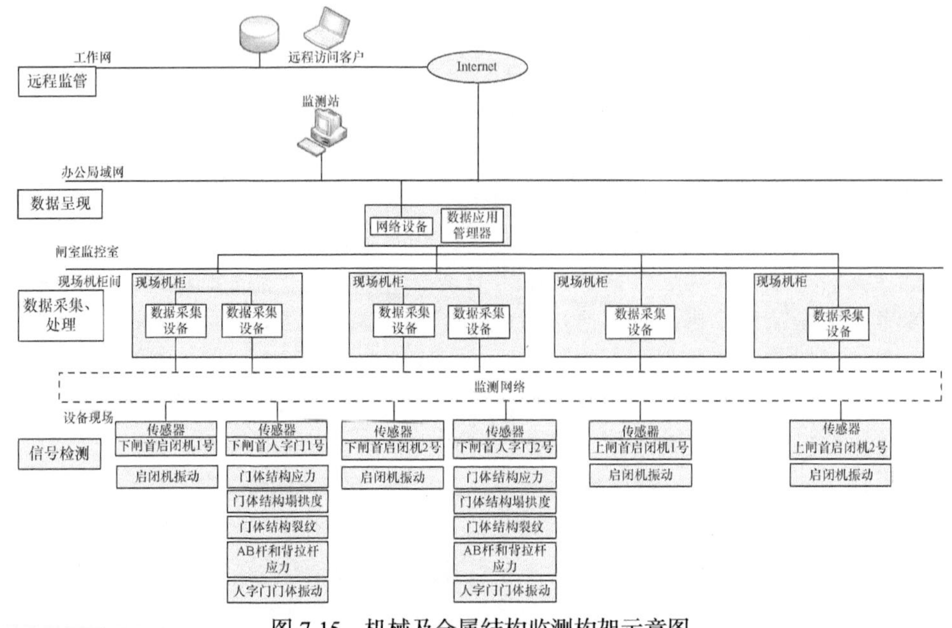

图 7-15　机械及金属结构监测构架示意图

(4) AB 杆和背拉杆应力状态在线监测

通过在每扇人字门 AB 杆和背拉杆的合适位置处布设适应数量的光纤光栅式应变计，可监测其结构应力应变情况。

(5) 人字门顶底枢振动监测

通过在人字门顶底枢布设加速度传感器，实现振动信号的监测，为人字门运行状态监测提供主要判断依据。

(6) 启闭机运行状态在线监测

通过推拉杆轴销传感器采集推力数据，得到推杆力的变化过程，间接分析顶枢磨损、底枢磨损、人字门门体结构弯曲变形和整体扭曲引起的底止水损伤情况。在启闭机的电机、立式减速箱、卧式减速箱轴承座上布设加速度传感器，通过对采集的减速箱振动数据进行分析，实现减速箱的运行状态监测，便于工作人员及时发现减速箱可能出现的故障。

(7) 其他辅助性监测

通过配置便携式振动分析仪，对船闸的反弧门液压泵电机和深井泵电机的振动情况进行离线检测。反弧门启闭机等液压系统的液压油在使用一段时间以后，产生的杂质和其他化学成分会危害设备。它使用油液颗粒度分析仪定期对液压油进行检测，能够掌握油品质量，保障液压系统正常运行。同时，利用红外热成像仪可以离线检测电机、电气装置的工作状况，发现接头松动、接触不良、过载、过热等系统故障和隐患。

(8) 控制设备监测

船闸运行状态信号分为模拟量信号和开关量信号。模拟量信号主要涉及船闸实时水位、闸阀门运行开度、闸阀门液压系统压力、电机运行电流等信号。开关量信号主要包括船闸运行指令、报警信号等。控制设备监测系统通过采集船闸运行状态信号实现对设备的监测。船闸控制设备监测系统结构如图 7-16 所示。

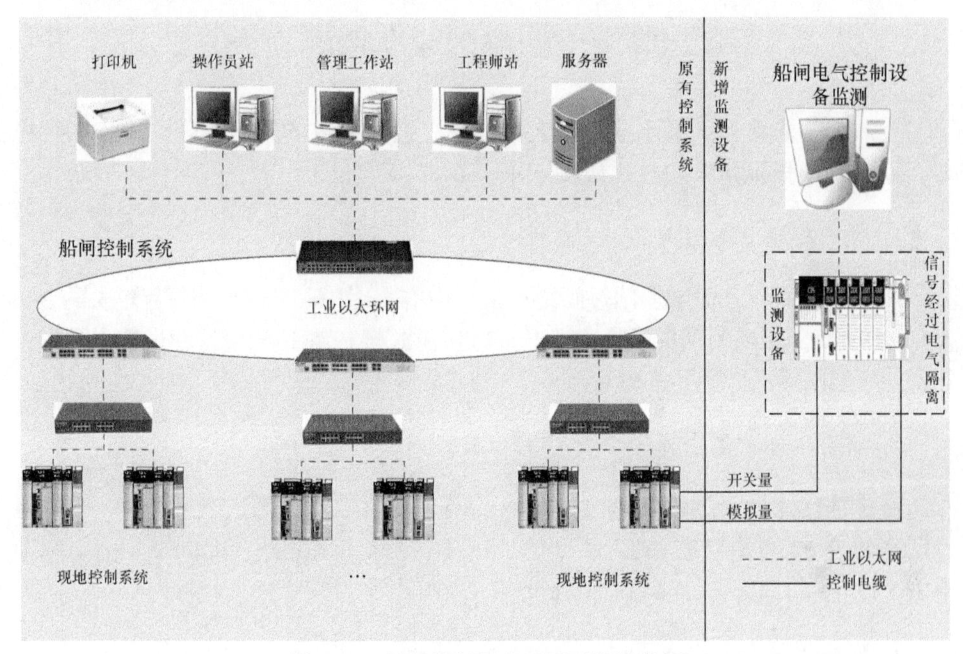

图 7-16　船闸控制设备监测系统结构图

(9) 监测数据管理与数据分析

根据人字门门体结构应力、人字门门体结构塌拱度、人字门门体结构母材、焊缝裂纹状态、AB 杆和背拉杆应力，以及人字门顶底枢的监测结果，建立设备运行状态数据图谱，实现裂缝、应变、倾角、温度等数据的可视化。将船闸设备运行安全监测系统和调度系统、船闸监测与应急管控系统结合，可以实现多系统一体化管理。

第 8 章　高水头连续船闸安全运行技术及系统

8.1　三峡船闸通航概况

三峡船闸是典型的高水头连续大型船闸，通过有效的组织管理，设备运行稳定，通航各项指标始终保持在较高水平，具有如下特点。

1. 过闸货运量连创新高

2004～2011 年，三峡船闸过闸货运量年均增速达 16.6%，平均每年增长约 943 万 t。2011 年，三峡船闸货运量达到 1.003 亿 t，提前 19 年达到设计通过能力。2021 年，三峡船闸货运量达到 1.48 亿 t。

2. 船闸运行平稳高效

通过优化通航交通组织调度，三峡船闸单线日运行过闸次数由 2003 年试运行期间的 9～11 闸次提高到近年来的 14～16 闸次，南北两线船闸平均闸室利用率由 2003 年的 70.69%提高到 2021 年的 73.6%。

3. 设备故障率显著下降

三峡船闸运行初期，设备处于磨合期，设备故障引发的运行程序中断现象较为普遍。通过加强维护，停机故障率呈逐年下降趋势，2021 年停机故障率低于 1%。

8.2　高水头连续船闸安全运行技术

8.2.1　船闸的集控双控技术

船闸集中监控系统是按照船闸过闸工艺流程和闸门、输水阀门间的闭锁保护条件，对各闸道现地控制站发布控制命令，完成连续多级船闸的运行。

目前，大多数船闸均实现了集中远程控制。这种控制方式具有控制对象分散、控制线路长、逻辑顺序控制为主的特点。引入计算机控制技术以来，大部分船闸的自动控制系统均采用集散式控制结构，船闸自动控制多采用分层分布式结构。但是，基于上述方法进行连续多级船闸的运行控制，存在以下缺陷。

① 船闸运行员根据收集到的船舶移泊信息，通过操纵船闸控制系统转换船闸设施状态，干预船闸输水过程，使船舶安全顺利过闸。这一过程受人员技能水平、精力、经验、情绪等因素的影响较大。

② 人员操作失误可能给船舶，以及船闸设备设施带来安全风险，对后续船闸运行产生安全隐患。

相应地，船闸的集控双控技术可解决上述问题，通过在两个相隔一定距离的工作台面上分别设置关门旋钮，采用分体式的集控双控操作装置，对同一“关闸”指令进行双重确认，可以保证人员在船闸运行控制过程中受到约束，两人同时确认“关闸”指令，构成人员闭锁，保证集控运行的安全性和可靠性，在很大程度上降低多级船闸设备设施和船舶的安全风险。

8.2.2　船闸输水阀门及启闭机切除保护技术

由于船闸输水廊道的水力冲击、异物卡阻磨损、江水腐蚀、空化声震和长期运行产生的磨损等因素的影响，输水阀门止水和吊杆会受到不同程度的损坏，因此需要对输水阀门进行定期检修。多级连续船闸运行时，一般采用逐级过闸的方式，各闸首、阀门按照既定程序运行，若其中某一闸首因设备故障等原因无法运行，整线船闸可能停航。多级船闸输水阀门数量较多，若采用停航检修的方式，会导致检修工期和停航时间增加。

相应地，采用“待检修输水阀门切除，另一侧输水阀门运行”的单边输水方式能够实现不停航状态下的输水阀门检修。该方式具有以下优点。

① 船闸不需要停航，可以提高船闸通过能力。

② 缩短因输水阀门检修时船舶在导航墙、靠船墩和锚地待闸的时间，降低船舶因长时间待闸产生的运输成本。

③ 出现故障的输水阀门可随时进行检修，从而提高设备检修时间的机动性，确保船闸水工建筑及机械设备的安全运行[7]。

此外，在阀门液压系统的球阀上安装行程开关，通过 PLC 控制系统采集状态信号，可实现控制系统远程切除阀门，同步完成液压隔离保护和电气隔离保护，避免集中控制状态下待检修的输水阀门自动运行，同时将现地数据传至集中控制系统，使集控操作人员清楚地了解现地设备状态，进而提高输水阀门远程切除技术的安全性、可靠性、便捷性。

8.2.3　船闸运行工艺安全应急保护系统

船闸运行控制系统一般由 PLC、计算机、各类传感器和执行器构成。船闸操作人员按照船闸正常运行工艺流程操作闸/阀门启闭，通过传感器采集信号进行设备状态监测和故障自动判断。当传感器异常或其他原因造成船闸运行过程中关键工艺安全信号误判时，控制系统存在不能实现自动应急保护的风险。特别是在高水头船闸输水过程中，关键工艺安全的应急保护对操作人员的依赖程度高。因此，除正常的船闸工业控制保护功能，亟须独立的船闸工艺安全应急保护系统来有效防范船闸运行过程中存在的潜在风险。

船闸运行工艺安全应急保护系统可实现船闸运行控制系统和运行工艺安全应急系统的双重保护。根据船闸运行工艺安全应急保护要求，定制安全应急保护策略，实现预警、报警、保护等不同等级的干预措施；采用模块化网络结构，使系统适用于不同类型的船闸；系统采用嵌入式开发，具有高可靠性、高稳定性和良好的兼容性。该系统不需要改变船闸现有控制系统的结构，不影响船闸现有控制流程和功能，不改变各个系统的网络、硬件、参数设置，能够可靠高效地实现船闸正常运行控制与运行工艺安全应急保护的自动处理。

8.3　高水头连续船闸运行能力提升技术

提高三峡枢纽通过能力，一方面是采取扩能措施，建设新的过坝通道；另一方面是在现有通道基础上通过技术创新，最大限度地发挥船闸的通过能力。

通过技术创新提高船闸通过能力的途径如下。

① 提高船闸日运行闸次数，具体措施有同步移泊、一闸室待闸、156m 水位四级运行等。

② 提高单闸次货运量，具体措施有合理引导船舶大型化、优化船舶调度和排档、提高过闸船舶吃水控制标准等。

8.3.1　过闸船舶同步移泊方法

三峡船闸运行初期，单线闸次数只有 9～11 次。进闸船舶按排档次序依次进闸，进闸效率和闸室间移泊效率较低。船闸运行操作人员通过总结实践经验，提出多船同步移泊策略，并与港航企业联合组织实船试验，创造了同步移泊方法，提高了过闸效率。

同步移泊即在保证安全的前提下，将尺度相近且排档位置处于同一排的船舶作为一个单元，使其同时进闸或移泊，从而改变以往船舶逐次进闸靠泊的方式，减少移泊或进闸船舶单元，有效缩短船舶进闸时间和船舶在相邻闸室间的移泊时间。

8.3.2　一闸室船舶待闸措施

三峡船闸采用四级运行方式，下行船舶在上游靠船墩待闸，距二闸室的直线距离约为 1200m。如果将下行船舶的待闸地点移至一闸室，就能有效缩短船舶进闸距离和进闸时间，进一步提高通航效率。

从 2004 年 9 月开始，在 139m、144m、156m 等各种水位阶段开展一闸室船舶待闸的实船试验，获得如下主要研究成果。

① 重点测试各种运行工况下一闸室水力波动特性、流速特性和船舶系缆力，为改善一闸室水流条件，优化二闸首阀门运行方式，使下行船舶在一闸室待闸成为可能。

② 通过试验，调整二闸首输水阀门连续开启输水方式和间歇开启输水方式的参数，确定一闸室船舶待闸时二闸首输水阀门输水工艺，为船舶在导航墙和一闸室的安全停泊创造条件。

③ 提出“连续调度船舶、静水进闸系缆、动水停泊待闸”的一闸室船舶待闸调度原则。船舶进闸的起点由靠船墩前移至一闸室，进闸距离缩短约 1000m，平均进闸时间缩短约 15min，日均可增加下行闸次 1～2 次。

④ 一闸室船舶待闸可以实现提前集泊，有效减少船舶集泊时间，进一步提高进闸效率。

8.3.3　156 米水位四级运行方式

2006 年，三峡船闸完建期库水位蓄至 156m，船闸进入初期运行期。按初步设计要求，船闸需五级运行。此时，船闸处于改造阶段，第一闸首人字门尚不能投入使用，如采用五级运行，需利用船闸上游事故检修门作为工作闸门，但是该方法存在较多问题。

① 事故检修门与船闸的其他设备没有闭锁关系，只能由人工在现场操作，运行控制风险较大。

② 事故检修门的电机为间歇工作制，安全性差，故障率较高。

③ 事故检修门提放一次需 35～40min，时间长、效率较低，大大影响船闸通航效率，导致船闸通航闸次减少，通过能力降低。

如果船闸采用四级运行，第一闸室作为引航道的一部分，第一闸首人字门和阀门不参与运行，第二闸首人字门作为当首级人字门使用，船舶进出闸和调度方式可与五级运行完全一致。这样做存在的问题是，在下游水位 62.0～65.6m 处，三峡船闸中间级和首末级闸首最大工作水头将超过设计值 45.2m 和 22.6m；在下游最低水位 62.0m 条件下，中间级闸首最大水头为 47.0m，超过设计值 1.8m；6 闸首最大水头为 23.5m，超过设计值 0.9m。

为解决上述问题，开展 156m 水位三峡船闸四级运行方案原型调试，共进行 35 组不同工况组合试验。试验结果表明，在 40～47m 工作水头下，输水阀门采用间歇开启方式可以满足三峡船闸运行的需要，并且各项指标运行正常；在上游 156m 与下游 63m 的水位组合下，三峡船闸可以采用四级运行方式。此外，当上游水位提高至 156m 时，由于一闸室水深较大，闸室内水流条件得到改善，有利于船舶在一闸室待闸，大大缩短船舶进闸时间，从而提高船闸下行通过能力。

156m 水位三峡船闸四级运行突破了原有设计，可以优化船闸运行方式，极大地提升效率。在完建单线运行期，三峡船闸一直采用四级运行方式，下行闸次平均间隔时间约为 86min，平均每天运行 15.3 闸次，运行效率得到极大提高。在正常运行期时，三峡船闸也可以采用四级运行方式，为选择船闸运行方式提供更大的灵活性。

8.3.4　船舶大型化和过闸船舶吃水控制标准提高

单闸次货运量由两方面因素决定，即闸室面积利用率和船舶平均吃水。

近年，通过优化调度，三峡船闸的闸室面积利用率维持在较高水平，进一步大幅提升闸室面积利用率难度较大，因此提高单闸次货运量，在于合理引导船舶大型化，并适当提高过闸船舶的吃水控制标准。

通过政策限制小吨位船舶过闸。2011 年，在过闸船舶中，1000t 级以上船舶占有比例上升到近 80%，3000～5000t 级船舶约占 33.83%，5000t 级以上船舶约占 16.44%。每闸次船舶平均艘次从 2003 年的 8 艘降低到 2011 年的 5.4 艘，船舶大型化可以缩短船舶进出闸和移泊时间，提高船闸的运行效率。

船舶大型化带来的问题是船舶吃水普遍增加。2000t 级以上的船舶吃水一般达到 3.5m，3000t 级以上的船舶吃水普遍超过 3.7m，5000t 级干散货运船舶满载吃水更是达到 4.2m。按照三峡船闸设计要求，槛上水深最小为 5.0m 时，过闸船舶吃水应控制在 3.3m。因此，大型船舶不能满载通过船闸，需在上下锚地进行减载转驳。如何根据三峡船闸运行特点，在保证安全的前提下，合理提高过闸船舶吃水控制标准成为行业普遍关注的问题。

8.3.5　三峡-葛洲坝两坝船闸联合调度

葛洲坝船闸与三峡船闸同在长江主航道，相距仅 38km，均为影响长江航运的重要节点，两者的调度结果也会相互影响。因此，研究两坝船闸匹配运行模式，建立适合枢纽航道特点、船闸特性的联合调度系统，能够提高三峡和葛洲坝枢纽的通过能力。

两坝船闸匹配运行，需重点考虑以下问题。

① 三峡船闸的南北两线与葛洲坝船闸三线的运行方式和通过能力需要协调一致。

② 异常气候条件给两坝通航带来的不利影响。

③ 两坝间航道为天然航道，水流条件在大流量时较差，从安全角度考虑，船舶尽量不要在两坝间积压或长时间停留。

④ 葛洲坝一号闸因大流量停航时，葛洲坝二、三号船闸与三峡两线船闸的匹配运行问题。

⑤ 枯水期葛洲坝三江航道水深不足，大型船舶必须通过大江和葛洲坝一号船闸时的交通组织与匹配运行的问题。

⑥ 针对载运一级危险品的船舶，葛洲坝二号船闸和三峡两线船闸匹配运行的问题。

两坝匹配运行的关键是船闸运行方式和船闸运行能力的匹配，因此针对上述问题采取如下措施。

① 依托信息技术，加强支持保障系统建设。为实现枢纽的匹配运行和通航联合调度，从 2004 年陆续建成一批现代化的通航配套设施和支持保障系统，如三峡-葛洲坝船舶交通监管系统、三峡-葛洲坝水利枢纽通航调度系统、三峡水上全球卫星定位综合管理系统、电视监控系统、水情气象系统、数字航道系统等。这些新技术的应用促进了通航管理模式的变革，实现了船舶远程申报、船舶动态调度和船舶过闸全程监控，可以有效提高管理和服务水平。

② 优化船闸运行方式。为了匹配三峡船闸南北线，葛洲坝一号船闸、二号船闸由迎向运行变为单向运行，三号闸则以通过短途客运船舶和葛洲坝一坝的船舶为主。

③ 优化船舶过闸计划。采取两坝联合调度策略，以重点船舶为中心编制计划框架，合理编制和优化详细计划。

④ 根据气象条件和流量条件实施分段控制。在风雾频发期，将一定数量待闸船舶提前调度至预定水域集结，错开可能受异常气象条件影响的水域。

通过实施两坝船闸联合调度和匹配运行，灵活处置各种突发情况，合理调整两坝船闸的运行方式，可以有效降低外部因素对船闸运行的影响，保障两坝船闸运转安全、均衡高效、衔接有序，实现通航效率最大化。

8.4　船闸闸室禁停区域船舶越界探测及报警系统

为保障船闸闸门等金属结构的安全，闸门附近水域均设为船舶禁停区域。船舶在闸室等待时，需要准确停靠在指定位置，依靠浮式系船柱完成靠泊，因此对船舶系缆靠泊的监管是船闸运行的重要工作之一。目前，仅应用图像监控系统存在明显弊端，主要表现为低能见度、船间遮挡、船舶大型化等客观条件下，对浮式系船柱上的系缆力无法进行有效监测，不能及时发现浮式系船柱卡阻、缆绳断缆等情况，可能发生浮式系船柱设备损坏，甚至船舶失控撞击船闸设备设施的风险。国外，巴拿马运河船闸主要采用激光扫描装置(图 8-1)对闸室禁停线进行检测，具有较好的效果。

图 8-1　巴拿马运河船闸禁停线激光扫描装置

8.4.1　船闸闸室禁停区域船舶越界探测及报警系统类型

1. 基于数字图像处理的船闸闸室禁停区域船舶越界探测及报警系统

基于数字图像处理的船闸闸室禁停区域船舶越界探测及报警系统采用数字图像处理技术，借助计算机强大的数据处理功能，对船闸禁停线的监视视频数据进行智能分析，实现对船舶过闸全过程的越界探测和报警。目前，监控船闸禁停线的摄像头采用变焦镜头，船闸集控操作人员依据闸室水位情况和监控需要，人工控制监控摄像头焦距变化，改变视场范围和获得清晰景象。基于数字图像处理技术的探测及报警系统硬件设备组成(图 8-2)，包括监控摄像机、多路视频采集卡、图像处理服务器。

2. 基于激光扫描的闸室禁停区域船舶越界探测及报警系统

基于激光扫描的船闸闸室禁停区域船舶越界探测及报警系统(图 8-3)，采用激光扫描测量设备，结合计算机控制技术，通过自动扫描的方式对禁停线断面进行连续扫描，实时采集禁停线断面轮廓数据，并结合船闸运行状态，实现对船舶过闸过程的越界检测和报警。基于激光扫描技术的探测及报警系统硬件设备组成如图 8-4 所示。

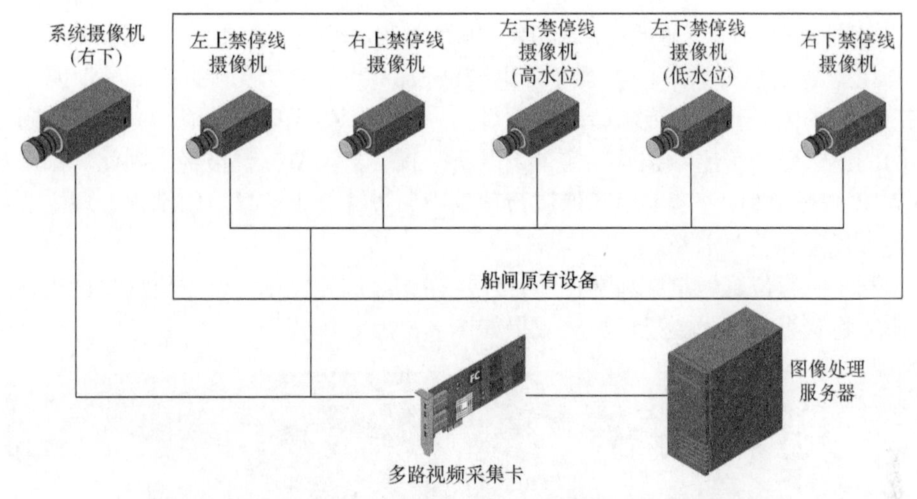

图 8-2　基于数字图像处理技术的探测及报警系统硬件设备组成

图 8-3　基于激光扫描技术的越界探测及报警系统组成示意图

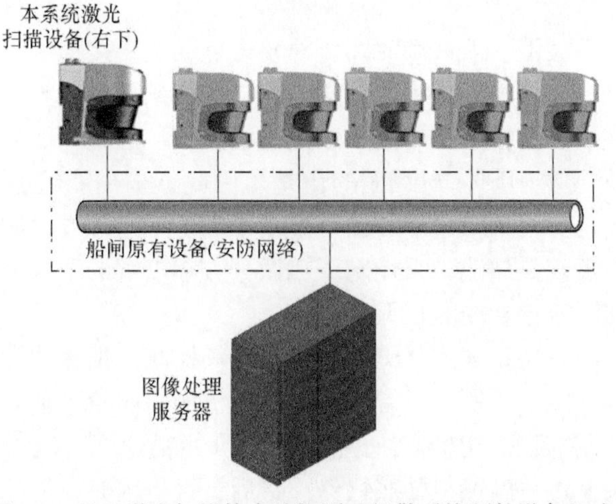

图 8-4　基于激光扫描技术的探测及报警系统硬件设备组成

8.4.2　船闸闸室禁停区域船舶越界探测及报警系统开发关键技术

1. 基于数字图像处理技术的开发关键技术

基于数字图像处理技术的船闸闸室禁停区域船舶越界探测及报警系统，主要涉及图像预处理、船舶轮廓检测、越界探测和船闸运行状态数据获取。

在船闸监控场景中，水面经常出现波浪和闸壁倒影形成的动态晃动阴影区域，强烈的阳光直射和夜晚行船探照灯会在水面产生光斑。波浪、光斑和不断晃动的阴影区域会给船舶越界探测带来严重干扰，甚至系统误报警。因此，系统获取监控视频图像后，需要对图像进行预处理，过滤有害信息。图像预处理主要包括阴影稳定和波浪消除。

基于阴影位置恒定性和颜色恒常性规律，改进并优化三维中值滤波算法，形成阴影稳定算法。阴影稳定算法效果如图 8-5 所示。

图 8-5　阴影稳定算法效果图

与阴影不同，波浪一般持续时间相对较短，无法直接采用类似于阴影稳定的方法处理。但是，在波浪处，水面经摄像头成像的颜色总是与无浪水面形成的颜色相近。虽然波浪在监控画面中会形成大量细波纹，但是这些波纹造成的色差远小于船体与水面或船闸闸体与水面的色差。因此，采用能够滤除图像中细小纹理，保持较大颜色梯度的双边滤波器处理输入图像。这种方法能有效去除画面中的细小波浪。对于较大波浪，采用基于偏微分方程求解的图像结构提取方法。波浪、光斑消除实际效果如图 8-6 所示。

船舶轮廓检测算法是闸室禁停区域船舶越界探测及报警系统的核心算法。船舶轮廓检测流程如图 8-7 所示。首先，获取粗糙的船舶轮廓图，输入图像，由自适应 Canny 算子检测得到边缘图。然后，合并粗糙轮廓与边缘图，为去除细小点，在合并结果上进行腐蚀、膨胀操作。最后，进行填充与精化，得到准确的船舶轮廓。

图 8-6　波浪、光斑消除实际效果图

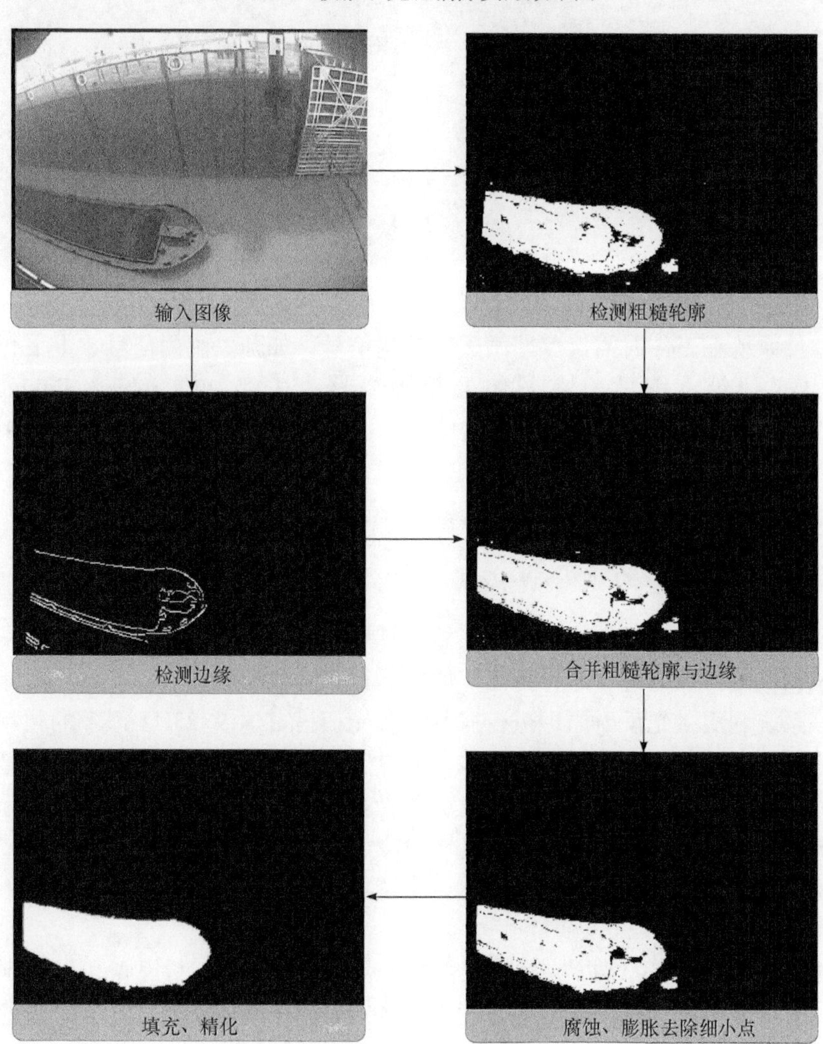

图 8-7　船舶轮廓检测流程图

对于不同的船闸运行状态，船闸闸室水位也不同，因此监控视频图像内的禁停线位置也在不断变化。在设置软件系统时，分别在高水位和低水位工况下，根据现场实际情况绘制高低水位禁停线。当船闸水位变化时，根据船闸水位和高低水位禁停线位置，利用插值求出特定水位的禁停线。水位不同时，得到的禁停线也会不同，从而完成实际场景和监控场景的映射，并依据轮廓检测算法结果判断船舶是否越界。船舶越界探测实际效果图如图 8-8 所示。

图 8-8　船舶越界探测实际效果图

软件系统在工作时需读取船闸运行控制信号，如开关闸门信号、上下行进闸信号、水位等。因此，在图像处理服务器上安装 OPC(object linking and embedding for process control)服务器软件，通过工业以太网与船闸运行控制系统连接，使 OPC 服务器软件在只读状态下工作，实时读取当前船闸运行状态。该过程不对船闸运行状态数据做任何修改。

2. 基于激光扫描的开发关键技术

基于激光扫描技术的船闸闸室禁停区域船舶越界探测及报警系统的开发，主要涉及扫描数据预处理、越界探测、船闸运行状态数据获取。

该系统利用激光反射原理进行探测。激光扫描雷达以 25Hz 以上的频率扫描禁停线断面，一旦有船舶越过禁停线，越界船舶就会反射激光束，反射信号经过处理后就可得到准确的船舶越界信息。激光扫描雷达扫描禁停线断面时，除获取越界船舶的反射信号，还会获取飞鸟、蚊虫、雨雪、水面漂浮物、波浪等干扰信息和闸墙等建筑物的反射信息。因此，系统要对扫描数据进行预处理，滤除干扰信息和恒定反射。

作为系统的核心，激光扫描越界探测算法包括多点判断规则和单点判断规则。越界船舶位于禁停线断面的宽度大于 402mm 时，至少会产生 2 个点的反射信号，据此建立多点判断规则，即经过预处理后的扫描数据在 2 个及以上反射角

度连续出现 N 次反射回波，判定为禁停线断面有船(即船舶越界)。为了避免漏报，在系统中增加单点判断规则，即经过预处理后的扫描数据在某一个反射角度上连续出现 $M(M > N)$次反射回波，判定为禁停线断面有船。

与视频探测及报警系统一样，激光扫描探测及报警系统也需读取船闸运行控制信号和运行水位信息，处理方法与视频探测及报警系统一致。

8.5　船舶系缆力监测系统

浮式系船柱在闸室两侧闸墙的半封闭轨道中随水位上下浮动，工作环境恶劣，维护检修不便，难以直接在系船柱工作区域布置普通传感器和敷设线缆，但是浮式系船柱是统一尺寸的钢结构，应力分布存在一定的规律。因此，可利用模型和应力检测手段间接计算系缆力。

8.5.1　受力建模及计算分析

以葛洲坝一号船闸浮式系船柱为例，浮式系船柱受力三维建模如图 8-9 所示。采用 ANSYS 建立上部受力结构的三维数值模型，其结构如图 8-10 所示。

(a)

(b)

图 8-9　浮式系船柱受力三维建模

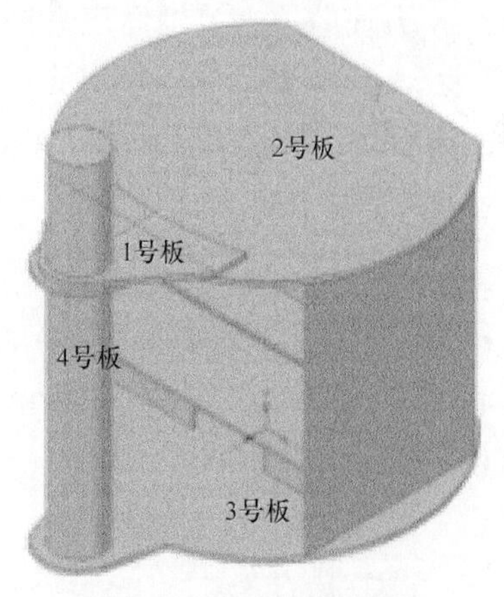

图 8-10　系船柱上部结构

在建模过程中，将系船柱构件考虑为中空薄壁圆柱体，对浮式系船柱上部结构的纵、横向滚轮进行几何概化，简化为三维棱柱体；将三维模型网格化为边长 20mm 的立方体，对有限元模型中的 8 个横、纵向滚轮对应棱柱体的表面处施加面约束。模拟工况系缆力的方向均平行于 ox 轴正方向，3 个工况荷载分别为 150kN、200kN、300kN。300kN 工况条件下系船柱构件受力简化计算模型如图 8-11 所示。

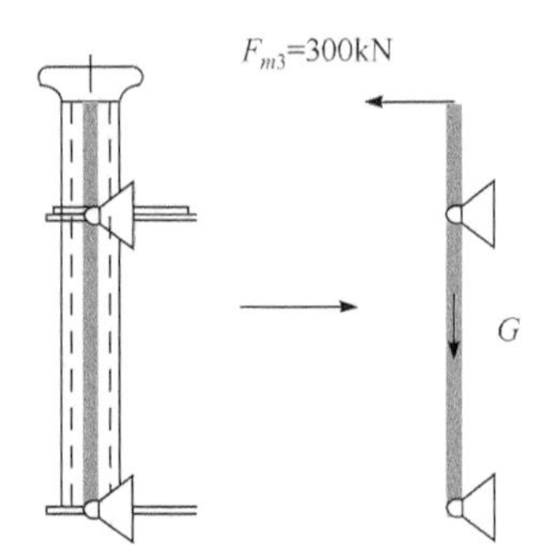

图 8-11 300kN 工况条件下系船柱构件受力简化计算模型

为了验证有限元数值计算结果的正确性，以系缆力 300kN 为例，将空心圆柱体系船柱的柱身概化为等截面弹性梁模型，将固定该柱体的不锈钢板作为梁模型的两个铰支座，即约束其在 *ox*、*oz* 两个方向的平动位移，允许其绕 *oy* 轴进行转动，得到该系船柱构件受力的简化计算模型。拉弯构件和压弯构件的应力可采用下列关系式进行计算，即

$$\sigma=\frac{N}{A_n}\pm\frac{M_x}{\gamma_x W_{nx}}\pm\frac{M_y}{\gamma_y W_{ny}} \tag{8-1}$$

其中，N 为轴向拉力或轴向压力设计值；A_n 为净截面面积，$A_n = 0.0106\ \text{m}^2$；M_x、M_y 为绕强轴、弱轴作用的最大弯矩设计值，由于简化的梁模型仅在一个主平面内受弯，因此 M_x 取不同梁截面上的弯矩值，$M_y = 0.0\ \text{kN}\cdot\text{m}$；$\gamma_x$、$\gamma_y$ 为截面塑性发展系数，取 $\gamma_x=\gamma_y=1.0$；W_{nx}、W_{ny} 为 x 轴、y 轴的净截面模量，$W_{nx}=W_{ny}=3.126\times10^{-4}\ \text{kN/m}^3$。

300kN 工况下系船柱构件受力简化模型如图 8-12(a)和图 8-12(b)所示。结合式(8-1)，以及图 8-12(a)和图 8-12(b)，可计算得到简化梁模型的应力分布图，如图 8-12(c)所示。

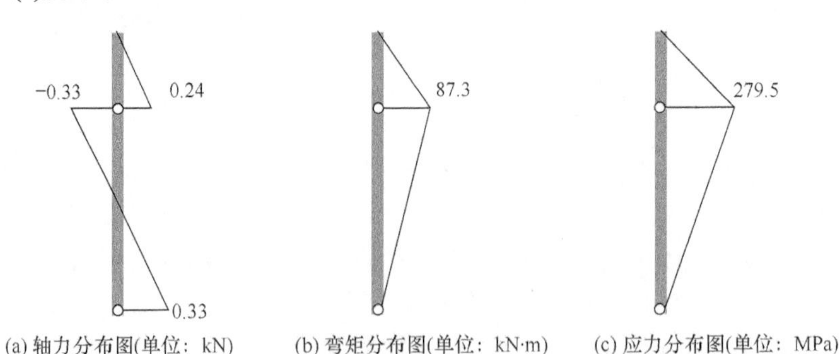

(a) 轴力分布图(单位：kN)　(b) 弯矩分布图(单位：kN·m)　(c) 应力分布图(单位：MPa)

图 8-12 300kN 工况条件下系船柱构件受力简化模型计算结果

将简化计算模型中的应力最大值(位于上支座处)与有限元模型同位置处的计算应力值进行对比分析。可以看出，有限元模型与简化计算模型在相同位置处的应力计算结果十分接近，二者相对误差约为 3.6%，验证了基于有限元数值模拟方法计算结果的正确性。

通过有限元数值模拟方法，在 150kN 工况、200kN 工况和 300kN 工况条件下，有限元模型应力分布如图 8-13 所示。对应参考点($x=715$、$y=0$、$z=800$)的应力值分别为$\sigma_1=145\text{MPa}$、$\sigma_2=193\text{MPa}$、$\sigma_3=290\text{MPa}$。随着系缆力 F_m 的增加，浮式系船柱结构所受的应力也相应增大，与实际情况相符。

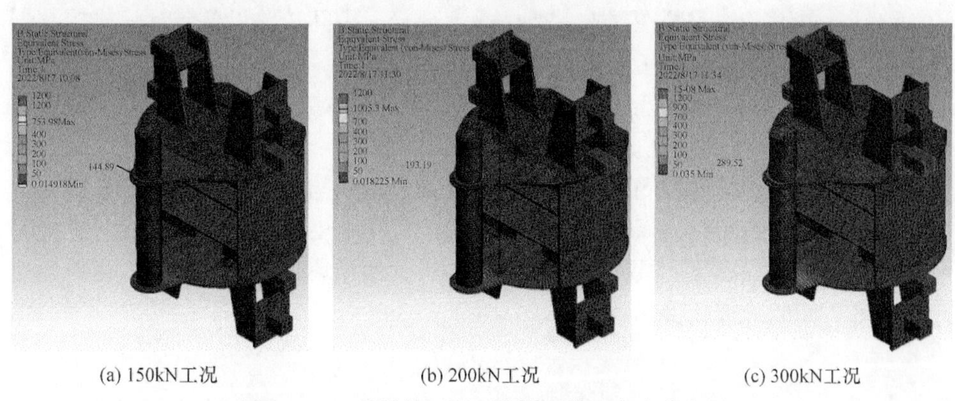

(a) 150kN工况　(b) 200kN工况　(c) 300kN工况

图 8-13　三种计算工况下有限元模型应力分布图

8.5.2　系缆力监测系统设计

1. 系缆力角度确定

系缆力角度含水平夹角和垂直夹角。首先，对系缆桩形状进行改造，使其垂直截面为倒梯形，缆绳在拉紧的过程中受力点会逐步靠近系缆桩根部。在垂直方向的力影响较小的情况下，浮式系船柱所测 2 号板可近似认为只受钢板平面方向上的力。其水平分力的方向可近似等同测点的主应力方向，即

$$\tan 2(90°-\alpha)=\frac{\gamma_{xx}}{\varepsilon_x-\varepsilon_y} \tag{8-2}$$

其中，α 为水平夹角；ε_x、ε_y 分别为 x、y 轴方向的应变；γ_{xx} 为剪应变。

2. 系缆力值的计算

根据前面的论证，系缆力与 2 号板测量点的应力值具有基本的线性关系。在水平夹角已知的条件下，通过将系缆力沿水平面分解，可建立系缆力与所测应力值的简化计算公式，并通过数学模型与实物模型相互验证的方法对计算值进行

修正。

3. 系统结构组成

浮式系船柱系缆力监测系统前端通过点焊式应变计进行应力测量，为应对系船柱工作环境温差过大，需进行应变计的温度补偿。测量值在系船柱附近完成采集，通过无线方式进行可视范围内的传输，控制器在远端完成数据接收，最终通过上位机软件完成数据的计算处理和功能展示。

浮式系船柱系缆力监测系统分为前端采集设备、中间传输设备和终端监控设备。前端采集设备均安装在浮式系船柱水上部分。中间传输设备包括信号控制器和信号中继器，为避免水工建筑物和船舶对器件遮挡，控制器须安装在系船柱轨道槽的正上方，以保证信号传输流畅。终端设备安装在监控中心，包括显示终端、信号处理软件和上位机软件。

浮式系船柱系缆力监测系统上位机软件功能包括闸室整体系缆情况显示、单个系船柱系缆力的实时显示、系缆力角度显示、卡阻情况报警、参数设置、报警设置、历史数据查询等。软件通过标准串口与其他模块进行数据交互，可单独运行，也可与其他管理软件联动运行。

第 9 章　枢纽航道维护

枢纽航道一般是人工建设航道，具有区别于天然航道的显著特征，属于控制性河段。枢纽航道内的通航船舶较密集，对航道条件、航道尺度保证率的要求较高。

9.1　枢纽航道河床演变机理

航道的河床演变是水流、泥沙、边界条件长期相互作用的结果。内河航道河床的演变因素非常复杂，不同的水流条件、河床平面形态、河床断面形式均会影响航道河床的演变。因此，不同的航道河床演变差异较大，同一段航道在不同条件下的变化也很复杂。

9.1.1　近坝河段下游河床下切

河床演变指在自然因素和人为因素影响下，河床冲淤的变化过程。水位是研究航道的一个重要指标，河床形态的改变会引起水位的变化。冲积河流受到上游水利水电工程的影响，会引起水位下降与河床冲刷的问题。葛洲坝水利枢纽同样面临上述问题。三峡水库成库后，清水下泄，河床经长距离冲刷。葛洲坝河段河床下切，导致同流量情况下枯水期水位下降。

1. 葛洲坝下游来沙量变化

三峡工程蓄水前，年均输沙量 49200×10^4t，主要集中在 6～9 月，约占全年输沙量的 85%。三峡工程蓄水后，年输沙量大幅度减小，2003～2008 年平均输沙量为 5720×10^4t，约为蓄水前的 11.6%；2009 年输沙量为 3510×10^4t，约为蓄水前的 7.1%；2010 年输沙量为 3280×10^4t，约为蓄水前的 6.7%；2011 年输沙量为 623×10^4t，约为蓄水前的 1.3%；2012 年输沙量为 4270×10^4t，约为蓄水前的 8.7%。

三峡工程蓄水后，宜昌站输沙量统计表如表 9-1 所示。除 2011 年，2003～2012 年宜昌站输沙量，主要集中在 7～9 月。2003～2008 年，7～9 月的平均总输沙量约占全年的 92.2%；2009 年、2010 年、2012 年 7～9 月的总输沙量分别占全年的 97.4%、97.2%、97.8%；2011 年输沙主要集中在 6～8 月，约占全年的 88.4%。

表 9-1　宜昌站输沙量统计表　(单位：10^4t)

月份	蓄水前	2003～2008 年	2009 年	2010 年	2011 年	2012 年
1 月	55.60	6.70	5.36	4.02	4.82	3.48
2 月	29.10	5.05	4.84	4.11	3.63	3.14
3 月	81.20	6.43	6.70	5.09	3.75	3.48
4 月	449.00	14.60	7.30	4.10	5.70	2.33
5 月	2105.00	58.50	22.80	12.10	9.64	13.40
6 月	5235.00	195.00	30.30	38.60	85.50	33.20
7 月	15476.00	1723.00	686.00	1915.00	243.00	2810.00
8 月	12436.00	1924.00	2523.00	948.00	222.00	1070.00
9 月	8634.00	1626.00	208.00	324.00	20.20	295.00
10 月	3448.00	136.00	11.50	12.10	13.40	22.00
11 月	968.00	18.80	3.90	7.80	8.55	7.78
12 月	198.00	8.30	4.30	4.00	3.21	4.82
总计	49200.00	5720.00	3510.00	3280.00	623.00	4270.00

表 9-2 所示为宜昌站悬沙不同粒径级沙重百分数对比情况。2003～2006 年，粒径小于 0.031mm 的泥沙占比有所增加，其他粒径占比均有所减小；2006 年之后，小于 0.031mm 粒径的泥沙占比逐渐减小。蓄水前，出库泥沙的中值粒径为 0.009mm。蓄水后，中值粒径有减小的趋势，到2006年减小至0.003mm。2006～2009 年基本不变，直至 2010 年开始有所加大，到 2012 年中值粒径恢复到 0.007mm。

表 9-2　宜昌站悬沙不同粒径级沙重百分数对比表

年份	沙重百分数/%			中值粒径/mm
	$d \leqslant 0.031$mm	0.031mm < $d \leqslant 0.125$mm	$d > 0.125$mm	
2003 年	77.9	11.3	14.0	0.007
2004 年	85.7	10.1	8.9	0.005
2005 年	92.0	7.0	5.4	0.005
2006 年	92.3	7.4	2.2	0.003
2007 年	91.5	7.1	2.5	0.003
2008 年	92.1	6.5	1.4	0.003

续表

年份	沙重百分数/%			中值粒径/mm
	$d \leqslant 0.031$mm	0.031mm< $d \leqslant 0.125$mm	$d > 0.125$mm	
2009 年	—	—	1.5	0.003
2010 年	91.0	7.6	1.4	0.006
2011 年	89.3	9.6	1.1	0.007
2012 年	90.4	8.4	1.2	0.007

2. 葛洲坝下游水位变化

三峡水库使用后，葛洲坝下河床冲刷发展较快，宜昌至沙市各站水位所受影响较大。随着水库投入运营时间延长，冲刷发展下移，下荆江河床冲刷、水位下降导致宜昌、沙市水位继续下降。根据多个数学模型计算结果，三峡枢纽 175m 试验性蓄水应用后，宜昌枯水位较三峡工程蓄水前将下降 0.7～1.0m。

采用曼-肯德尔法(Mann-Kendall，M-K)进行水位变化规律分析。M-K 非参数秩次相关检验法可分析变量随时间的变化趋势，也可检测时间序列中变量突变点并明确突变发生的时间，在水文要素的时间序列分析中得到广泛应用。2007、2009、2011、2013、2015、2017、2019 年庙咀水位过程线如图 9-1 所示。2007、2009、2011、2013、2015、2017、2019 年葛洲坝坝下水位过程线如图 9-2 所示。庙咀、葛洲坝坝下站年均水位总体呈下降趋势，于 2011 年下降到最低点，分别为 38.802m、39.150m，2012 年后有回升趋势。2007、2009、2011、2013、2015、2017、2019 年葛洲坝出库流量过程曲线如图 9-3 所示。年径流量并无明显下降趋势，呈波动上升状态，说明流域枯水期水位下降主要受人类活动的影响。M-K 流量突变检验如图 9-4 所示。

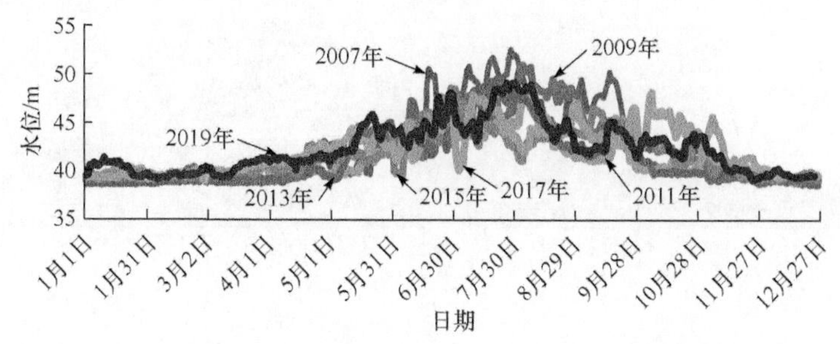

图 9-1　2007、2009、2011、2013、2015、2017、2019 年庙咀水位过程线

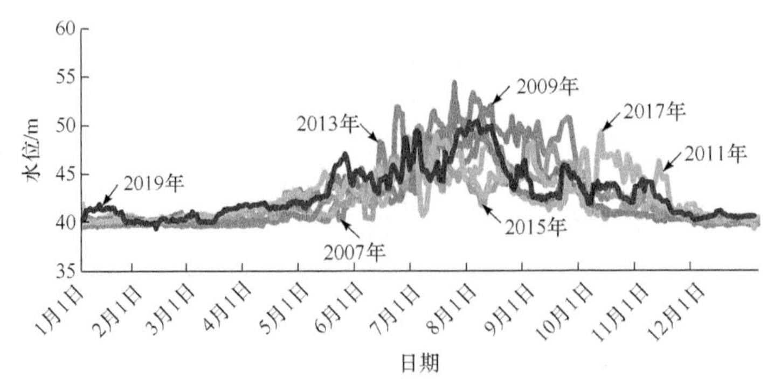

图 9-2　2007、2009、2011、2013、2015、2017、2019 年葛洲坝坝下水位过程线

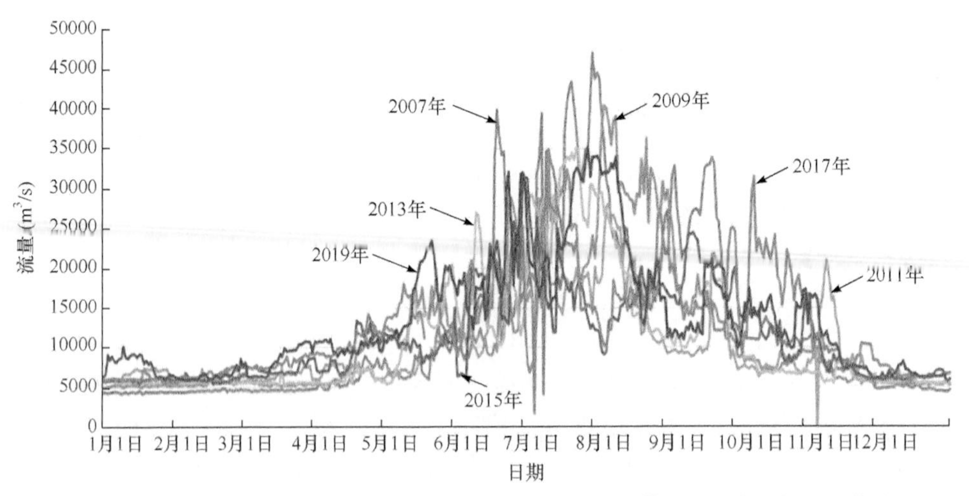

图 9-3　2007、2009、2011、2013、2015、2017、2019 年葛洲坝出库流量过程曲线

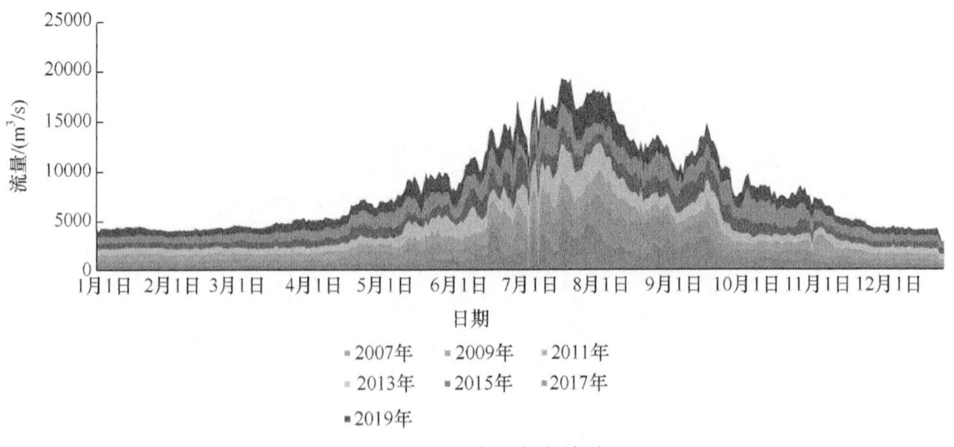

图 9-4　M-K 流量突变检验

对于河段汛期水位变化趋势的分析，采用年最高水位、最低水位、枯水期、汛期同流量下的水位进行。图 9-5 所示为 2007～2019 年庙咀最高水位变化趋势图，变化处于小幅度波动状态。图 9-6 所示为 2007～2019 年庙咀、葛洲坝坝下最低水位变化趋势图，最低水位呈持平状态，说明枯水期水利枢纽起到调蓄作用。

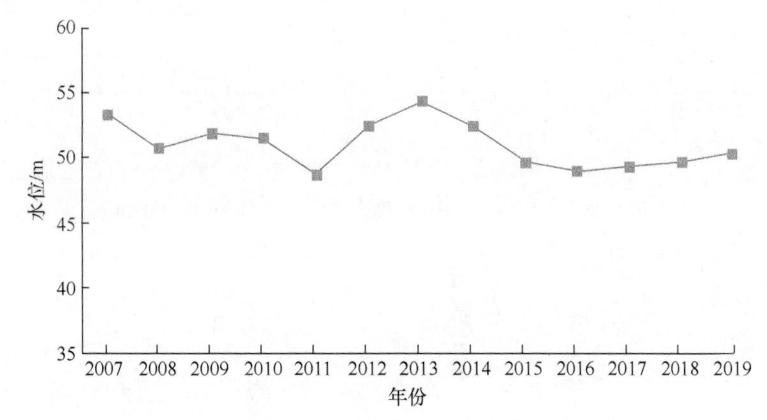

图 9-5　2007～2019 年庙咀最高水位变化趋势

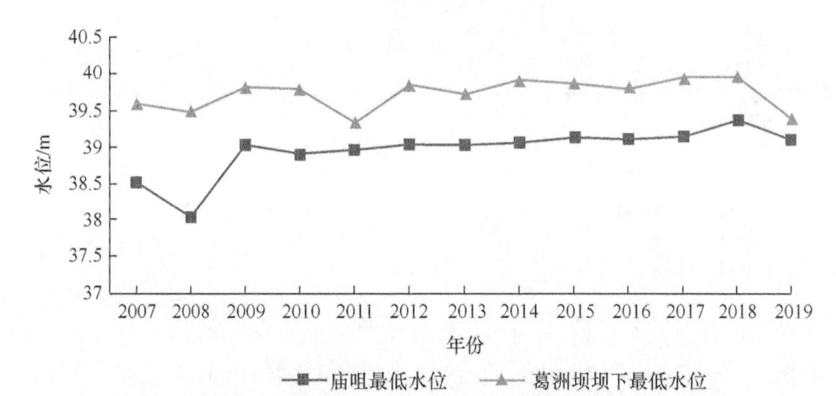

图 9-6　2007～2019 年庙咀、葛洲坝坝下最低水位变化趋势

同流量下水位的升降可以反映河底平均高程的变化，也可以反映河床冲淤变化。6000m^3/s 流量下，庙咀、葛洲坝坝下水位变化如图 9-7 所示。25000m^3/s 流量下，庙咀、葛洲坝坝下水位变化如图 9-8 所示。其中，两站点水位变化趋势基本一致，均呈现小幅波动。可以看出，同流量下水位基本呈下降趋势，说明河床发生冲刷。2007～2019 年，庙咀水位下降幅度为 0.50m，葛洲坝坝下水位下降幅度为 0.10m。

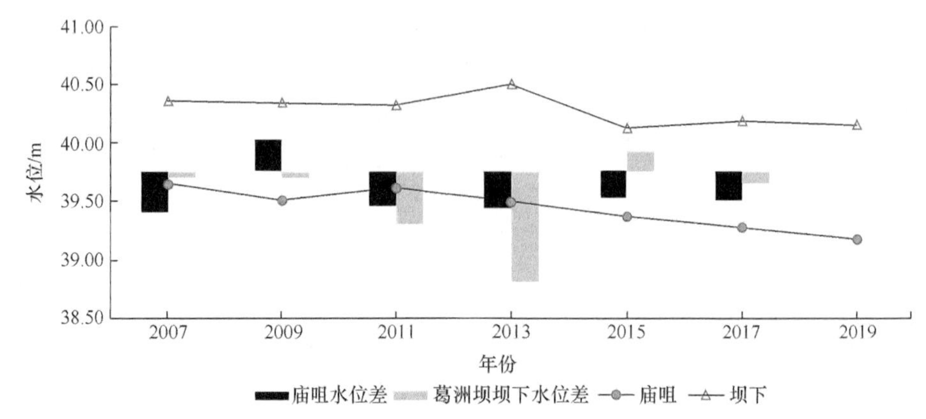

图 9-7　2007～2019 年庙咀、葛洲坝坝下水位变化(6000m³/s)

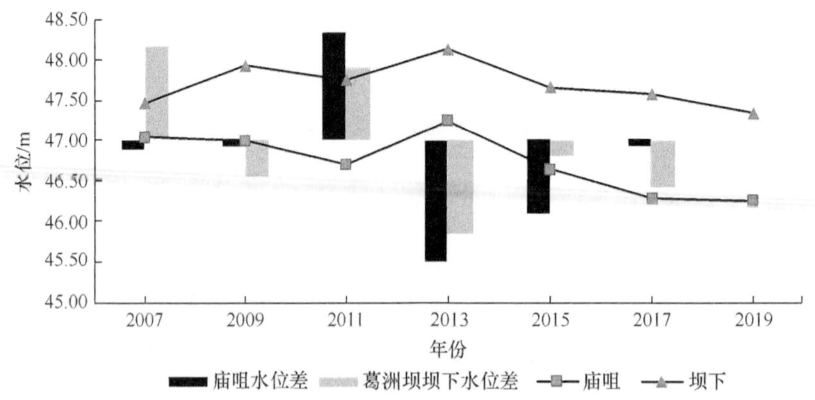

图 9-8　2007～2019 年庙咀、葛洲坝坝下水位变化(25000m³/s)

3. 河床下切对航运的影响

葛洲坝近坝河段河床下切，同流量下葛洲坝下游各站水位下降，对近坝河段锚地、码头、航道运行产生影响。葛洲坝下游近坝河段的码头主要有浮码头、直立式码头、栈桥式码头、缆车码头等。水位下降会对不同的码头产生相应的影响。浮码头对水位的适应能力较强，当水位下降时，可以调整码头位置来确保码头前沿水深。但是，码头在低水位时会占用更多的河面宽度，甚至占用一定的航道宽度，给通航带来一定程度的影响。直立式码头与栈桥式码头位置固定，水位下降。码头前沿多为硬底质的石质河床，水深可能不足，部分作业船舶无法靠泊。由于码头吊机设备起吊高度、幅度不足，会对码头生产作业带来影响。缆车码头一般为客运码头，缆车为码头的配套设施，当水位低于原设计水位时，可能对缆车运行产生影响。

4. 河床下切应对措施

① 枯水期航运流量补偿。由于枢纽下游近坝河段表现为长河段冲刷，河床下切后保证水位最有效的方式是加大枢纽下泄流量。为减小河床下切对航运的影响，三峡主要采取在枯水期增大下泄流量，实施航运流量补偿。三峡电站在枯水期调峰时核定航运基荷。航运基荷增加，经葛洲坝枢纽反调节后，葛洲坝最小下泄流量会增加。2016 年，庙咀枯水期最低水位达到 39.11m。

② 工程措施。针对枢纽航道水深不足的问题，可以在枢纽下级建设调节枢纽，壅水提高引航道水深。在枢纽下游近坝河段实施河床护底、加糙工程，或构筑潜坝、丁坝等航道整治建筑物，减缓河床下切速度，遏制近坝河段水位下降。

③ 其他非工程措施。在枯水期加强航道维护，根据水情及时调整航标，在局部河段可以采取“舍宽保深”的措施，即通过调整航标缩窄航道来达到航道维护水深。限制枢纽下游河段采砂等活动，减小人为因素的影响。

9.1.2　枢纽下游引航道河床演变特征

1. 枢纽下游引航道河床演变机理

枢纽下游引航道受枢纽拦蓄作用的影响较大，枢纽将大部分的泥沙拦在上游。枢纽泄水带走的泥沙由水流挟带，经主航道顺流而下。在建有隔流堤的引航道，由于隔流堤的隔流阻沙作用，引航道内的一般流速较小，甚至接近于静水，水流挟沙能力弱，一般表现为缓慢的累积性淤积。引航道口门区与主航道交界，两种水体的含沙量、水温均有不同，特别是汛期的差异更大，因此口门区一般表现为异重流淤积。所谓异重流，指在重力场中两种或两种以上比重相差不大，可以相混的流体因比重差异而产生的流动，也称密度流或重力流。

2. 枢纽下游引航道河床演变分析基本方法

在航道维护过程中，需要对每个测次航道水下地形测量图进行航道演变分析，并在汛前、汛末、中水年份进行对比，也需要进行年度或者更长周期的航道河床演变分析，为航道维护提供参考、决策。航道河床演变分析一般采用典型断面法，选择典型横断面和纵断面进行分析。横断面一般选取口门区断面、顺直段断面、弯曲段断面、闸首附近断面等进行分析。纵断面一般选取航道中心线断面或深泓线进行分析。若具备多波束扫测条件，可以对整体河床进行演变分析，也可以分析时段内对航道疏浚工程的影响。

3. 三峡船闸下引航道河床演变分析

以三峡船闸下引航道为例，分析 2006 年以来三峡船闸下引航道及口门区河床演变情况，横断面选取口门区断面、西陵桥顺直断面、分汊口断面，纵断面选取下引航道中轴线断面等进行分析。典型断面分布如图 9-9 所示。

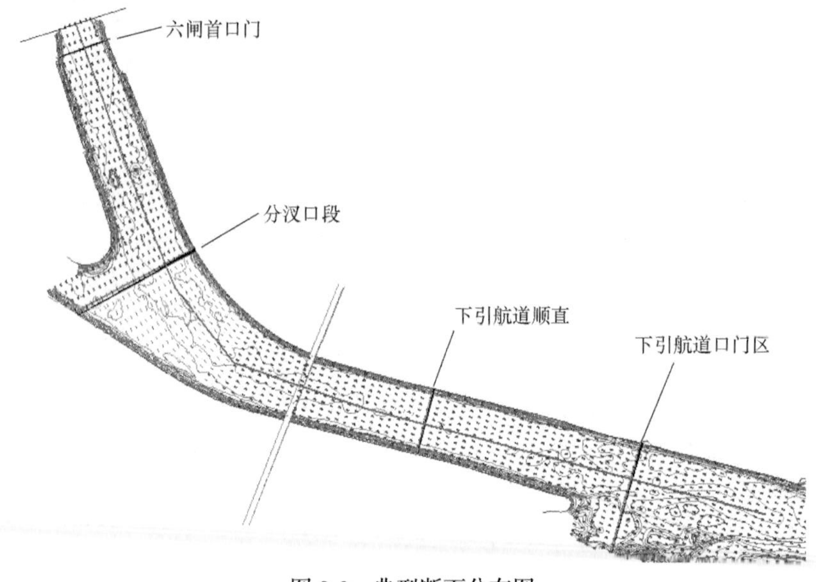

图 9-9　典型断面分布图

① 口门区断面。三峡船闸下引航道口门区位于下隔流堤头以下约 530m 的区域。该区域常年存在缓流、异重流、回流区，产生累积性泥沙淤积和季节性异重流淤积，口门区常形成“拦门沙坎”，因此是疏浚重点部位。2011～2012 年表现为明显淤积，最大淤积深度达 2.0m，平均淤积深度约为 0.8m。近年，平均淤积速率约为 0.45m/a，需要在每年汛期后密切关注河床变化，适时组织疏浚以保证航道畅通。三峡船闸下引航道口门区断面如图 9-10 所示。

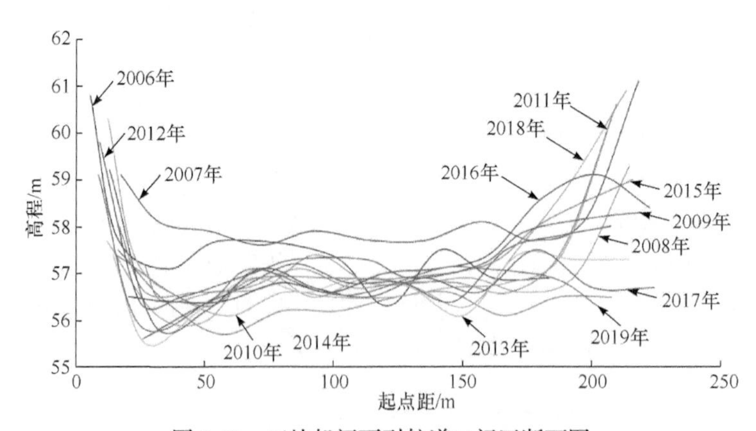

图 9-10　三峡船闸下引航道口门区断面图

② 顺直断面。三峡船闸下引航道顺直断面临近口门区，受异重流影响较为明显，具体表现为河床中部基本处于冲淤平衡状态，河床两侧表现为缓慢淤积，平均淤积速率约为 0.1m/a。三峡船闸下引航道顺直断面如图 9-11 所示。

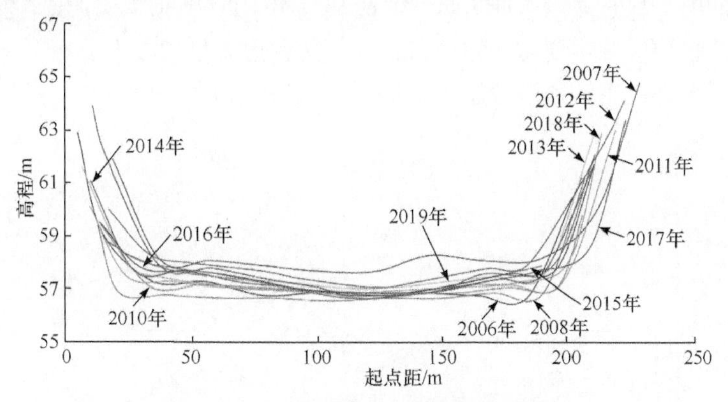

图 9-11　三峡船闸下引航道顺直断面图

③ 分汊口断面。分汊口段航道呈微弯形态，河床呈“左低右高”形态，是三峡船闸和升船机下引航道的交汇水域。2016 年之前，升船机下引航道围堰施工，该断面右侧临近围堰，河床较高。2016 年，该区域完成疏浚后，右侧河床明显降低，河床保持在 57m 以下。近年，该区域河床变化较小，表现为缓慢淤积，平均淤积速率约为 0.1m/a。三峡船闸下引航道分汊口断面如图 9-12 所示。

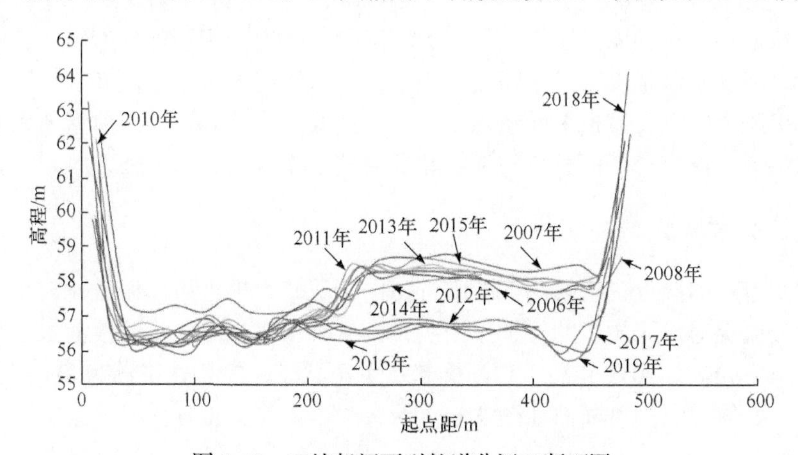

图 9-12　三峡船闸下引航道分汊口断面图

④ 下引航道纵向演变分析。三峡船闸下引航道中心线纵断面以六闸首为起点向下延伸至口门区。三峡船闸下引航道中轴线断面如图 9-13 所示。2007～2008 年枯水期以前，下引航道疏浚高程为 58m，因此 2006 年和 2007 年出现中轴线接近或高于 58m 的情况。2007 年 12 月疏浚后，航道管理部门以 57m 作为下

引航道的维护高程，距六闸首 1500m 以内的区域航道河床呈现冲淤交替变化的态势，但是基本处于冲淤平衡状态；距六闸首 1500～2800m(口门区)的区域则表现为明显淤积，并且随距离增加，其淤积幅度相应增加，说明造成此区域泥沙淤积的主要原因为异重流。由此可见，三峡船闸下引航道的泥沙淤积主要受异重流潜入影响，淤积区域主要位于口门区，并且淤积形态呈“楔形分布”，即下游淤积厚度大于上游，主航道区域淤积厚度大于航道两侧。

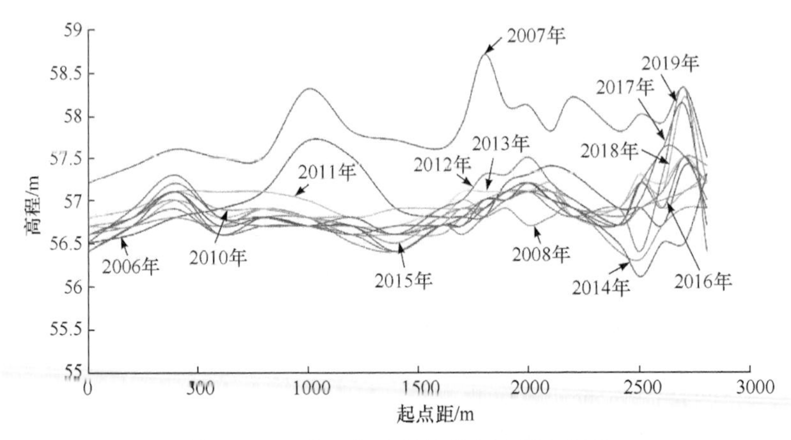

图 9-13　三峡船闸下引航道中轴线断面图

9.1.3　枢纽上游库区航道的演变特征

枢纽上游航道为库区航道，位于近坝河段，航道河床演变受库区水流条件影响较大。库区水深越大，过水断面面积越大，除汛期外常年水流速度较缓。三峡船闸上引航道顺直，航道平面形态规则，仅选取上闸首和口门区典型断面进行分析。枢纽上引航道分析的方法与下引航道一致。

1. 上闸首断面

上闸首断面接近三峡船闸上游闸首，由于三峡大坝上游库区流速较小，上游引航道隔流堤对河床淤积的保护作用明显，三峡水库 175m 实验性蓄水运行前河床淤积速率较大。2011 年后，该断面趋于平衡状态，淤积速率约为 0.03m/a。三峡船闸上引航道上闸首断面如图 9-14 所示。

2. 口门区断面

口门区断面接近三峡船闸上引航道口门区。该区域流速较小，三峡水库 175m 实验性蓄水运行前该断面淤积速率较大。2011 年后，该断面淤积速率减小，约为 0.03m/a。三峡船闸上引航道口门区断面如图 9-15 所示。

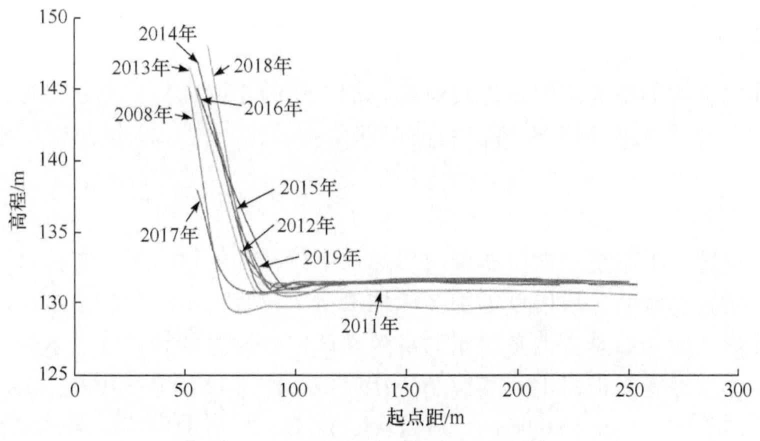

图 9-14　三峡船闸上引航道上闸首断面图

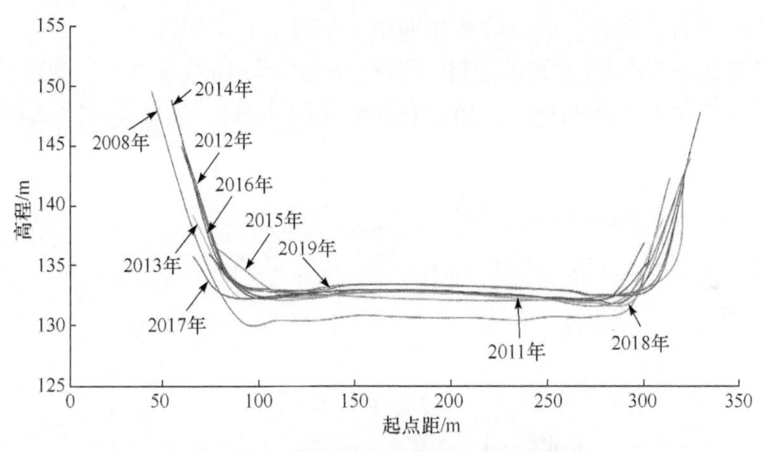

图 9-15　三峡船闸上引航道口门区断面图

综上所述，三峡水库 175m 蓄水运行后，三峡船闸上引航道基本处于冲淤平衡状态，淤积速度非常缓慢。

9.2　枢纽航道维护方法

9.2.1　枢纽航道维护性测量

枢纽航道维护性测量是为了保证航道维护尺度而进行的航道观测活动，测量内容一般包括水文观测、水下地形、流速流向流态、比降、待闸锚地维护性测量等。

1. 水文观测

枢纽上下游的水文资料是进行航道维护工作的基础资料。枢纽航道维护必须及时获取最新的航道水文资料，包括枢纽上下游重点河段水位和枢纽出入库流量等。

(1) 水位

获取枢纽上下游重点河段水位，可布设水位站和航行水尺。水位站一般为自测自报自记式水位站，可以连续不间断地测量水位数据，同时配套水位动态监测系统，实现水位站点基础信息设置、水位动态信息的查询和统计、水位异常情况自动报警等。自测自报自记式水位站工作原理如图 9-16 所述。其中，GPRS 指通用分组无线服务(general packet radio service)、GSM 指全球移动通信系统(global system for mobile communications)、CDMA 指码分多址(code-division multiple access)。枢纽上下游引航道口门区和枢纽上下游主航道均需布置水位站。航行水尺(图 9-17)是一种重要的船舶助导航设施。船舶可以通过航行水尺直接获取所在航道的实时水位。枢纽航道上下游左右岸、通航建筑物口门区、枢纽航道口门区等均需布置水尺。

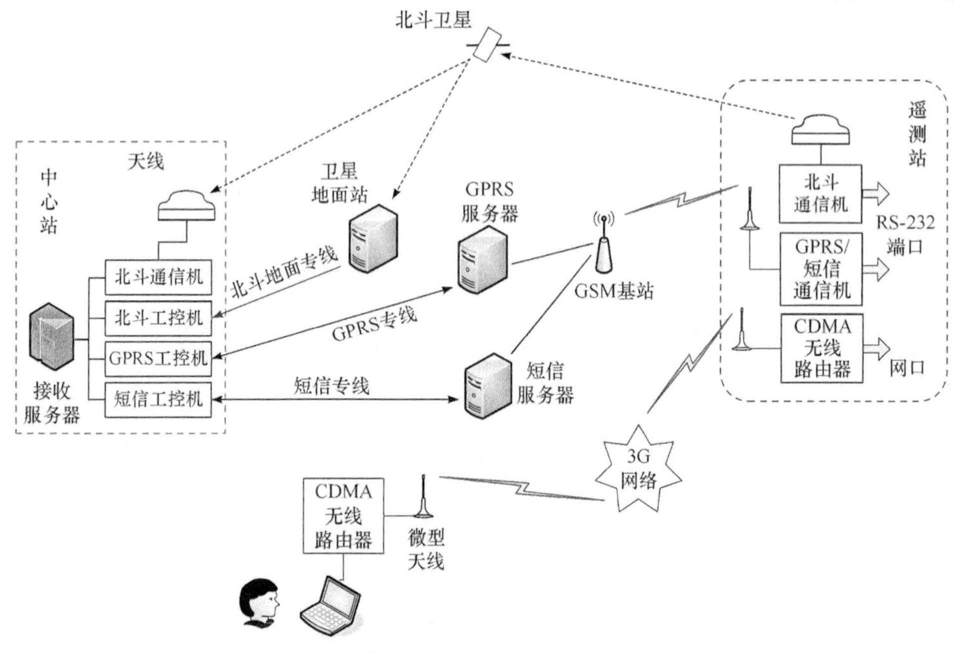

图 9-16　自测自报自记式水位站工作原理

(2) 流量

枢纽日调节和电站调峰会造成枢纽出入库流量变化，而枢纽出入库流量变化会影响枢纽航道条件。因此，枢纽航道维护需及时获取枢纽出入库流量数据，枢纽上下游应设置流量观测断面，至少平均每小时获取一次流量数据信息。当出入库流量发生急剧变化时，需要提前预测流量并掌握实时流量变化情况。

2. 水下地形

枢纽航道维护中一项重要的工作就是开展枢纽航道水下地形测量，掌握测时航道水下地形情况，并通过持续观测掌握枢纽航道河床演变规律，为枢纽航道维护工作提供参考。

图 9-17　葛洲坝三江航道航行水尺

(1) 测量计划安排

季节性航道水下地形测量一般在枯水期、汛前、汛后各测 1 次。中水年份汛中泥沙淤积较大时在汛中增加安排 1～2 测次，汛末枢纽航道冲砂后安排水下地形测量 1 测次。在枢纽航道为硬底质河床且实际航道尺度接近公布的航道尺度的季节，应安排水下地形测量 1 测次。枯水期安排硬式航道扫床 1 测次，每 3～5 年安排 1 次枢纽航道(含中间渠道)的全河段测量。

(2) 测量比尺选择

测量的比例尺根据枢纽航道的宽度来确定，建议枢纽引航道水下地形测量比例尺大于 1∶2000。枯水期碍航滩段应实施加密测量，并且选择较大比例尺进行测量。硬底质河床建议大于 1∶500。长河段水下地形测量时比例尺可适当放宽。

2020 年度长江三峡航道局航道养护观测计划如表 9-3 所示。

表 9-3　2020 年度长江三峡航道局航道养护观测计划表

<table>
<tr><th>机构名称</th><th>航道(河段)名称</th><th>观测项目及内容</th><th>比例</th><th>测次及施测时间安排</th><th>工作量/km²</th><th>小计/km²</th><th>备注</th></tr>
<tr><td rowspan="9">长江三峡航道局</td><td>葛洲坝三江引航道</td><td>三江水下地形观测</td><td>1：2000</td><td>8 测次，2019.1～2019.12</td><td>427.2</td><td>427.2</td><td>含三江引航道上下游重点区域 1：500 三个测次</td></tr>
<tr><td>葛洲坝大江航道</td><td>大江水下地形观测</td><td>1：2000</td><td>8 测次，2019.1～2019.12</td><td>400.5</td><td>400.5</td><td>含大江航道上下游重点区域 1：500 三个测次</td></tr>
<tr><td rowspan="2">三峡升船机引航道</td><td rowspan="2">三峡升船机下引航道水下地形观测</td><td>1：1000</td><td>2 测次，2019.1～2019.12</td><td>48.2</td><td>48.2</td><td></td></tr>
<tr><td>1：500</td><td>2 测次，2019.1～2019.12</td><td>144.6</td><td>144.6</td><td></td></tr>
<tr><td rowspan="2">三峡船闸引航道</td><td>三峡船闸引航道水下地形观测</td><td>1：2000</td><td>2 测次，2019.10</td><td>123.8</td><td rowspan="2">167.8</td><td></td></tr>
<tr><td>三峡船闸下引航道水下地形观测</td><td>1：2000</td><td>2 测次，2019.1～2019.12</td><td>44.0</td><td></td></tr>
<tr><td>庙河至三峡大坝</td><td>庙河至三峡大坝</td><td>1：5000</td><td>1 测次，2019.1～2019.12</td><td>174.0</td><td>174.0</td><td></td></tr>
<tr><td>下岸溪至莲沱</td><td>流速流向观测</td><td>1：2000</td><td>2 测次，2019.7～2019.9</td><td>63.0</td><td>63.0</td><td>30000m³/s、35000m³/s 流量各 1 测次</td></tr>
</table>

3. 流速流向流态

枢纽航道水流条件对船舶安全航行的影响较大，因此枢纽航道维护中应适时安排流速流向及流态观测。

(1) 测量计划安排

在设计最高通航流量和对水流条件影响较大的大流量条件下，安排重点水域的流速流向观测。在最高通航流量以下，按不同流量级适时安排流速流向流态观测。枢纽航道口门区、连接段及其他水流条件较差的航段应安排流速流向流态观测。由于枢纽出入库大流量历时很短，在计划安排时较难预测，因此需要根据历年情况统筹安排流速流向观测计划，尽可能以 3～5 年为一个周期完成各个流量级的观测计划。枢纽下游航道根据枢纽出库流量来安排计划，枢纽上游航道需在观测时考虑入库流量、出库流量和坝上水位的不同组合情况来安排计划。

(2) 基本测量方法

基本测流断面垂线数应覆盖拟测量航道水域，并且均匀布设，充分反映施测河段的水文特征。由于流向影响，不能覆盖的部分应予以补充测线，宜在上深槽、滩脊、下深槽及重点水域各设一基本断面，必要时应增设若干辅助断面，对急流、漩涡、回流、横流、泡水、剪刀水等不良流态进行记录。枢纽航道流速流向观测一般指表面流速流向观测，可使用直立式气球竹筒或其他形式的浮标。浮标入水深度为 1m，测点间隔时间可选择 5～30s，在通视条件较好的测区，设置 3～4 个经纬仪测站，应用前方交会测量方法，每个测点选取交会条件合格的 3 组测值的平均值。

4. 比降

采用在枢纽航道左右岸同步水位观测的方法，实现枢纽航道比降观测。

(1) 水位站布设要点

水位站布设要充分反映测区的水位变化，并考虑无沙洲、浅滩阻隔、壅水、回流现象。水位站布设应不直接受风浪急流冲击影响且不易被船只碰撞，同时兼顾水尺牢固设置。

(2) 水尺设置要求

水尺设置应垂直并稳固。若设置两根及以上水尺时，两相邻水尺的重叠部分应保持 0.1～0.2m。水尺的设置范围，应高于高水位，低于低水位。设置水尺时，应按国家四等水准测量要求测定水尺高程，或在水尺附近设置工作水准点，再按四等水准测量要求测定工作水准点与水尺的高差。

(3) 水尺设置范围

水尺设置范围应覆盖枢纽航道拟施测水域，在两岸均匀布设，水尺设置间距为 1000m。

(4) 水位观测

水位观测采用 24h 连续观读，采用 3 次观测方法，测区范围内的水尺读数时间同步，同一水尺水位读数采用 3 次观测数据的平均值。水位读数应取波峰、波谷读数的平均值，当水面达到两根水尺重叠范围时，应同时读取两根水尺的读数，并换算为基尺零点上的水位，其差值不应大于 20mm。

5. 待闸锚地维护性测量

待闸锚地也需开展维护性测量工作，除了安排水下地形观测，还需对锚地流速、流向、流态、锚地水工建筑物变形情况等进行观测。2019 年度锚地养护观测计划如表 9-4 所示。

表 9-4　2019 年度锚地养护观测计划表

锚地名称	观测项目及内容	测次及施测时间安排	工作量/km²	小计/km²
兰陵锚地	水下地形测量	测 1 次，2019.4～2019.7	0.203	0.383
	靠船墩变形观测	测 1 次，2019.4～2019.7	0.180	
沙湾锚地	水下地形测量	测 1 次，2019.4～2019.7	0.390	0.390
仙人桥锚地	水下地形测量	测 1 次，2019.4～2019.7	0.200	0.380
	靠船墩变形观测	测 1 次，2019.4～2019.7	0.180	
乐天溪上、下锚地	水下地形测量	测 1 次，2019.4～2019.7	0.506	0.506

6. 航道尺度发布

枢纽航道尺度发布的周期越短，越有助于提高枢纽航道通过能力。因此，枢纽航道尺度一般按周发布，枢纽航道可通过船舶的吃水控制标准按日发布。

9.2.2　枢纽航道扫床

枢纽航道一般为人工开挖的硬底质河床航道，属于控制性航段，是进出通航建筑物的必经之路。航道维护性测量能够反映航道水下地形情况，但是较难反映航道中局部存在的浅点或障碍物，而扫床测量能够解决该问题。

1. 航道扫床的目的与任务

航道扫床测量用于搜寻浅点或障碍物及其具体位置，以及确定浅点或障碍物的高程。枢纽航道内的障碍物涉及大的卵石或石块、船舶遗弃物、毁坏的水工建筑物的残留物、沉树沉木及其他沉物。当枢纽航道出现下列情况时应进行扫床，即枢纽航道试通航前或新开通前、有可疑或不明碍航程度的碍航物、航道内发生海损事故遗留碍航物或沉船、确定石质河床或其他硬底质河床的航道水深、航道进行炸礁和清除碍航物后、航道水深接近规定的维护水深时。

2. 航道扫床的方法

扫床方法主要分为软式扫床和硬式扫床。软式扫床多用于搜寻障碍物。硬式扫床多用于确定障碍物碍航程度。

(1) 软式扫床

软式扫具由扫绳与扫艇组成(图 9-18)，扫绳的两端系在扫艇上，绳上悬挂有重物。扫绳通常采用直径 9.3～13.0mm 的钢丝绳，也可以是较细的锚链，扫绳的长度根据航道宽度确定，一般为 100～200m。扫绳两端应留出牵拽头，牵拽部分长度约为扫床河段水深的 4～5 倍。在扫绳两端系固 5kg 左右的配重物(铅块等)，中间每隔 15～20m 系结 1～3kg 的配重物。

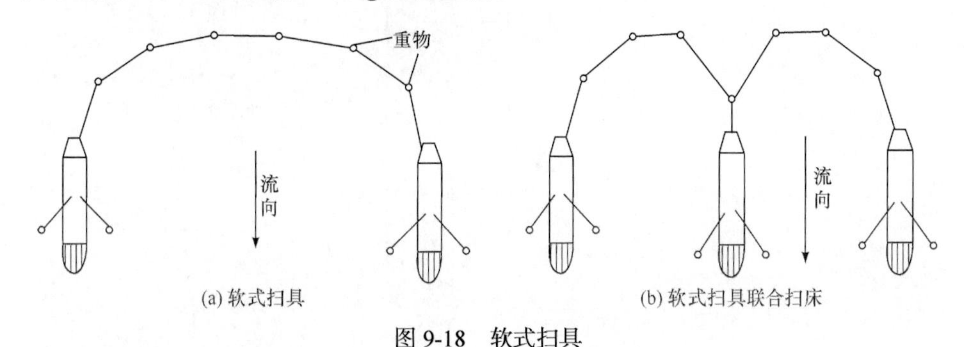

图 9-18　软式扫具

(2) 硬式扫床

硬式扫具由扫杆和测深杆组成(图 9-19)。扫杆通常采用直径 5～10cm 的柔性铁管或 3～5cm 的实心铁棍，也可以采用角铁等材料。测深杆可以采用标有刻度的铁管。测深杆的下端制作有铁环，扫杆穿过铁环后用螺栓或者螺丝固定，测深杆长度应大于拟扫测深度 2m 以上。硬式扫床可以按照航道横断面或者纵断面进行扫床。横扫常用于流速较大的河段(枢纽引航道不常用)，纵扫法常用来在枯水期检查航道和确定水深不足的碍航浅点位置。

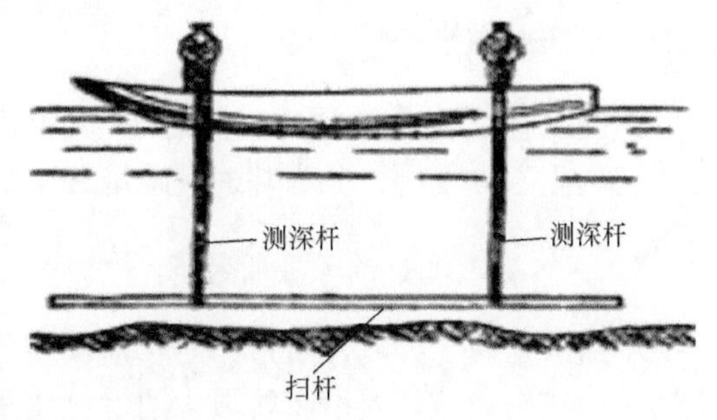

图 9-19　硬式扫具

(3) 硬式扫床与实时动态测量相结合的扫床方式

在岸上可靠的控制点架设 GPS 基准站和无线电台，在测船上安置好 GPS 流动站、导航软件显示系统和扫床支架。导航软件指引船舶航行线路，保证测区内全覆盖，并实时记录测量船舶的航迹线。硬式扫床支架及其安装如图 9-20 所示。在扫床作业时，主要由支架底部扫杆上的 4 根固定麻绳分别与船头船尾 4 角张紧连接。为保证扫床范围全覆盖且有一定的扫测重合率，布设测量船舶航行计划线时可小于扫床宽度的间距。在扫床作业时，水位观测人员每隔 10～20min 观

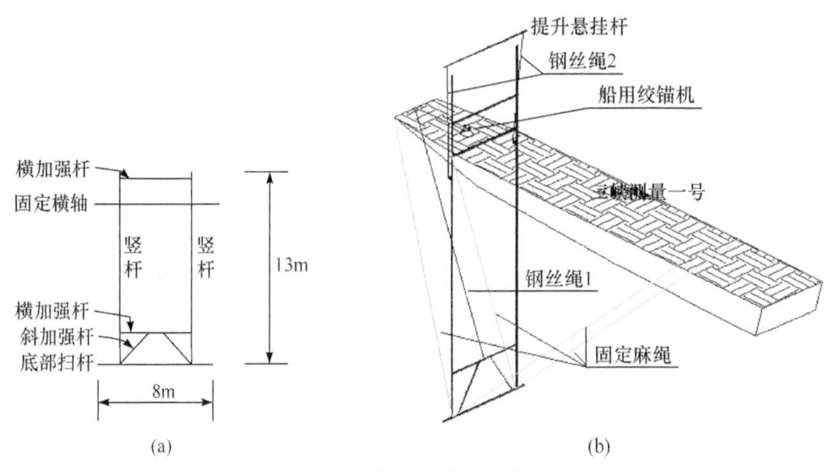

图 9-20　硬式扫床支架及其安装

测一次实时水位，并通过现场通信设备汇报给作业船。当水位变幅达 5cm 时，需立即计算并调整扫杆的入水深度。扫杆入水深度按下式计算，即

$$H = h - h_1 \tag{9-1}$$

其中，H 为扫杆入水深度(m)；h 为扫床时观测的实时水位(m)；h_1 为设计河床底高(m)。

9.2.3　枢纽航道维护性疏浚

疏浚工程是指采用人工、挖泥船、其他机具进行水下挖掘，为拓宽和加深水域进行的土石方工程，分为基建性疏浚和维护性疏浚。

1. 枢纽航道维护性疏浚的特点

枢纽航道属于控制性航道，对航道尺度要求较高，必须及时进行疏浚来确保枢纽航道正常通航。若枢纽航道内的水域狭窄，实施疏浚工程时对通航的影响较大，甚至造成短暂的停航。因此，枢纽航道疏浚工程不同于其他天然航道的疏浚，需要科学合理地制定维护性疏浚计划、施工方案和安全维护措施，确保及时有效地进行疏浚，同时将施工对通航的影响降到最低。

2. 枢纽航道维护性疏浚原则

(1) 维护性疏浚计划

为了确保枢纽航道的通航保证率，枢纽航道维护性疏浚必须提前计划，根据水下地形观测结果，及时进行河床演变分析，掌握河床演变规律，预测河床演变对枢纽航道尺度的影响。在河床演变对枢纽航道尺度产生实质影响之前，安排维

护性疏浚工程，并选择有利施工时机进行施工。枢纽航道维护性疏浚工程必须在对航道尺度产生影响之前进行，枢纽航道维护性疏浚工程应尽可能选择非通航繁忙季节，时机允许时可选择在通航建筑物检修期进行。枢纽通航前期，在来沙量较大的中水年份，应提前做好随时疏浚施工的准备，必要时安排施工船舶驻守。

(2) 维护性疏浚船艇选择

枢纽航道维护性疏浚施工可以选择耙吸式挖泥船、绞吸式挖泥船、斗轮式挖泥船、链斗式挖泥船、抓斗式挖泥船、铲斗式挖泥船。枢纽航道维护性疏浚中，当疏浚土为淤泥、泥沙且通航非常繁忙时，可以选择耙吸式挖泥船。当疏浚土为淤泥、泥沙，排泥距离短、施工水域风浪较小、疏浚工程量较大时，可选择绞吸式挖泥船。在枢纽航道维护性疏浚中，链斗式挖泥船应用较少，仅当疏浚土为淤泥，施工水域为口门区或锚地等开阔水域时应用。抓斗式挖泥船主要用于挖取黏土、淤泥、孵石、宜抓取的细砂、粉砂。在枢纽航道疏浚中，除疏浚土为流态淤泥的情况，其余情形下抓斗式挖泥船均适用。特别是，疏浚工程量较小，疏浚土为中砂、粗砂、卵石时，尤其适用。铲斗式挖泥船适用的疏浚土类型与抓斗式挖泥船类似。特别是，当障碍物为石块或其他硬物时，尤为适用，铲斗式挖泥船多用于枢纽航道清障。枢纽航道疏浚施工时，应根据疏浚土的性质并结合具体情况选择施工船舶及合适的方案，必要时可采用组合方案。

(3) 维护性疏浚施工原则

施工应尽可能减少地占用枢纽航道水域和时间，至少确保能够单向通航，不宜长时间断航施工。同时，应尽可能提高施工效率，缩短施工工期，将施工对通航的影响降到最低。在汛末或其他合适时机，设置有冲沙闸的枢纽航道可以利用冲沙闸将引航道内的泥沙带出引航道。枢纽航道疏浚施工应选择合适的抛泥区，一般选择在远离枢纽航道的深槽，并且综合考虑运距、效率等多方面的因素，降低运泥对通航的影响。河床为硬底质的枢纽航道，疏浚施工后应进行扫床测量验收。

9.3　枢纽河段航标配布与维护技术

9.3.1　枢纽航道航标配布原则

枢纽航道航标配布用于保证枢纽通航建筑物和枢纽航道的安全运行，需要根据船舶航行需要和通航水域具体条件进行航标的配备和布置工作。

1. 枢纽航道航标配布遵循的原则

枢纽航道航标配布应准确标示出枢纽航道，为船舶安全、便捷、顺畅的进出枢纽航道服务。根据枢纽航道特点，合理选择以岸标为主、浮标为辅的方式进行配布。枢纽航道水位变化较大时，应根据不同的枢纽上下游运行水位制定不同的航标配布方案。枢纽航道的两侧均应配布航标。

2. 枢纽航道航标设置

枢纽上下游引航道口门区的隔流堤首端，各设置岸标 1 座，标示引航道的进出口；枢纽导航墙堤头设置岸标一座，标示导航墙位置；枢纽靠船墩应设警示灯，在首尾靠船墩各设置 1 座警示灯，中间靠船墩顶部可视情况设置；在多线通航建筑物共用引航道时，在分汊口设置左右通航岸标或浮标；岸标的设置应高于枢纽航道设计的最高通航水位。

9.3.2　枢纽航道航标维护

由于受枢纽调节影响，枢纽航道，特别是上游库区航道水位变化频繁，枢纽水库每年一般会经历两次涨落过程。汛期上游库区航道维持低水位运行，蓄水期上游库区航道维持高水位运行。消落期水位不断消落变化，在枢纽航道水位变化过程中，航道条件也不断改变，会给航标维护工作带来挑战。

1. 库区航标维护

(1) 库区航道岸标维护

库区航道水位变化较大，低水位时岸标维护工作难度大，库区航道应选择岸标标体更大的塔型岸标。内河航标属于视觉航标，其尺寸、颜色、设标地点背景、灯光强度、灯光性质、环境灯光等因素直接影响船舶驾驶人员的操作。根据视角经验计算公式，航标日间视距可采用下式计算，即

$$D=\frac{L}{\tan\theta} \tag{9-2}$$

其中，D 为目标物与观察者之间的距离；L 为目标物边长；θ 为目标物在观察者肉眼中的视角角度大小，一般取值为 0°2′～0°4′。

(2) 库区航道浮标维护

库区航道浮标浮具应选择抗风浪能力较强的，如 10m 浮标船或 15m 以上灯标船，浮具可不配备尾舵。库区航道浮标应配备首尾锚系设施，以防浮标旋转，确保浮标标位准确。抓力设施可为锚石或霍尔锚，绳索可为锚链或钢缆。由于水深较大且流速平缓，钢缆或锚链长度可为水深的 1.5～3 倍。库区航道应根据水位、岸线地形的变化，对航标进行增设、调整、搬迁、撤除。

2. 枢纽下游航道航标维护

枢纽下游航道浮标应选择有尾舵的浮具，以保证流水情况下浮标的稳定性。浮标锚石应具备足够的重量，且尽可能减小锚石高度。为防锚石遗落在枢纽航道造成碍航，一般选择较扁平的锚石。枢纽下游航道和枢纽中间航道在汛期时水流条件较恶劣，会给航标维护工作带来不利影响。枢纽下泄流量超过设计最高通航流量时，为确保船舶和航标设施安全，需快速关闭枢纽航道。当枢纽下泄流量即将超过最高通航流量时，可采用领水浮筒标示标位的方法。如图 9-21 所示，将浮标从领水浮筒上取下，快速撤除航标。当流量超过最高通航流量时，领水浮筒留在航道中。当流量即将低于最高通航流量时，将浮标挂回领水浮筒，可快速设置浮标。

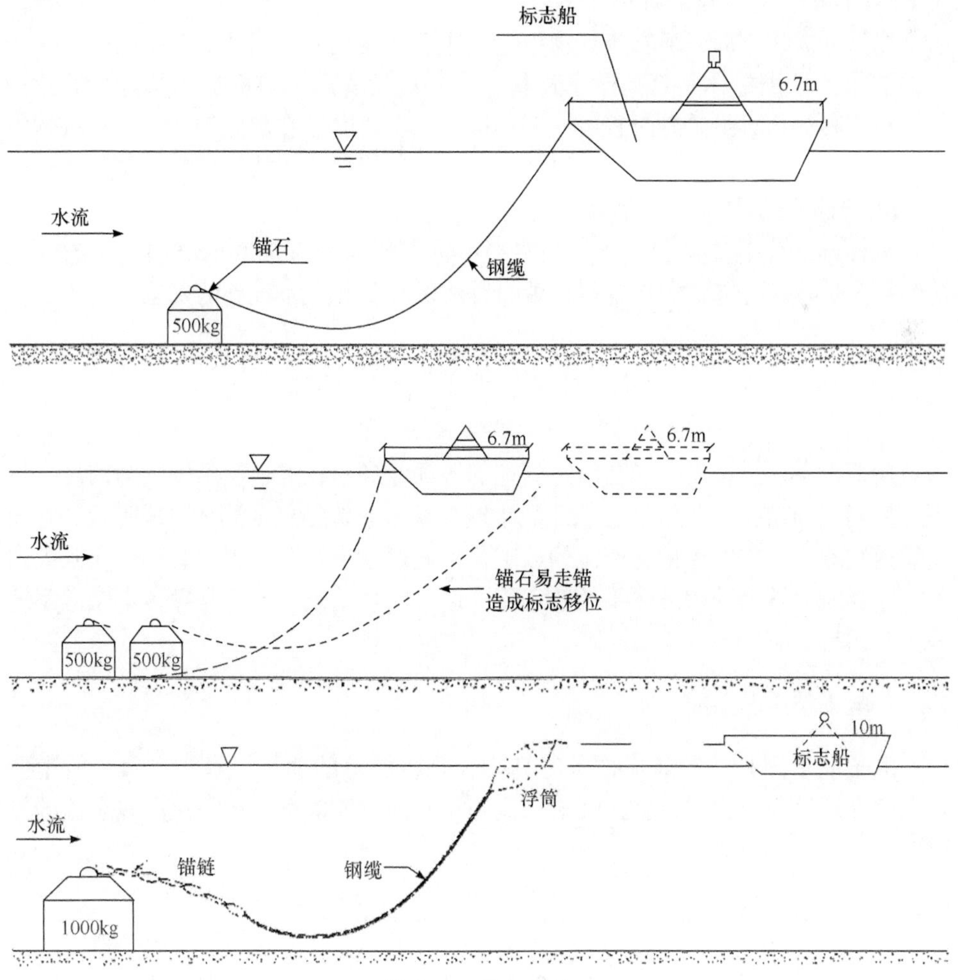

图 9-21　航标维护

3. 航标维护技术

(1) 准备工作

根据航标配布原则与要求，草拟航标配布图，并对拟设标地点进行实地勘测和调研，以便进一步修订、完善航标配布图。通过探测拟设航标地段或水域的碍航物的准确位置与高度、航道宽度等实际情况，确定设置标志的具体位置与设置时间(或水位)。

(2) 标志设置

岸标应满足水位变动运行期要求，最高水位运行期标志应尽量靠近水沫线，必要时采用标灯与岸标标体分离方式(配置移动灯桩)或设置浮标(岸浮交替)方式。

(3) 助航标志抛设后评估

岸标标志设立后，应检查标体设置位置离水沫线的平面及垂直距离是否符合有关要求，标志标体是否处于垂直状态，确认没有高于航标标体及灯光的遮挡物。在实际航道维护管理过程中，要积极征求有关专家和部门的意见，吸取驾引人员的意见和建议，及时加以改进和完善，最后绘制正式的航标配布图。

(4) 航标维护作业安全措施

航标维护作业要确保施工人员安全，尤其是维护性船舶的靠泊、系锚、运锚、绞关、收绞、起锚、抛锚等作业过程中的人员和设备设施的安全。

9.4 枢纽数字航道技术

所谓数字航道技术，即在航道管理的各项业务中，综合运用先进的信息、指挥、控制、通信技术和管理思想。数字航道系统总体结构如图 9-22 所示。它通过航道监测，完成航道信息资源的数字化；通过数字航道管理中心和公众服务门户，完成航道管理与服务体系的数字化；通过信息基础平台，支撑数字航道系统的正常运行。

9.4.1 电子航道图系统

电子航道图是数字航道技术的基础，是将航道的地物、水文要素、航道要素、助导航设施、通航设施、临跨河设施及其他重要信息以数字化形式表达的航道图。

1. 电子航道图数据

电子航道图与传统纸质航道图有较大区别，不仅能够显示纸质航道图的所有内容，还可以显示测量控制基准数据、航道地物、水文要素、航道要素、助导航设施、通航设施、临跨河设施等。

2. 电子航道图生产与维护

电子航道图需根据行业相关规范和标志进行生产与编辑，其物标与编码、图像显示、数据检验、数据结构与文件等应符合要求。电子航道图应根据需要对主要数据进行更新，以保证信息的准确性与及时性。其中，航道水深、助导航标志等数据的更新，尤为重要。

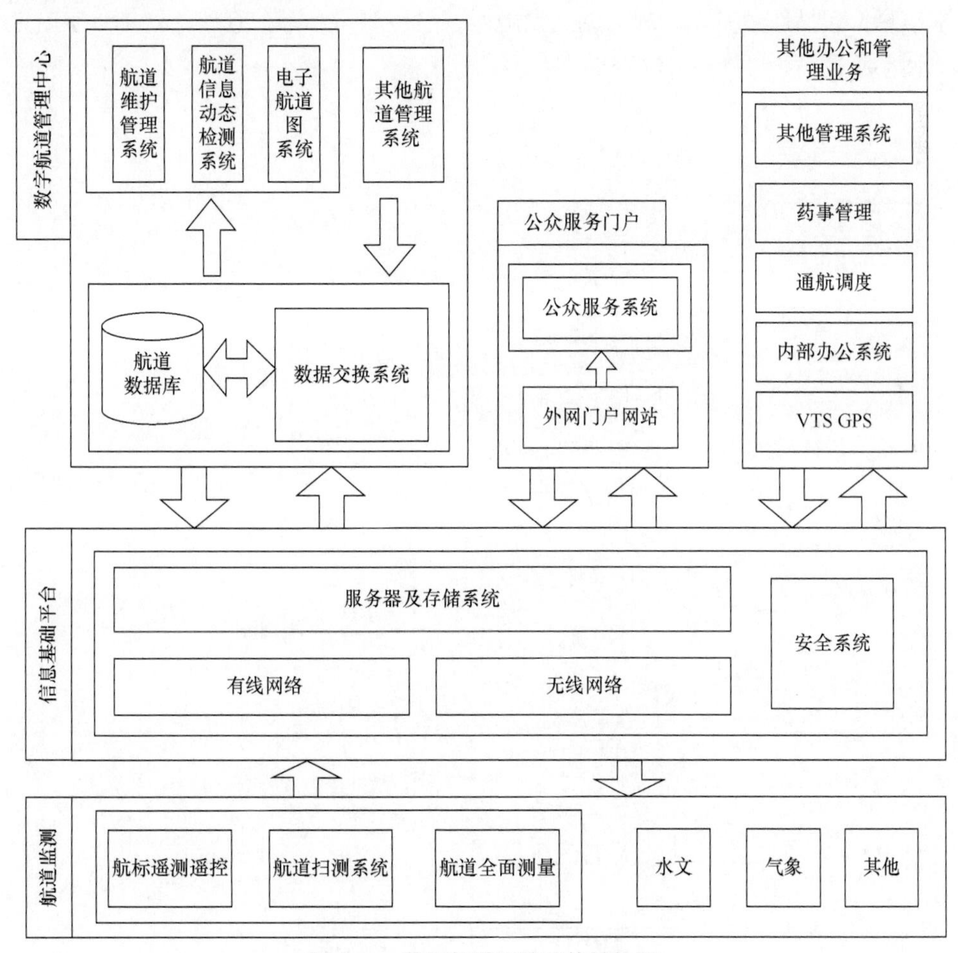

图 9-22　数字航道系统总体结构图

9.4.2　数字航道管理中心系统

数字航道管理中心系统是数字航道系统的核心，由数据交换系统、航道数据库、航道维护管理系统和航道信息动态检测系统组成，为整个系统提供信息处理、数据存储和交换共享服务。数字航道管理中心系统通过数据交换系统，实现系统内部及其与其他系统间的数据共享和交换；通过航道数据库，实现对航道数据资源的集中管理；通过航道维护管理系统和航道信息动态检测系统，实现航道维护、管理与监测的智能化和网络化。

1. 航道数据库

航道数据库是开展各类航道业务的信息源，覆盖航道管理所需的各类航道基本信息，包括航道基本资料、助航设施库、航道测量和维护管理计划。数字航道数据库总体结构如图 9-23 所示。

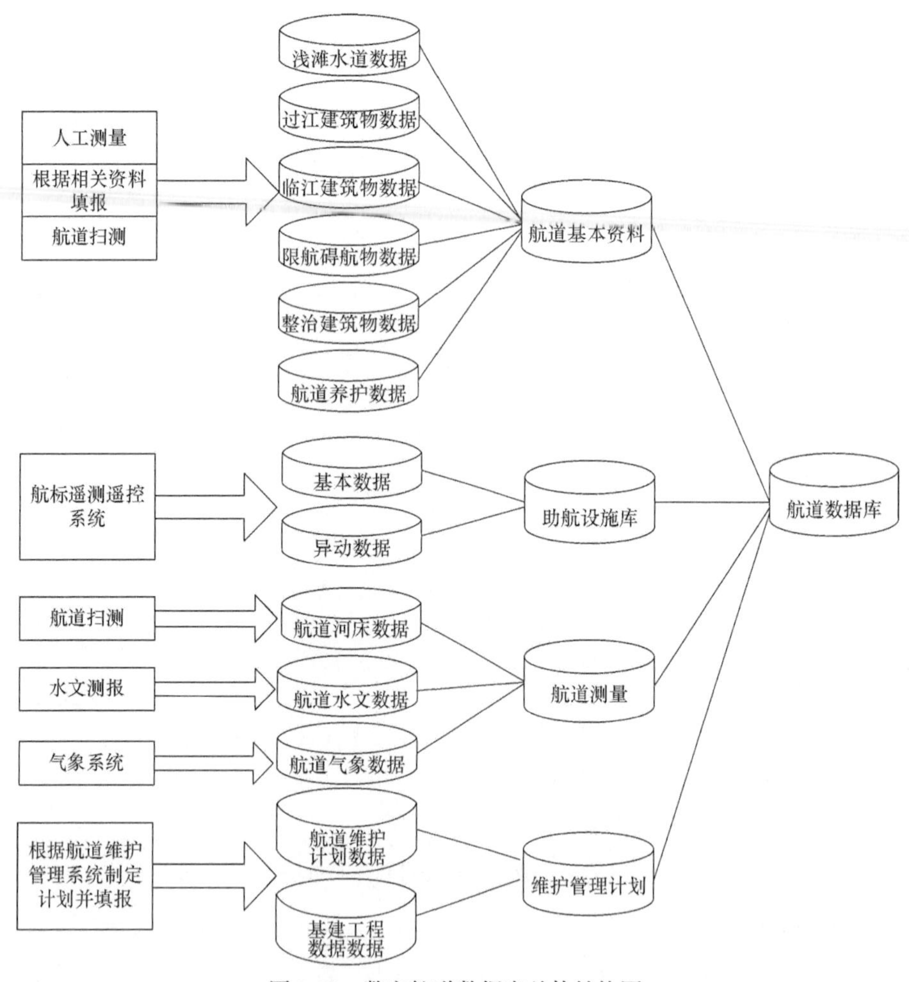

图 9-23　数字航道数据库总体结构图

2. 数据交换系统

数据交换系统部署在数字航道管理中心，主要用于系统内部，以及与其他系统间的数据共享，从而实现系统内部各应用系统和航道基础数据资源库之间的共享访问。系统从其他系统中获取航道管理所需要的信息，向其他系统主动或被动提供支持其他业务开展所需的航道信息。

3. 航道维护管理系统

航道维护管理系统是数字航道系统的信息化办公平台。航道维护管理系统总体结构如图 9-24 所示。

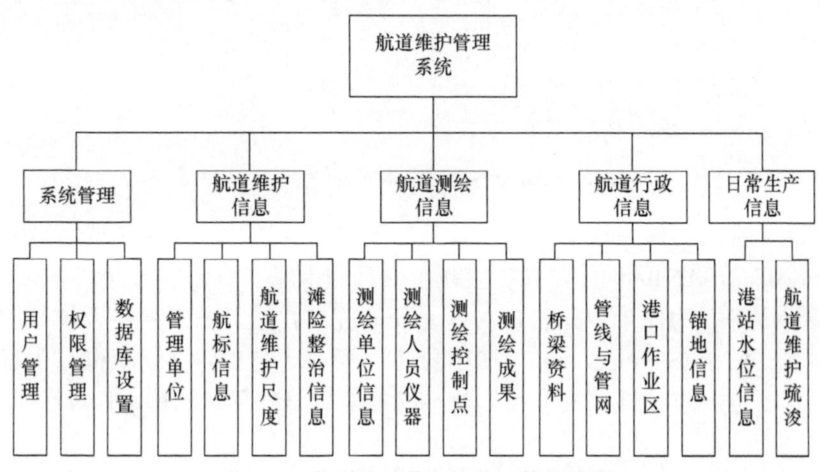

图 9-24 航道维护管理系统总体结构图

4. 航道信息动态检测系统

航道信息动态检测系统以电子航道图的综合显示平台为基础，利用航道数据库中的各类基础数据和应用数据，为紧急事件的决策处理和科学论证提供数据支持和可视化的交流平台，进而加强航道管理的快速反应和联动应对能力。

9.4.3 信息基础平台

信息基础平台由服务器及存储平台和网络系统组成。服务器及存储平台由内部局域网和外部网络的各类服务器和存储设备共同组成，是数字航道系统的基础运行环境，可以为数字航道系统提供统一的处理、存储和应用支持。网络系统为各类应用系统提供一个基础的网络运行平台，其中包含网络安全方案。

信息基础平台作为数字航道各业务单元的基础。为了提高信息基础平台的可靠性，可建设本地生产主中心和异地容灾备份中心的双中心模式，保证信息基础平台的可靠性。生产中心和容灾中心处于正常运行状态时，双机核心服务器集群、磁盘阵列、磁带库等设备由光交换机连接。为保障网络损坏不影响服务，每台接口服务器由多点连入生产作业网。磁盘阵列自身采用磁盘阵列(redundant arrays of independent disks，RAID)技术，使多块磁盘数据自动同步，在存储层有效保证数据的安全性，防止数据丢失和数据结构性损坏。信息基础平台磁盘阵列RAID5示意图如图9-25所示。

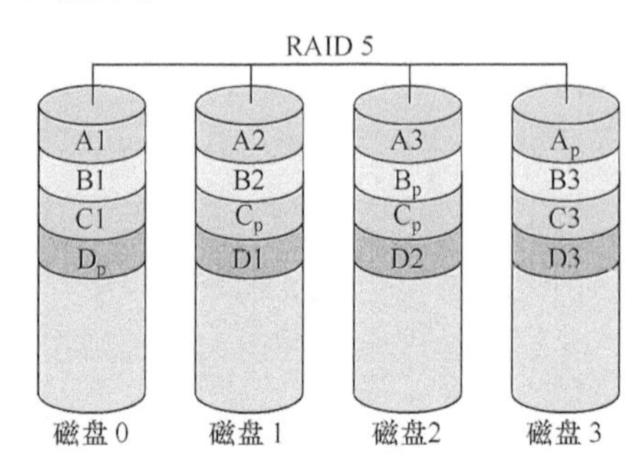

图9-25　信息基础平台磁盘阵列RAID5示意图

有些需要永久保存或备份时间较长的数据，通过基于存储区域网络(storage area network，SAN)的网络架构，直接备份到磁带库上。磁带库为整个系统提供数据备份服务，为保障数据备份与恢复的速度，在进行数据备份及恢复时采用线性磁带开放(linear tape open，LTO)技术。通过上述保护备份机制，保证数字航道数据服务的连续性和安全性。数字航道信息基础平台架构如图9-26所示。

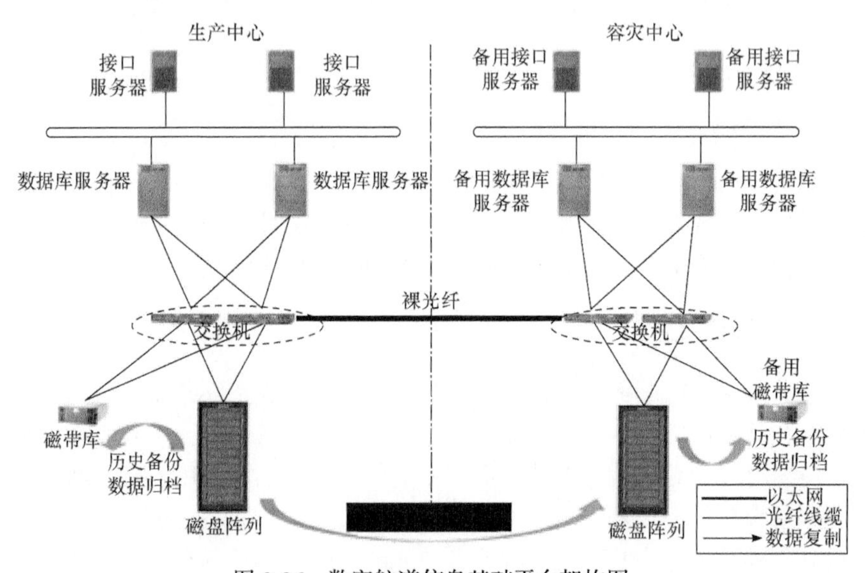

图9-26　数字航道信息基础平台架构图

9.4.4　航道监测系统

航道监测系统由航标遥测遥控系统、水工建筑物监测系统、水文自动测报系统、航道扫测及电子航道图生成系统、气象接收系统等组成，能够实现数据的实时监测和动态更新。

1. 航标遥测遥控系统

航标遥测遥控系统主要用于检测和控制航标及相关配套设备的运行情况。该系统采用无线数字通信、卫星定位、计算机自动控制技术，对航道中岸标和浮标进行远程定位检测和工作状态监控。若出现浮标漂移超出范围、航标灯工作状态异常等情况，系统将远程遥测监控并自动报警。该系统能实现航标工作状态的遥测监控，运用主动的管理方式代替传统的被动式管理，全面提高航标的维护质量和管理水平。航标遥测遥控系统的主要功能包括，航标的设置与变更、航标灯漂移出警戒范围报警、蓄电池电压异常报警、蓄电池状态监控、灯泡工作状态异常报警、正常工作的灯泡数量监测、电子地图实时显示、实时动态监控航标信息数据等。

2. 多波束探测系统

多波束探测系统采用全覆盖、无遗漏的测量方式，可以大幅度提高水下测量的效率、精度、分辨率与水下地形成图的质量，使整个系统真正实现自动化、智能化、数字化，是一种较为先进的水下测量手段。多波束探测系统具体结构如图 9-27 所示。

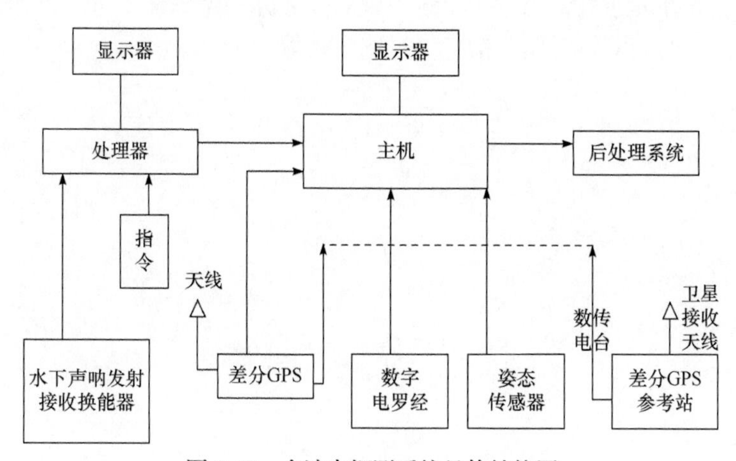

图 9-27　多波束探测系统具体结构图

9.4.5 公众服务系统

公众服务系统是为社会公众和船公司提供出行和通航信息的服务网站系统，在公众与管理部门之间起到桥梁的作用。公众服务系统以全球广域网的方式发布最新的航道图、沿江水情气象、航行通告、船舶信息画像、在线业务办理等，为船舶和其他航运部门服务。

公众服务系统向社会公众发布信息的途径主要包括单位门户网站、微信小程序、北斗终端等，目的是方便社会公众和船公司使用，便于公众查阅。

航道图能使船舶在航行过程中实时查询自身所处位置、水深、交通流、区域管制等服务。为了保证数据的及时性和准确性，需要有完善的电子航道图服务能力、定位数据采集、处理、交换技术作为支撑。

沿江水情气象信息能够为船舶提供不同航段的温度、湿度、气压、海压、风向、风速、平均风向、平均风速、分雨量、日雨量、能见度。通过自建气象观测站，接入当地的气象部门信息，为社会公众和船舶提供及时有效的水情气象信息。

航行公告通过划分各类公共职能区域，根据船舶进入辖区后不同的位置信息、管辖区域内不同的通航设施及服务信息，及时进行助航服务提示，各类助航服务、相关调度指令语音播报，并对辖区通航建筑物、助航设备设施、重点水域的航路航法、通航信号管理水域的灯光信号、航行违规进行标识提醒。

船舶信息画像通过对船舶 360°画像，实现对船舶基本信息、船舶不同维度的通航数据及汇总数据、船舶违章、船舶诚信信息、安检信息等的呈现，整合船舶航行过程中产生的数据信息，让船方了解不同维度的船舶信息和通航动态。

在线业务办理通过将船方传统线下现场业务办理搬到线上进行操作，主要包含船舶公司、船舶资料、船员信息、过闸申报等。

第 10 章　三峡梯级枢纽通航锚地及航运配套设施

10.1　三峡梯级枢纽通航锚地

三峡梯级枢纽待闸锚地为三峡过闸船舶提供通航信息、待闸停泊、过闸安检、生活补给等相关服务，是长江航运的重要公共设施，在船舶的安全运营中起着至关重要的作用，直接影响长江干线航运生产、航道畅通和通航安全。多年来，枢纽锚地运行安全平稳，为船舶安全待闸提供可靠保障，满足了船舶过坝的待闸需求[8]。

10.1.1　锚地的定义和分类

在《港口工程基本术语标准》(GB 50186—93)中，锚地定义为专供船舶或船队在水上停泊、避风、联检、编解队、水上过驳，以及进行各种作业的水域[9]。

1. 锚地分类

(1) 《港口工程基本术语标准》(GB 50186—93)分类

① 过驳锚地：供船舶进行水上过驳作业的锚地。

② 避风锚地：供船舶躲避风浪时停泊的锚地。

③ 检疫锚地：供国际船舶到港前接受卫生检疫使用的锚地。

④ 待泊锚地：供船舶等待靠泊码头作业、候潮进港、编结队使用的锚地。

(2) 《海港工程设计手册(上)》分类

① 按位置可分为港外锚地和港内锚地，一般以防波堤为界，防波堤以外为港外锚地，以内为港内锚地[10]。

② 按功能可分为候潮、引航、检疫、避风、装卸、危险品、熏蒸、油船、货运船舶、军用等多种锚地。在我国，通常引航锚地指用于等候引航员执行引航任务的锚地；检疫锚地指用于外轮抵港后进行卫生检疫的锚地，有时也指兼供船舶引水、海关、联检作业使用的锚地；停泊锚地指用于船舶到、离港的锚地，供船舶待泊、候潮的锚地；避风锚地指用于船舶躲避风浪的场所；装卸锚地指用于船舶进行水上过驳作业的锚地。

2. 锚地设置相关要求

(1) 《河港工程设计规范》(GB 50192—1993)相关要求

① 锚地系泊方式，应根据港口生产要求、自然条件、河流水位特性、水域条件及船型等因素合理选择[11]。

② 锚地位置的选择和布置，应符合下列要求、锚地宜选在河床底质为泥质及泥砂质的河段，不宜选在硬黏土、硬砂土、走砂和淤砂严重的河段；锚地应选在水流平缓、风浪小、水深适宜的水域，在风浪较大的河段，宜选在最大风速风向的上风侧；锚地宜靠近港区，但不应占用主航道或影响码头的装卸作业及船舶调度，同时锚地与桥梁、闸坝、水底过江管线之间应满足安全距离的要求；危险品船舶的锚地应布置在港区下游，并满足安全距离的要求；当固定锚地不能适应全年使用要求时，应根据需要分别选设枯水期、中水期、洪水期锚地。

③ 锚地水深，应满足在锚地设计低水位时船舶或船队满载吃水加最小富裕水深的要求。

④ 当锚地采用趸船系泊时，船舶或船队宜在趸船两侧系泊。

⑤ 装卸甲类油品船舶的锚地，设置生活趸船时，应设于系泊趸船的下游，并与系泊的其他船舶或船队保持不小于 50m 的安全距离。

⑥ 在水面狭窄的河段或适宜设置锚地的河岸，可顺岸布置靠岸系泊锚地。

⑦ 水位差不大，水域宽度受到限制时，大型船舶宜采用双浮筒系泊方式。

⑧ 锚地应划定范围，并设界限标志。当锚地规模较大时，应设锚地指挥中心并配置必要的交通、通信、供应等设施。

(2) 《海港总平面设计规范》(JTJ 211—99)相关要求

① 系泊方式。港外锚地宜采取锚泊，港内锚地宜采用锚泊或设置系船浮筒、系船簇桩等。当水域狭窄或利用河道作锚地时，可采用一字锚或双浮筒系泊方式。选择锚地时，应便于船舶寻找和方便设标，并满足各类船舶锚泊安全要求[12]。

② 锚地规模，可根据排队论理论和数学模拟的方法推算。

③ 锚地位置选择，应选在靠近港口、天然水深适宜、海底平坦、锚抓力好、水域开阔、风浪和水流较小、远离礁石和浅滩、定位条件良好，以及便于船舶进出航道的水域。

④ 锚地底质要求，以泥质及泥沙质为好，沙泥质次之，避免在硬黏土、硬砂土、多礁石与抛石地区设置锚地。

(3) 《海港工程设计手册(上)》相关要求

① 锚地数量设置，没有固定模式，一般依据来港船舶密度、港口生产组织，以及港口水域自然环境等综合决定。例如，一些港口仅设有一个锚地且担负

多种锚地功能和用途；一些港口因航道、水深、底质及掩护条件等因素影响，设置多处专用锚地。

② 锚地应选在靠近港口、天然水深适宜、海底平坦、锚抓力好、水域开阔、风浪和水流较小、远离礁石和浅滩，以及具有良好定位条件的水域。

(4) 《港口设施技术标准·解说(修订版)》相关要求

① 锚地应确保平稳且有足够宽广的水域和水深，以便船舶能安全停泊，并顺利操纵设备完成装卸作业[13]。

② 锚地锚抓力要好，最好是土质海底。

③ 锚地选址需满足浮标完备，风、潮流等气象条件良好的要求。

(5) 《船闸总体设计规范》(JTJ 305—2001)相关要求

① 船闸上、下游引航道外宜设锚地。

② 锚地应选择在风浪小、水流缓、无泡漩的水域，并且水深应大于引航道内最小水深。

③ 锚地应根据船舶、船队安全停泊和运行需要，分别设置靠船码头、趸船、锚泊船、系船柱、系船浮筒及港作拖轮等设施设备。

④ 锚地宜选在河床底质为黏性土的水域，不宜选在淤砂严重的水域。

⑤ 锚地的水域面积应满足船闸最繁忙时过闸船舶、船队停泊和作业的需要。

⑥ 对于装载危险品的船舶、船队，应另设危险品船舶、船队锚地。

10.1.2 锚地容量计算

1. 基于经验公式的锚位数计算

(1) 规范已有公式

利用船闸单向通过货运能力的计算公式，可以测算船闸下行货运通过能力[14]。假设已知每闸次过闸的船舶艘次，可以通过货运量计算通过船舶的艘次，适用于船舶过闸和通过货运量能力之间的计算。基于港口货运量计算所需锚位的公式为

$$n = \frac{K_B \, \overline{q}}{30G} \tag{10-1}$$

其中，n 为所需锚位数量；$\overline{q}$ 为月平均货运量(t)；K_B 为不平衡系数；G 为船舶的载重量(t)。

(2) 锚位计算修正公式

通过三峡的船舶载重量大小不同，需要将 G 用平均载重吨替代。另外，所需锚位数与船舶锚泊时长有关。因此，三峡待闸锚地所需锚位数与在锚时间成倍数关系，即

$$n = \frac{\beta \overline{q}}{30G} \cdot t \tag{10-2}$$

其中，n为所需锚位数量；$\overline{q}$为月平均货运量(t)；β为不平衡系数；G为船舶的平均吨位(t)；t为平均在锚时间或为连续恶劣天气日数(d)。

(3) 锚位数计算参数

① 过闸不平衡系数，是反映过闸货运量不平衡的一种指数，包括日不平衡系数、月不平衡系数等，主要根据实际需要进行统计。通常应用最多的是月不平衡系数，它是最大月过坝货运量与全年平均月过坝货运量之比。三峡库区过闸不平衡系数可以反映受风的季节性、货种、船型变化、船舶到达时间分布不均匀等诸多因素的影响。

② 船舶平均吨位，根据三峡船闸多年实际运行数据资料，采用平均增长率、线性/二次曲线拟合、灰色预测三种计算方法，结合定性分析方法进行预测。

③ 平均在锚时间或连续恶劣天气日数，通过分析近年来三峡坝区各锚地作业统计时间资料，危险品船舶平均在锚时间为 54.1h，普通船舶平均在锚时间为39.0h。分析三峡蓄水以来恶劣天气停航统计资料，因恶劣天气造成船舶单次停航时间最长约 37.0h。

2. 基于排队论的锚位数计算

(1) 待闸锚地服务系统模型的建立

排队论是一种数学理论和方法，也是运筹学中的一个分支，用于研究系统随机聚散现象和随机服务系统工作，也称随机服务系统理论。服务系统的组成部分包括服务对象(顾客)和服务机构，服务对象到达的时刻点和对其服务的时间长短(占用服务系统的时间)都是随机的。排队系统由排队规则、输入过程和服务机构三个部分组成。在排队理论的基础上，结合三峡坝区船舶待闸的实际特征，建立船舶-待闸锚地-过闸模型，将船舶看作服务窗口、待闸锚地的区域看作排队容器。

(2) 待闸锚地服务系统模型的概化

假设三峡待闸船舶到达三峡待闸锚地的时间是随机的，并且符合泊松分布规律，待闸船舶按照先后顺序过闸且过闸的时间符合负指数分布，这样就可以将船舶-待闸锚地-过闸模型概化为排队论模型。其数学概化的过程和相关参数的确定如下。

① 船舶到达的规律。大多数待闸船舶到锚时间规律服从泊松分布，也就是t时间段内到达n艘船舶的概率，记为$Pn(t)$，即

$$Pn(t) = \frac{(\lambda t)^n}{n!} \mathrm{e}^{-\lambda t}, \quad k = 0,1,2,\cdots; \quad t > 0 \tag{10-3}$$

其中，λ为单位时间内到达的船舶数，即平均到达率。

② 船舶待闸规则。待闸船舶到达锚地后，即进入过闸服务系统。待闸锚地和船闸构成过闸服务系统。其中，待闸锚地可视为到达船舶排队等待的容器，船闸可视为过闸服务的窗口。模型中待闸锚地的锚位个数就是待闸锚地的规模，三峡船闸可视为服务窗口。当待闸船舶进入过闸服务系统时，如果船闸处于检修状态或正忙状态，则到达的船舶随即按进入待闸锚地的先后顺序进行排队，等候过闸服务。

③ 过闸服务时间。待闸船舶接受过闸服务的时间，假设服从负指数分布，其概率分布函数$Ps(t)$为

$$Ps(t)=1-\mathrm{e}^{-ut},\quad t>0 \tag{10-4}$$

其中，u为单位时间内过闸的船舶数目，即船舶接受过闸服务的平均服务率。

(3) 待闸锚地排队系统的特点

根据概化模型理论，假设每艘过闸船舶所需的时间服从参数的u指数分布，船舶到达锚地的时间服从参数为λ的泊松分布。船舶到达锚地后，若船闸可以正常运行状态，按照“先到后服务”的原则接受过闸服务；若船闸处于非正常运行状态，则在待闸锚地排队等待过闸。

结合 M/M/n 排队论模型，系统的服务强度记为ρ，且$\rho=\lambda/\mu$。当服务强度$\rho\geqslant1$时，排队系统处于非稳态，此时船舶平均到达率λ大于等于船舶接受过闸服务的平均服务率μ。由此判断，待闸船舶在锚地待闸的排队队列随时间的增加而不断增长，在一定时间内，船舶排队队列将无限长。当$\rho<1$时，排队系统处于平稳状态，即$\lambda<\mu$，船舶排队队列有限长且服从一定规律。

在处于平稳状态时，待闸锚地排队系统具有如下特点。

① 船舶在锚地排队待闸的船舶平均数Lq为

$$Lq=\frac{\rho^2}{1-\rho} \tag{10-5}$$

② 船舶在锚地排队待闸的平均时间Wq为

$$Wq=\frac{\lambda}{\mu(\mu-\lambda)} \tag{10-6}$$

③ 锚地待闸船舶大于k艘的概率p为

$$p=\rho^{k+1} \tag{10-7}$$

3. 综合取值

通过静态方法和动态方法可以得出三峡坝区待闸锚地锚位数，但是这两种方法

具有不同的适用条件。从考虑因素来看，静态方法的锚位数计算主要依据规范中的经验公式，以及货运量预测统计数据。考虑恶劣天气、超流量停航等因素，推算相应条件下的锚位数。动态方法的锚位数计算主要是将排队论理论应用于锚位数计算，通过建立待闸锚地排队模型，严格遵守统计数据，同时考虑恶劣天气、超流量停航等因素的影响，通过理论方法计算相应条件下的锚位数。

从计算条件来看，静态方法主要根据过闸货运量统计数据估算锚位数，而动态方法则以船舶到达时间和过闸统计数量为输入，通过数学模型求出锚位数。动态方法相对来说比较直接，而且建立了完整的排队论模型，更加贴合实际。需要指出的是，动态方法严格建立在统计数据的基础上，只能根据已有的统计资料估算当前所需的锚位数。静态方法根据货运量计算锚位数。未来的货运量可以根据合适的预测方法计算得到，进而估算远期所需的锚位数。

综上，对比两种估算锚位数方法的特点，动态方法更适合近期的锚位需求估算，而静态方法比较适合远期锚位需求估算。

10.1.3　锚地锚泊方式

锚泊方式包括抛锚系泊、趸船系泊、顺岸系泊、丁靠系泊四种，应根据锚地所处水域的岸线形态、自然岸坡地质地貌、河床底质、风、浪、流等自然条件，以及锚地性质、设计船型、当地航行条件等综合选择。

1. 抛锚系泊

抛锚系泊(图 10-1)是一种常见的锚泊方式，通过船舶自身锚链的锚抓力，把船舶系留在预定位置，是一种简易经济的锚泊方式。船舶抛锚系泊对河床底质要求较高，一般选择底质为泥质或泥沙质的水域，避免在硬黏土、硬砂土、石质地区抛锚。抛锚系泊不需要修建任何水工建筑物，但是水域占用面积较大，管理难度较大，对风浪适应性较差。

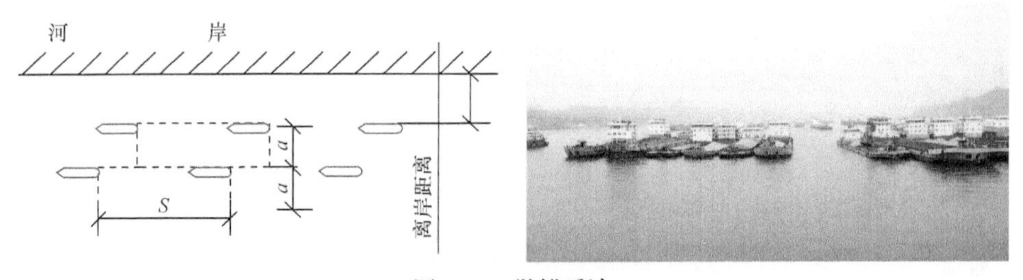

图 10-1　抛锚系泊

2. 趸船系泊

趸船系泊(图 10-2)利用趸船系泊船舶，通过松紧锚链适应水位变化，可灵活适应水位变幅，方便锚地值守和管理，但是初期投资较大，后期使用过程中的维护费用较高，操作烦琐。

图 10-2　趸船系泊

3. 顺岸系泊

顺岸系泊(图 10-3)是利用固定靠泊设施顺岸系泊船舶的方式，包括岸壁式系泊和系缆墩系泊。顺岸系泊具有岸线固定、靠泊点明确等优点，适合各种水位条件下的船舶安全系泊。与其他锚泊方式比较，系缆固定使该方式最为安全可靠，但是投资大、实施难度大。

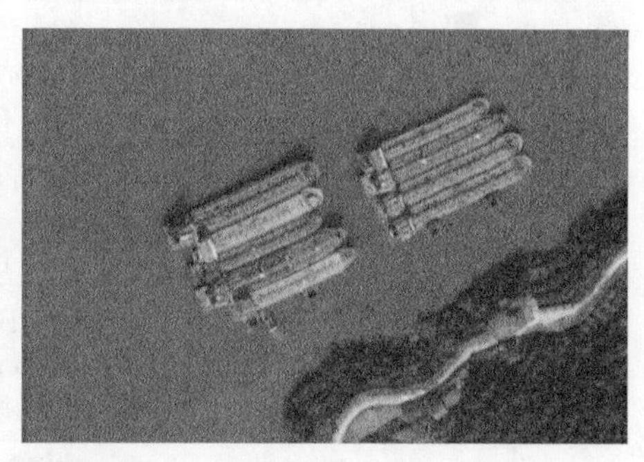

图 10-3　顺岸系泊

4. 丁靠系泊

丁靠系泊(图 10-4)是船舶抵坡系泊的方式。当船舶需要锚泊时，驾驶员慢速调整船舶，使船体垂直于岸线，并将船首靠近岸坡，船上水手将缆绳抛给岸边系缆人员，将缆绳系于岸边的系缆桩。

丁靠锚位宜选择在自然岸坡较稳定、坡度在 25°～30°的岸线范围。若坡度太缓，则无法满足船舶中尾部吃水的要求；若坡度太陡，则不利于布置系缆桩、船舶系缆、船员上岸等操作。丁靠系泊具有方便快捷、占用水域面积小、锚泊容量大、投资费用较低等优点，适合库区水流流速较小的船舶锚泊。丁靠系泊的缺点是船舶需自行上岸带缆、使用不便、坡面受水位涨落和船舶抵靠等因素影响容易损坏，以及系靠设施维护工作量大等。

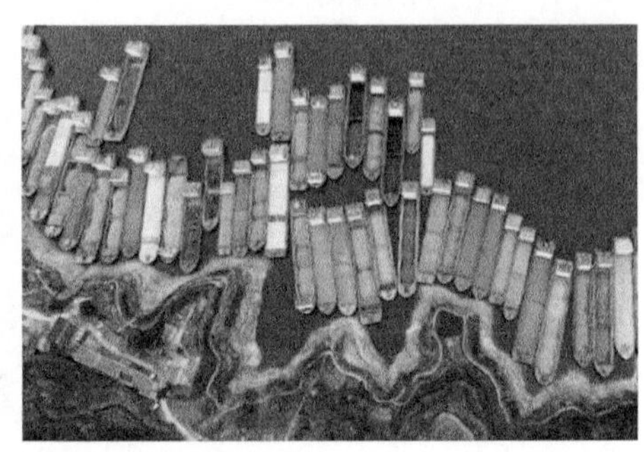

图 10-4　丁靠系泊

10.1.4　锚泊方式比较

各种锚泊方式的优缺点比较如表 10-1 所示。

表 10-1　各种锚泊方式的优缺点比较

锚泊形式		优点	缺点
抛锚系泊		简易、经济、投资最小	① 占用水域大，对掩护条件要求较高； ② 对河床底质要求较高，一般要求泥质或者砂质河床； ③ 锚地管理难度较大
趸船系泊		使用方便、安全性较好	① 需要人值守； ② 后期管理、维护工作量较大； ③ 容量较小、投资较大
顺岸系泊	岸壁式系泊	船舶系靠安全性高、船舶靠泊条件灵活	① 对岸线使用条件要求最高，需岸线顺直河段，由于三峡库区均为山区岸线，选址难度最大； ② 施工难度最大、投资最大
	系缆墩系泊	船舶系靠安全性高、船舶靠泊点明确	① 对岸线使用条件要求较高，岸线需顺直，由于三峡库区均为山区岸线，选址难度较大； ② 施工难度较大、投资较大
丁靠系泊		建设容易、投资较小	① 对避风掩护要求高； ② 对地形坡度要求在 1∶1.5～1∶2 左右，过陡人员上、下岸困难，过缓则不能实现船舶抵坡的目的； ③ 系缆设施所在的坡面需要进行防护，由于受水位变幅和船舶抵坡的影响，系船设施易损坏，维护工作量大

三峡大坝 2003 年蓄水后，由于库区多处于风平浪静的状态，丁靠系泊已成

为一种简易和较常见的应急系泊方式，但是受水位变幅淘刷和船舶撞击的影响，容易损坏，维护工作量大[15]。丁靠系缆桩损毁状态如图 10-5 所示。

图 10-5　丁靠系缆桩损毁状态

在实际运营中，考虑诸多不确定因素的影响，从保障安全的角度出发，危险品船、集装箱船等多采用系靠船墩系泊的方式。三峡坝区兰陵溪、仙人桥锚地利用直立式系靠船墩的方式系泊船舶，使用效果良好。当库区风、雾、流等气象条件良好，并且水域和河段通航条件良好时，只要系靠船墩结构允许，船舶可集中靠泊以便锚地管理。葛洲坝以下泥沙质河床多采用抛锚系泊。趸船系泊由于平常维护工作量大，一般只用于海事、航道、水上公安等工作船码头。船舶在直立墩式锚地集中待闸情况如图 10-6 所示。

图 10-6　船舶在直立墩式锚地集中待闸情况

三峡梯级枢纽锚地具有以下特点如下。第一，锚地所处河段是三峡、葛洲坝水利枢纽通航的关键区段，是进出川江的控制性河段，具有安全风险高、环境敏感度高、民生关联度高等特点。第二，船舶靠离锚地本身就是随机行为，三峡成库后，受大风、大雾、闸修、水情等因素影响，船舶到锚和待泊时间随机性更为显著，对论证船舶锚泊需求容量的影响甚大。第三，三峡-葛洲坝梯级枢纽待闸锚地的锚泊方式、布置形式在满足三峡河段通航安全、高效的同时，要注重与当地社会经济的发展和区域生态环境相适应。第四，三峡通航水域处于高山峡谷河段，多为岩质河床，水深岸陡，水位变幅大，沿岸地质环境脆弱，水、陆域交通运输条件差，项目实施难度大。第五，传统锚地多以船舶自身抛锚系泊为主，而三峡河段河床大部分为岩质，适用于抛锚的水域甚少。第六，内河水域，即便是库区，较海域仍显得狭窄，并且库区水深一般远超船舶锚泊所需的适宜水深，反而不利于锚链收放和船舶稳固。第七，与传统锚地相比，三峡-葛洲坝梯级枢纽待闸锚地所处区位更为重要，水文地质环境更为复杂，生态环保需求更为迫切，锚地使用条件更为严格，因此需要在容量计算、锚泊方式、平面布置，以及结构等关键技术问题上进行充分论证，并进行必要的技术创新，才能为三峡河段提供安全、高效、绿色通航的服务。

10.2　三峡梯级枢纽航运配套设施

除枢纽锚地，三峡枢纽航运配套设施还包括航道助航设施、船舶组织调度、通航安全监管、船舶应急救助、船舶污染防治、海事航道船舶、通航保障基地等。这些配套设施可以保障三峡、葛洲坝水利枢纽和辖区水域航行安全，提高两坝通航效率，支持和保障分道通航制度的实施，保护三峡河段水域环境，提高通航管理水平。枢纽河段形成以 CCTV、AIS、甚高频(very high frequency，VHF)等为支撑，以 VTS 为手段的船舶监管体系。

1. 三峡-葛洲坝船舶相关系统的建立

长江三峡-葛洲坝船舶综合监管系统、通航指挥调度系统、远程申报系统、CCTV、气象系统、锚地管理系统等的应用推动了通航管理模式的变革，实现了船舶远程申报、动态调度、船舶过闸、锚地运行的全程监控，有效地提高了管理和服务水平。

(1) 气象监测系统

气象监测系统能利用外围站的传感器采集实时的气象信息(如温度、湿度、气压、雨量、风速、风向、能见度等)，并做到 365 天不间断监测，通过网络将数据信号及时传送到中心站。系统能进行数据质量控制，查询 7 天内的所有气象数据，便于影响航行安全的数据出现异常时自动报警。

(2) 锚地管理系统

锚地管理系统将三峡枢纽待闸锚地管理手段由原来依靠甚高频无线电话(区

域)进行通信联络和人工锚地管理，升级为基于 AIS 的锚地智能化管理。同时，锚地管理系统也加强了与船方的互动，实现了锚地的远程视频监控、VHF13 频道信号全覆盖、图形化指泊操作等功能，强化了锚地信息化基础设施。

2. 三峡坝区搜救体系的建立

通过三峡坝区监管救助基地工程、南津关救助基地改扩建工程，形成了以仙人桥、南津关两个基地为主，太平溪、黄陵庙、石牌、庙咀四个监管救助防治工作站为辅的搜救体系，可以为人命救助、遇险船舶施救、应急清污等工作提供快速有效的保障，明显提高了重点水域的监管能力和救助能力，基本建成全方位覆盖、全天候运行、具备快速反应能力的现代化水上交通安全监管和应急救助清污体系。

3. 三峡枢纽河段助航设施的建立

三峡枢纽河段助航设施涉及助航标志、航行水尺、通航安全警示牌、水位站等。三峡坝区辖段内设标志数量共计 166 座，覆盖重点河段的 10 个水位站。

10.3　三峡梯级枢纽通航锚地及航运配套设施建设关键技术

三峡库区水深岸陡、地质环境脆弱、库岸再造活动频繁，水陆域建设条件差、工程建设难度大，在三峡梯级枢纽通航锚地及航运配套设施的建设过程中，采用多项关键技术及创新，解决了工程建设中的诸多困难，起到了积极的示范作用。

10.3.1　低桩承台靠船墩结构和布置

仙人桥锚地、兰陵溪锚地采用低桩承台靠船墩的结构。仙人桥锚地为普通货运船舶锚地，由 1 号锚区、2 号锚区组成，设计靠泊船型为单船、船队其布置如图 10-7 所示。

图 10-7　仙人桥锚地布置图

兰陵溪锚地为油品锚地，设计靠泊船型为油船。其布置如图 10-8 所示。

图 10-8　兰陵溪锚地布置图

在水位变动区斜坡面系缆桩防护结构方面，沙湾锚地为坝上普通干散货运船舶的主要待闸锚地。船舶采用抵坡丁靠系泊方式，利用分级布置在岸坡上的系缆桩进行系缆。沙湾锚地丁靠锚位斜坡面系缆桩防护结构如图 10-9 所示。锚地共设置 18 个锚位，每个锚位可系泊 3 艘船舶。为保护系缆桩周边土体不受淘刷流失，以及抵抗船舶撞击，在系缆桩两侧设置防护带，同时将系缆桩布置为内嵌结构，使系船柱顶部不超出坡面。

图 10-9　沙湾锚地丁靠锚位斜坡面系缆桩防护结构

在大水深高桩墩台靠船墩的结构和布置方面，依托拟建的旧州河锚地，提出大水深高桩墩台靠船墩结构。

近年来，由于三峡大坝上游水库群的联合调度，为保证每年不少于 4 个月的桩基连续施工时间，结合施工水位，单个锚位系靠船墩采用高桩墩台靠船墩

(图 10-10)。系靠船墩临江侧沿设置 11 层系缆平台，平台上设置系船柱 2 根，前沿立柱及靠船构件上布设橡胶护舷，满足船舶在各水位的系泊需要。该结构能适应库区水位运行情况，最大限度地维护区域地质环境。

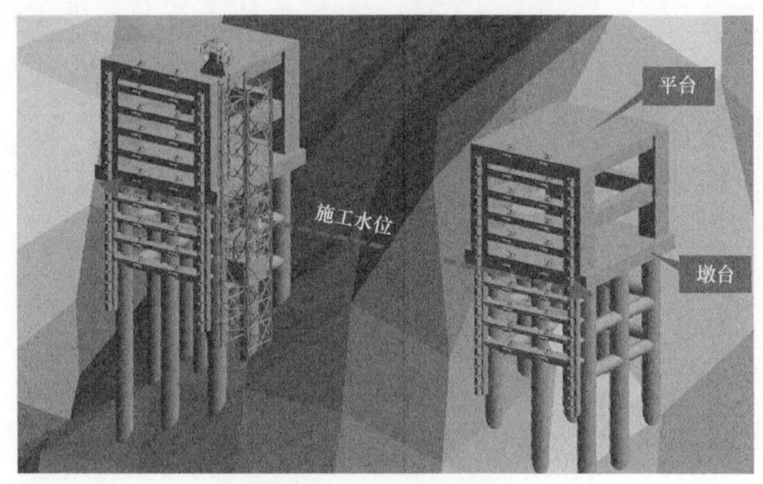

图 10-10　高桩墩台靠船墩

10.3.2　锚地炸礁环保与安全控制技术

锚地浚深施工需要进行炸礁，随着环保要求越来越严格，环保控制与安全保障技术对施工提出新的挑战。已建成的乐天溪锚地采用爆破工艺进行施工(图 10-11)，通过采用环保的乳化炸药及水下毫秒延时爆破施工工艺进行松动爆破，减小爆破地震波、水下冲击波、爆破后悬浮物的浓度，降低爆破对周边环境的影响。同时，通过对需要保护的周边建筑物安全指标进行计算，严格控制单孔最大炸药量，并设立监测点，确保施工及周边环境的安全。

图 10-11　锚地爆破施工

乐天溪锚地是三峡船闸坝下待闸锚地，以乐天溪河口为界分上、下锚地。由于乐天溪口附近有码头等设施，船舶需要一定的水域航行，因此将乐天溪河口中心线上下游各 100m 水域划定为船舶进出码头航行水域。乐天溪锚地平面布置如图 10-12 所示。

图 10-12　乐天溪锚地平面布置图

10.3.3　锚地岸电及光伏发电技术

1. 锚地岸电

(1) 趸船靠泊接电方式

趸船采用远距离、高落差、高电压的综合一体化岸电方案。由岸基铁塔、电缆收放系统、10kV/400V 供电浮趸、船岸连接设备，以及岸电监控系统组成。10kV 高压电缆沿岸基铁塔柱和开关爬杆而下，经过坡道电缆桥架的上浮桥电缆通道，由高压电缆卷轴接入供电趸船，再由低压配电设备向三艘趸船供电。利用趸船供电如图 10-13 所示。

图 10-13　利用趸船供电

(2) 丁靠系泊接电方式

如图 10-14 所示，在坡道 3 个不同高程设置岸电接口箱基础，低压电缆经变压器和岸电桩接入低压接口箱，在坡道旁电缆桥架内敷设。

图 10-14 利用丁靠坡道供电

(3) 靠船墩系泊接电方式

如图 10-15 所示，通过岸上 10kV/400V 变压器输出 400V 低压三相电源，电缆采用江底敷设的方式，经靠船墩固定，直接与墩顶智能电缆收放系统连接，可以满足各种水位下靠泊船只的用电需求。

图 10-15 利用靠船墩供电

(4) 抛锚自泊接电方式

船电宝(图 10-16)是一种集电能存储、充放电、远程控制等功能于一体的便携式船用电源设备，具有可移动、可更替、可共享的特点，可为用电负载小于 30kW、用电量需求小于 100kW · h 的船舶锚泊时提供电源。

2. 光伏发电

长江三峡通航综合服务区三艘趸船均设有独立光伏发电系统。光伏发电如图 10-17 所示。在趸船顶层甲板铺设光伏板，监控室设有光伏逆变控制柜，并带有报警功能。通过综合利用能源，可以构建水上能源智能微网系统。

图 10-16　船电宝

图 10-17　光伏发电

10.3.4　山区河流水上设施新能源复合供电技术

新能源复合供电技术在山区、河流、水上设施的应用，有利于降低能源资源消耗，减少污染物排放，发展低碳经济和建设资源节约型、环境友好型社会。

1. 趸船新能源复合供电技术

山区河流趸船的日常生产、生活耗电量较大，同时对供电系统的峰值工作电流也有较高的要求。趸船具有较大的甲板空间，一般停泊在水域空旷、水流平缓的区域，光能、风能的利用率适宜，水能可利用率较低。因此，山区河流趸船可将风能、光能复合能源系统作为最适宜的应用模式。

2013 年 7 月，平善坝锚地 403 趸船成为趸船新能源复合供电应用示范系统的应用对象，设备主要包括太阳能光伏电池板、太阳能控制器、风力发电机、风能控制器、蓄电池及蓄电池组管理器、逆变器等模块。试运行期间，系统运行状态良好，各模块工作正常，系统对外输出电压稳定。该系统在节能减排的同时，可以大大降低趸船值守人员对柴油机的巡视、加油等日常工作的强度。与传统柴油机供电相比，新能源复合供电无噪声，可以改善趸船值守人员的工作环境。

2. 航标船新能源复合供电技术

山区河流航标船采用发光二极管航标灯，日常工作耗电量较小，只需配备少量的新能源发电装置即可满足需求。航标船整体结构尺寸较小，吃水较浅。甲板上存在空间，便于利用太阳能和水流能。因此，山区河流航标船可将光能、水流能作为最适宜的应用模式。

2014 年 3 月，三峡河段庙咀航道航标船成为示范系统的应用对象。航标灯为发光二极管直流灯具。系统包括太阳能光伏电池板、磷酸铁锂蓄电池、低流速小型水流发电机、风光互补控制器、直流电压转换器、流速仪、系统控制单元等模块。

第 11 章　梯级枢纽通航安全一体化在线监管信息平台

梯级枢纽通航安全一体化在线监管信息平台主要由三峡-葛洲坝船舶综合监管系统组成，目标是保障管辖范围及其周围水域的水上交通安全，提高通航效率。两坝通航调度是梯级枢纽通航安全一体化管理的一项重要内容，为保证船舶安全、有序、便捷地通过两坝，调度部门在船舶过坝前对船舶进行监视，以便掌握其动态，并及时核验修改调度计划。由此可见，从船舶交通安全管理、两坝安全保护及船舶过坝调度的需要出发，掌握全辖段船舶动态，对坝区水域和待闸锚地等进行重点监管是必要的[16]。

11.1　船舶交通服务体系

根据国际海事组织(International Maritime Organization，IMO)颁布实施的《VTS 指南》规定：VTS 是由主管机关实施的，用于提高船舶交通安全和航行效率，以及保护环境的服务；在 VTS 覆盖水域内，这种服务能与交通相互作用，并对交通形势变化做出反应。VTS 船舶交通服务具有如下功能。

1. 动态监管功能

VTS 的动态监督功能除原有系统具备的基本监督功能，还包括对重点船舶和重点区域的监控。监控管理功能的内容包括监视、查询、指令和协作。船舶在系统覆盖区水域航行时，VTS 操作员可通过电子江图上的雷达视频、AIS 信息监视船舶运动情况，通过 AIS 信息或 VHF 语音通话核实电子江图上船舶的静态信息。值班人员通过 VHF 与船舶保持联系，当船舶存在违章行为或处于危险状态时向船舶发出纠正指令。此外，系统还能实现动态物标的分组管理，对不同单位、不同区域、不同类型的船舶物标，自定义其分组目录与名称。系统具备电子巡航和电子护航功能，结合船舶动态信息和航道内通航管制情况，设置智能化电子警察监测功能，一旦发现船舶航行异常就进行声光报警，提醒用户进行相应的应急处置，并向海巡艇提供相关交通信息。

2. 调度组织服务功能

调度组织服务功能除识别和核实船舶的过闸申报、跟踪船舶动态、建立可靠通信和调度信号台的远程联合控制，还新增了位置比对功能，可以通过自动比对同一船舶的 GPS 和 AIS 定位信息，辨别船舶是否存在谎报的行为，提高中心调度组织服务的合理性和有效性。

3. 信息服务功能

信息服务功能可以协助船舶做出航行决定。结合搜集到的信息，VTS 值班员利用通信手段向船舶提供信息服务。这些信息主要包括三峡河段水域交通状况信息，VTS 区域规则、修正、变化信息，三峡河段水文、气象信息，航道封航、冲砂、泄洪、船闸检修信息，助航标志调整、异常信息，航道变化、交通堵塞、碍航物信息，特种作业船施工、作业情况信息。此外，系统还可以接入多种船舶数据库，如船舶动态系统 2.0 数据库、船员管理系统数据库、劳氏数据库等。接入船舶数据库之后，可以在平台的多种应用中对接入的船舶数据进行操作，包括查询、统计、分析等。信息服务时间包括定时启动和应船舶请求两种形式。应船舶请求，VTS 值班员通过 VHF 通信可及时向船舶提供下列信息服务，即视线不良或雷达故障等原因，请求核实船位或提供航行建议；请求最新的重要气象资料(大风、浓雾等)或潮汐资料；请求前方船舶动态；请求港池、前方航道、泊位、锚地等使用情况；请求临时水上交通管制规定。

航行通告或航行警告是 VTS 的一项重要信息服务手段。新建 VTS 具有定时和非定时向辖区水域船舶播发航行通告或航行警告的功能，主要涉及助航标志异常、航道变化、交通堵塞或碍航物存在、重要水文气象资料、特种作业船施工或作业情况、操纵能力受到限制或特殊船舶航行要求他船避让、其他有关航行安全的事项。

4. 助航服务功能

助航服务功能可以辅助船舶做出航行决策，并监视其航行状态，特别是在困难的航行条件和气象条件下，或者在船舶有故障、缺陷的情况下。助航服务一般在船舶请求或 VTS 认定必要时提供。同时，仅在已经识别且能保证在整个过程中持续识别的情况下才能实施。VTS 可提供的助航服务信息包括船舶的实际航向、航速、转向，重要航道进出口，交汇区域等特征点信息，周围船舶的位置和行驶任务，对船舶的警告等。VTS 可向船舶提出航行建议，包括航向建议、航速建议、锚泊建议、航线建议等。

5. 交通组织服务功能

交通组织服务功能是为了防止危险局面发生，保证 VTS 区域内船舶安全有效航行。三峡 VTS 系统交通组织服务包括组织坝上船舶进出港区、锚泊待闸、过闸、过升船机、翻坝等操作，组织两坝间船舶通过桥区、进出港区、船舶临时候闸、编解船队等操作，组织坝下船舶通过桥区、过闸等操作。值班员认定必要时，可向船舶发出交通组织的指示、命令、建议，组织船舶进出港口，通过特殊要求的区域，帮助船舶进出锚地和准确锚泊，监督船舶执行分道通航，警告和纠正违章航行船舶行为，警告接近危险船舶等。

6. 协作服务及支持系统联合功能

协作服务及支持系统联合功能包括与环境部门合作，对三峡水域内的环境污染等状况进行管理和改善；与应急部门协作，提高搜救和防污染情况的反应能力；与港口、船公司等部门信息联网，为港航单位提供信息服务。

11.2 船舶交通管理系统

11.2.1 闭路电视监控子系统

CCTV 具有直观、可视的特点，与雷达视频相互结合，它能更好地监视、掌握辖区船舶动态。CCTV 监控子系统由外场设备和中心设备组成。其中，外场设备包括镜头、摄像机、云台及防护罩、编解码器、光纤收发器等；中心设备包括控制处理设备、显示终端、记录设备等。监视重点是航道和锚地附近水域。系统能在距摄像机 1000m 范围内看清船型、船名、船舶污染、违章操作、上下客等情况，能在距摄像机 2000m 范围内看清船型、违章航行、船舶失火、船舶碰撞等情况。

11.2.2 管理信息子系统

管理信息子系统是一个采用数据库管理技术，对 VTS 涉及的数据信息进行存储、维护、使用的信息管理系统。其核心是建立、管理、使用数据库，及时为使用者提供准确的信息，满足不同使用者的需求。系统主要由管理信息服务器和数据库客户端组成。系统可管理和统计 VTS 管理区域中的船舶行为，也能统计 VTS 提供的服务和履行的职责。其核心是船舶数据库软件，包括船舶档案、基础设施、船舶调度计划、船舶航行计划、船舶违章和事故等信息。

建立 VTS 管理水域内包括船舶航行动态、船舶航行计划数据、船舶调度计划、船舶报告、水域环境、静态资料等的应用系统，与多传感器综合处理器相互配合，及时为 VTS 操作人员提供详细、准确的船舶交通数据，为主管部门决策提供基础数据，并向港航单位提供信息服务。

(1) 系统数据处理功能

系统数据处理功能包括获取其他单位或系统的船舶数据，接收相关部门的 VTS 数据，自动存储 AIS 船舶识别及特征数据，对船舶待闸、过闸、锚泊、施工作业等行为进行记录管理，记录船舶在管理区域内的违章行为、海事情况，记录值班操作人员对船舶进行的调度组织服务，记录值班操作人员对船舶的航行服务，对所有的船舶交通和过闸数据进行查询、统计分析、打印输出，提供船舶概况资料，向局内部门提供船舶交通信息，向局外单位提供船舶动态信息，自动生成输出报表。

(2) 系统操作功能

系统操作功能主要包括在定义上传数据格式的基础上，系统自动将上传的数据转换到后台数据库中，并接受操作人员指令；将后台数据库中数据内容过滤到文件中，通过网络提交这些数据；严格定义后台数据库结构，减少数据冗余；预先定义字段的值域，减少数据的键盘输入量；自动维护船舶跟踪标识与数据库表格之间的联系；自动生成相关统计分析报表，及时自动统计船舶交通数据。此外，操作人员可以定制上传、下载的数据格式和字段内容，根据需要灵活定制统计内容和报表格式，并修改预先定义的数据库相关字段的值域。

(3) 系统互联功能

系统互联功能主要包括调度部门管理内外网的互联，以及数据自动交换。例如，内部所需的雷达跟踪信息、AIS 信息等，可通过内部网直接访问监管系统专用局域网(local area network，LAN)。

此外，VTS 中心船舶数据处理系统的数据按照 VTS 中心集中管理、海事局内部复制共享的原则分布，船舶静态资料、船舶滞留/扣留记录数据、船舶调度计划数据、交通事故记录数据、碍航报告记录数据、施工作业记录数据、船舶违章记录数据等可共享。

11.2.3 信息传输与网络子系统

VTS 系统中多种图像、语音、数字等信息的传输和交换离不开网络。信息传输与网络子系统主要由新建站点或中心内信息网络(局域网)、VTS 中心与站点之间的信息传输网络(广域网)组成。

1. 局域网

作为内部应用，VTS 的工作模式是客户端/服务器(client/server，C/S)模式，信息量不大，终端数量也比较少。目前，新建的光传输系统的分组传送网(packet transport network，PTN)子站设备，需融入已建的系统中，形成完整的 PTN 网络架构(图 11-1)。

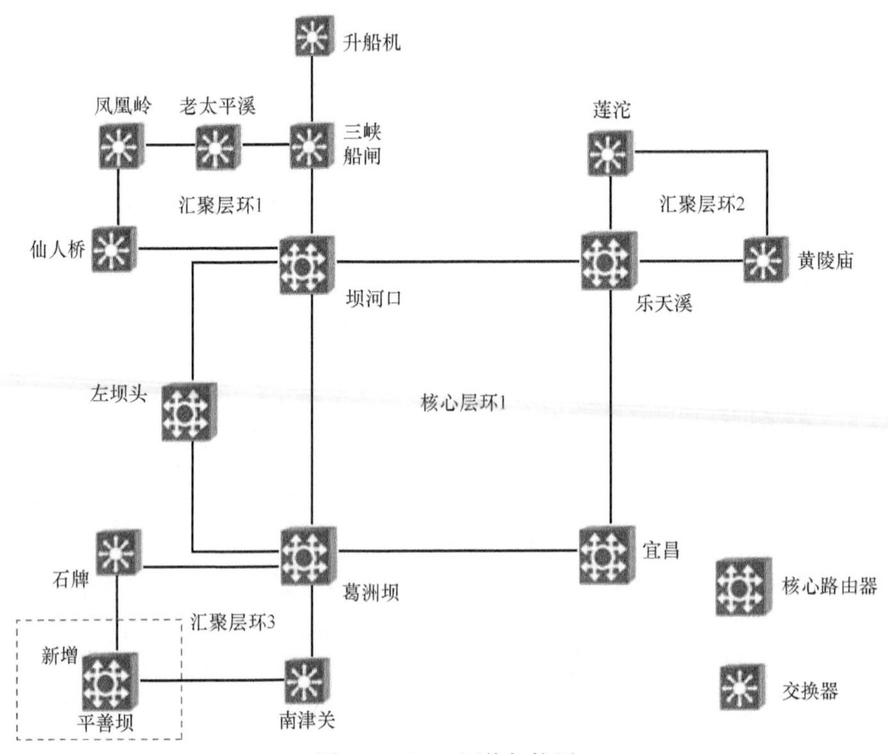

图 11-1　PTN 网络架构图

2. 广域网

广域网主要用于新建前端站点和 VTS 中心的信息传输，主要传输雷达数字化视频、雷达跟踪数据、VHF 话音、气象数据、网络管理数据等。

11.2.4　甚高频子系统

VHF 通信设备用于 VTS 中心与船舶之间的话音通信。VHF 通信子系统包括 VHF 站点设备和控制中心两部分。其中，站点设备主要包括 VHF 天线、收发机、语音处理设备；中心设备主要包括控制设备和操作面板。通信范围要求最大覆盖半径大于 10km。在正常的通信环境下，按照预设岸台与船台参数进行模拟实验，仿真效果如图 11-2 和图 11-3 所示。

图 11-2　莲沱水域 VHF 仿真效果图

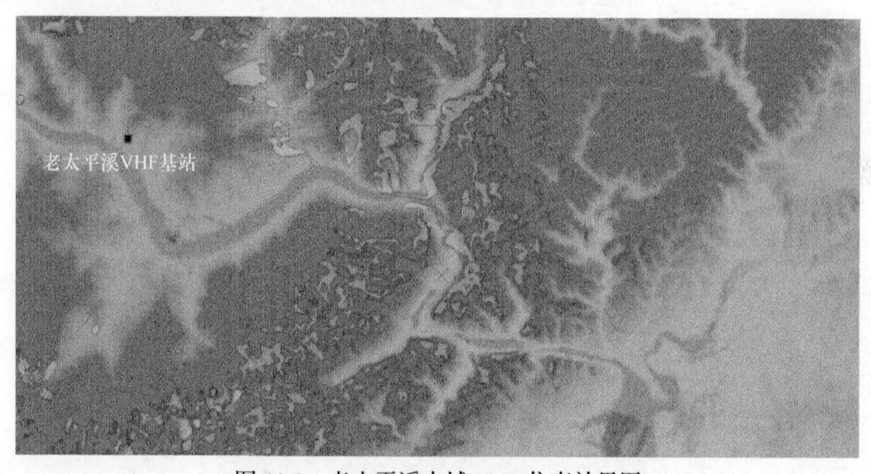

图 11-3　老太平溪水域 VHF 仿真效果图

预设岸台参数与船台参数如下。

① 岸台参数，包括天线增益、发射功率、天线共用器损耗。

② 船台参数，包括天线增益、接收机匹配损耗及馈线损耗、双工器插入损耗、接收机灵敏度。

11.2.5　北斗子系统

北斗子系统主要应用于辖区的基础测绘、工程建设、气象预报、地籍管理、形变监测、环境监测、土地利用、国土规划、公共安全等。北斗子系统主要包括3个兼容GPS和北斗的连续运行参考站(continuously operating reference stations，CORS)，以及数据处理服务中心。

北斗子系统由4个子系统组成，即参考站(reference station，RS)网、数据中心(data center，DC)、通信网络(communication network，CN)、用户终端(user terminal，UT)。北斗子系统的系统结构如图11-4所示。

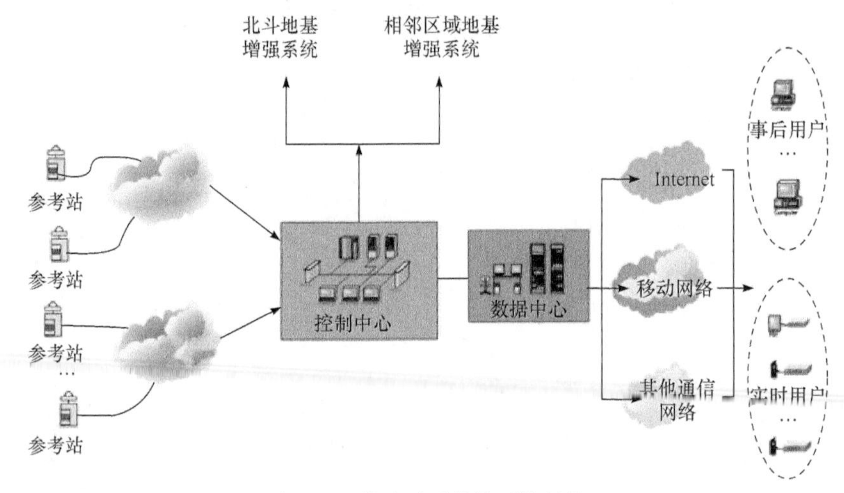

图 11-4　北斗子系统的系统结构

北斗子系统的定义与功能如表11-1所示。

表 11-1　北斗子系统的定义与功能

系统名称	主要工作内容	设备构成
参考站网子系统	卫星信号的捕获、跟踪、采集与传输；设备完好性监测	单个参考站，含GNSS接收机、计算机、电源等
数据中心子系统	数据分流与处理；系统管理与维护；服务生成与用户管理；管理各播发站、差分信息编码、形成增强信息队列	服务器、网络设备、数据通信设备、电源设备
通信网络子系统	把参考站全球导航卫星系统(global navigation satellite system，GNSS)观测数据传输至系统数据处理服务中心	专线
	把系统差分信息传输至用户	移动通信网
用户终端子系统	自定义不同定位精度	GNSS接收设备、数据通信终端、软件系统

11.2.6　记录重放子系统

记录重放信息主要包括雷达图像(数字视频和跟踪数据)、AIS信息、VHF语音、水文气象信息、操作员操作行为、告警等。多媒体记录系统可以在同一媒体上记录雷达图像(数字视频和跟踪数据)、值班电话、AIS 信息、VHF 语音与操作员操作行为、告警等信息，能同步记录和重放，并按时间选择播放，也可选择图像或声音分别播放。

11.2.7　综合监管应用子系统

鉴于辖区现场执法缺乏全面通航信息，综合监管系统将 VTS 信息、AIS 信息等接入该系统，以便现场监管。综合监管应用子系统主要包括综合监管信息应用系统和远程申报系统。

综合监管信息应用系统按照长江航运信息化顶层设计思路和数据交换相关标准规范，全面整合 CCTV 系统、AIS 系统、雷达系统、VHF 系统、GPS 系统、水文、气象、数字航道系统、遥测遥报系统，可以实现对船舶的动态监控和水上交通管理，以及对巡航、巡标船舶安全监管和通航秩序维护。综合监管应用系统架构如图 11-5 所示。

综合监管信息应用系统利用辖区数据采集前端从数据中心提取的基础数据源，通过船舶综合监管平台，实现对辖区水上交通的综合监管。

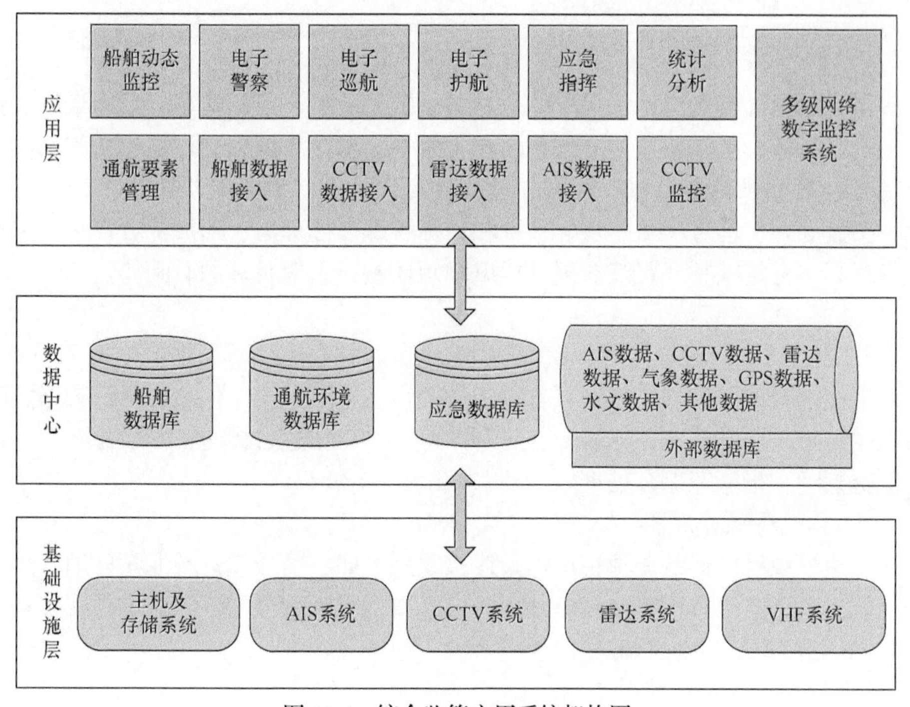

图 11-5　综合监管应用系统架构图

11.2.8　雷达子系统

雷达设备是 VTS 工程信息采集的主要设备，用来获取管辖水域的实时交通图像，作为交通处理、评估、显示的基础。雷达子系统设备的选择将直接影响 VTS 功能的发挥。

平善坝雷达站位于平善坝锚地，可以有效监控平善坝锚地水域。

根据雷达探测距离计算公式可知，雷达通视距离(R_h)取决于雷达天线架设高度(h_A)和目标高度(h_0)，即

$$R_h \approx 2.2(\sqrt{h_A(m)} + \sqrt{h_0(m)}) \tag{11-1}$$

雷达站点水域航道窄，若雷达架设高度不够，则很容易造成小船被大船遮挡的情况，使雷达不能发现小目标。因此，雷达站架设高度要满足系统的覆盖要求。雷达站的位置和可视范围图可以由计算机辅助分析。

11.2.9　雷达数据处理子系统

雷达数据处理设备主要用于对雷达信号进行处理，对目标进行录取和跟踪。VTS 系统的数据处理子系统包括雷达数据处理器和多传感器综合处理器两部分。

1. 雷达数据处理器

雷达数据处理器对雷达采集的信息进行杂波处理、目标检测、目标录取、目标跟踪、目标模拟和外推、危险判断和报警等。雷达数据处理设备包括雷达视频处理器、目标录取跟踪器、视频处理软件、录取跟踪软件等。雷达信号经过量化、杂波处理、信号压缩、目标录取和目标跟踪等处理后，形成综合视频，包括数字视频、标绘视频和跟踪数据，可以缩短监测、录取目标的时间等。

2. 多传感器综合处理器

多传感器综合处理器将来自各雷达站的雷达视频、AIS 信息、跟踪数据、气象数据等融合，实现多雷达目标判定和跟踪，并将雷达目标与 AIS 目标融合，进行危险判断和报警等综合处理。

(1) 雷达视频处理器

雷达视频处理器是一种将雷达天线接收到的回波信号先进行混频处理，然后进行放大和滤波处理，提取包络处理，最终得到视频型号的装置。雷达视频处理器将雷达探测信号处理后输出。

(2) 雷达录取及跟踪器

雷达录取和跟踪器采取调整阈值、相关处理、目标空间特性分析等技术，减

少因目标合并、分裂、遮挡及假回波引起的误跟踪。跟踪处理技术应保证对大幅度机动目标的稳定跟踪，同时保证目标间不产生误跟踪。其中，跟踪的稳定性指在目标航速 50kn(1kn = 1.852km/h)和航向机动 4°/s 时均能稳定跟踪，并在目标航向和航速基本不变，两个跟踪目标回波合并时间不超过 10 个扫描周期时，系统不出现误跟踪。

(3) 多传感器综合处理器

① 模拟及外推功能。在目标航向和航速基本不变的情况下，当跟踪目标被遮挡不足 60s 时，不会发生误跟踪、漏跟踪和丢失跟踪；当目标离开遮挡区时，目标应自动恢复到跟踪状态。

② 预测功能。计算与某一点的相对位置，预计到达某一点的时间，两相遇目标间的最小会遇时间(closest point of approach，CPA)、最小会遇距离(time to the closest point of approach，TCPA)。目标航速和航向可选择显示相对值或绝对值。

③ 跟踪统计功能。统计各跟踪器和多雷达跟踪器的跟踪目标数及跟踪丢失目标数，记录通过船舶报告线的船舶及时间。

④ 跟踪告警功能。跟踪告警功能包括 CPA/TCPA 告警、锚泊船和浮标告警、限速告警、警戒区告警、目标跟踪丢失告警、偏航报警、禁锚区告警等，并设置移动告警区和告警功能开关。

11.2.10　交通显示及控制主系统

交通显示及控制系统包括交通显示处理设备和浏览终端显示设备。交通显示处理设备的主要功能包括，与 VTS 局域网的接口、视频最终显示处理、坐标统一、VTS 人机接口、电子江图的存储和显示、用户对海图的编制、对各种传感器或设备的监视和控制、汉化等。交通显示器配置数量与水域范围和船舶交通密度有直接关系。当水域范围较大、船舶交通密集时，该区域就要增加终端显示器配置数量。

交通显示器显示的主要内容为电子江图、雷达视频图像、目标跟踪状态、跟踪测量与统计、AIS 数据、船舶标识数据等。交通控制主要包括雷达/VHF/雷达数据处理等设备的操作控制、交通显示图像的功能操作和电子江图的修改等。在交通显示器上，可以关联显示船舶数据库的船舶档案、航行计划等信息，并将船名等特征信息关联到系统跟踪符号上。系统能够在交通显示器上直接对跟踪船舶进行标识，对船舶航迹进行推算、保存、回放，计算跟踪目标的 CPA 和 TCPA，并按照设定进行偏航告警、禁驶告警等。同时，对进入警戒区和逆向航行船舶自动报警，并按照不同操作台管辖水域实现分区告警。

11.2.11 搜救指挥显示控制子系统

搜救指挥显示控制系统主要用于辖区搜救信息的动态显示、控制，以及搜救方案的会商，主要由投影显示设备、数字会议控制设备、音响扩声设备，以及智能中央控制设备等组成。

11.2.12 环境综合监管子系统

环境综合监管子系统包括，排污监测装置，用于监测船舶在长江流域运行中的物质排放情况；智能船载终端，用于获取物质排放信息，并结合船舶当前位置信息和物质排放信息生成报文数据；总控中心，用于获取报文数据，并生成监管数据，实现对长江流域运行船舶的综合监管。

1. 排污监测装置

污水采集装置用于获取船舶在长江流域运行中的污水流量和污水液位。尾气采集装置用于获取船舶在长江流域运行中的尾气种类和尾气含量。测控数据采集装置与污水数据采集装置和尾气采集装置连接，用于对获取的数据进行处理，并获取向智能船载终端传输的物质排放信息。

2. 智能船载终端

北斗管理模块用于实时获取船舶的运行位置。污水管理模块用于预存储污水阈值数据，结合污水流量、污水液位、船舶的运行位置，生成船舶不同航行轨迹下的污水排放超标警报和污水排放历史记录。尾气管理模块用于预存储尾气阈值数据，结合尾气种类、尾气含量和船舶的运行位置，生成船舶不同航行轨迹下尾气排放超标警报和尾气排放历史记录报警排放状况。油品管理模块用于记录船舶在长江流域运行中的油品信息和油量信息。垃圾管理模块用于记录垃圾种类和垃圾处理信息。排污影像管理模块用于记录船舶在长江流域运行中的地理影像位置信息和各类排放信息。

3. 总控中心

污水状况显示单元用于显示当前船舶油污水和生活污水的排放和各水箱的污水状况。污水状况地理位置显示单元，用于根据船舶的航行轨迹，显示船舶所在地理位置的污水排放状况。污水超标报警单元用于设置污水排放的阈值，并在污水排放量超过阈值时报警。污水排放历史记录单元，用于查看船舶的污水排放历史记录。尾气状况显示单元用于显示当前尾气各项指标及其排放量。尾气状况地理位置显示单元用于根据船舶的航行轨迹，显示船舶所在地理位置的尾气排放状况。尾气状况报警单元用于设置尾气排放的阈值，并在尾气排放量超过阈值时报警。

11.2.13　支持保障子系统

支持保障子系统作为 VTS 系统的配套保障系统，主要包括电源设备、防雷接地系统，以及环境监测设备等，并从电力供应备用保障、外围站点恶劣天气防雷处理、日常设备运行状态监控等方面实施保障服务，维持 VTS 系统正常运行。

1. 电源设备

为保证系统正常运行，在新建雷达站配置配电箱、UPS 等供配电设备，提高系统可靠性。考虑雷达天线的供电要求，UPS 设备应配置三进三出型号，结合各设备用电需求和三进三出 UPS 设备的通用型号，用于市电的接入和 UPS 电源供电控制。

2. 防雷接地系统

根据设备避雷要求，设备均应处于防雷装置的保护状态之下。建筑物顶部的避雷针在直击雷时可将大部分的放电分流入地，避免建筑物的燃烧和爆炸。由于基准站主要设备架设于露天制高点，雷电和电涌防护可以分为电力线、通信线、射频线、露天设备防护等形式。在电力线进入 UPS 之前，加装电力线电涌防护设备，隔离 UPS 和电力线。电话线或光纤线路进入通信终端前，加装通信线(数据线)电涌防护设备。在射频线进入主机前，加装电涌防护设备。加装户外设备，尤其是天线附近架设建筑物雷电防护设备时。相对周围环境而言，基准站是最容易遭受雷击的目标，因此必须重视和妥善解决，以保证接收设备正常运行。

3. 环境监测设备

环境监测设备包括动力监测系统和影像监视系统，可完成对雷达站 UPS、门禁和设备间温度的监测。环境监测系统通过输入控制端连接各类有线探头，同时配备无线输入控制端连接各种无线探头，如红外探测器(非法人员闯入报警)、门磁感应器(门窗被非法打开报警)、烟雾探测器(机房火灾报警)、无线浸水开关(机站警报警)和温度感应器(室内温度过高时报警)等。

第 12 章　枢纽通航现代化管理综合评价方法

12.1　枢纽通航现代化管理理论

12.1.1　枢纽通航现代化管理概述

水运是经济社会发展的基础性、先导性、服务性行业，是综合交通运输体系的重要组成部分。船闸、升船机等通航建筑物是航道的关键节点，是航运畅通和水运发展的重要保障。长江水系、珠江水系、京杭运河与淮河水系等内河水运快速发展，货运量不断攀升，在促进流域经济高质量发展的同时，也对枢纽通航管理提出更高的标准和要求[17]。

围绕枢纽通航管理体制、通航管理业务、通航支持保障、绿色通航与服务等方面的现代化管理开展研究，本章提出枢纽通航现代化管理的系统概念、评价指标及标准、综合评价方法和实现方法，旨在评判和预测我国内河枢纽通航现代化管理水平和发展趋势，促进枢纽通航管理向现代化方向发展。

12.1.2　枢纽通航现代化管理内涵与特征

枢纽是指内河航运枢纽和具有通航功能的其他水利枢纽。枢纽通航管理是指对枢纽通航设施、枢纽河段及过闸(含升船机)船舶的管理。具体包括，通航建筑物运行维护、通航调度指挥、通航安全监管、航道及配套设施保障、绿色通航与服务等。枢纽通航现代化管理是指以现代化的管理思想和理念为引导，运用标准化、规范化的管理方法，通过现代化装备和信息化技术等先进手段，对枢纽通航实施行政管理、公共服务与支持保障，实现安全、畅通、绿色、高效、和谐的枢纽通航管理。枢纽通航现代化管理的主要特征是通航智能化、装备现代化、管理协同化、服务便捷化[18]。

1. 通航智能化

信息技术手段被广泛、深入地运用到通航建筑物运行维护、通航调度指挥、通航安全监管、航道及配套设施保障、绿色通航与服务的各个环节。网络安全自主可控，可以实现全要素融合、全数据集成、全信息互通。

2. 装备现代化

基础设施设备技术先进、功能完备、配置合理，可以提供高效优质的通航设施设备维修、枢纽航道养护等服务，确保通航安全监管和应急反应快速有效，使通航管理支持保障有力。

3. 管理协同化

综合利用枢纽水资源，充分发挥综合效益，确保枢纽通航管理体制协同高效、运行顺畅，实现枢纽通航管理各专业高度融合、无缝衔接、职责明确、流程清晰。

4. 服务便捷化

坚持以人民为中心，服务船方，为船舶提供安全、高效的通航服务，坚持公平公开、阳光通航、绿色发展的理念，提升社会满意度，推进绿色通航、运输、生产的高质量发展。

12.2　枢纽通航现代化管理评价指标及标准

围绕通航管理体制、通航管理业务、通航支持保障、绿色通航与服务等方面的现代化管理，提出枢纽通航现代化管理评价指标及标准。

12.2.1　枢纽通航现代化管理指标结构

根据枢纽通航现代化管理的内涵和主要特征，建立枢纽通航现代化管理树状多层次综合评价指标。枢纽通航现代化管理评价指标如表 12-1 所示。

表 12-1　枢纽通航现代化管理评价指标

一级指标	二级指标	三级指标
通航管理体制	—	体制机制协调性
		管理模式高效性
		内控管理规范度
通航管理业务	通航建筑物运行维护水平	运行操作准确率
		主要设备完好率
		设备故障碍航率
		设备维修停航率

续表

一级指标	二级指标	三级指标
通航管理业务	通航调度指挥水平	远程申报实现率
		闸次平均间隔时间
		船舶平均待闸时间
		船舶艘次计划完成率
	通航安全监管水平	船舶远程监管覆盖率
		船舶违章碍航率
		等级事故发生率
	枢纽航道管理水平	航道维护水深保证率
		航标维护正常率
		锚地指泊准确率
通航支持保障	科研与信息化水平	技术研发应用水平
		信息网络覆盖率
		信息系统应用程度
		网络安全可控度
	基础设施及装备水平	航道及锚地基础设施匹配度
		工作船艇装备水平
		通航建筑物检修装备水平
	应急处置能力	通航建筑物抢修及时性
		水上应急到达及时率
		航道应急抢通及时性
	人力资源保障水平	人才结构合理性
		人才发展环境适宜性
绿色通航与服务	通航供给水平	枢纽通航保证率
		单向年过闸货运量
	绿色环保水平	万艘船舶污染事故率
		船舶污染排放达标率
		待闸船舶岸电使用率
		过闸船舶标准化率
	服务能力	人命救助成功率
		行业满意度

12.2.2 通航管理体制

1. 体制机制协调性

体制机制协调性是反映枢纽管理各部门、各单位工作协调程度的指标，是定性指标，主要评价枢纽管理体制是否职能清晰、权责明确、管理顺畅，通航管理社会公益性职能是否界定准确，经费渠道和保障是否畅通，管理机制是否运行高效，使其最大限度地发挥枢纽工程的综合效益。通过建立枢纽防洪、航运、发电等涉水行业顺畅有效的协调机制，完善枢纽通航管理单位与港口、船公司等服务对象高效联动的协调机制，实现梯级枢纽通航联合调度和统一指挥，促进水资源综合利用、枢纽综合效益、枢纽管理等协调发展。

2. 管理模式高效性

管理模式高效性是反映枢纽通航管理各专业协同程度、运转效率的指标，是定性指标，主要评价管理模式是否协同高效、枢纽通航管理各专业资源是否高度整合、各项业务运转是否顺畅、船舶过闸是否快捷高效。枢纽通航管理采用一体化管理或协同化管理模式，能够充分发挥综合管理优势，实现通航建筑物运行维护、通航调度指挥、通航安全监管、航道及配套设施保障、绿色通航与服务，以及安保和消防的高效管理和协调统一，实现枢纽航运的安全畅通。

3. 内控管理规范度

内控管理规范度是反映枢纽通航管理单位内部管理规范程度的指标，是定性指标，主要评价质量管理和职业健康安全管理体系是否健全，各项体系文件和管理规章制度是否完备，枢纽通航管理是否有章可循、有规可依，文化理念是否先进，文化品牌是否特色鲜明，文化建设对枢纽通航发展是否起到积极的促进作用。枢纽通航管理具有完备的质量管理体系和职业健康安全管理体系，涵盖通航建筑物运行维护、通航调度指挥、通航安全监管、航道及配套设施保障、绿色通航与服务等业务的全过程，能够提高工作的程序化、标准化、规范化水平。文化理念和谐、先进，在员工内部能够产生强大的凝聚力和向心力。文化品牌和标识特色鲜明，能够提升职工认可度、参与度和满意度，扩大社会影响力。文化建设工作规范、行为规范完备对通航管理各项工作具有积极作用。

12.2.3 通航管理业务

1. 通航建筑物运行维护水平

(1) 运行操作准确率

运行操作准确率是反映通航建筑物运行操作规范化、标准化水平的指标，表

征报告期内无误操作的运行闸次数与运行闸次总数的比值，即

$$R_c = \frac{N_Z - N_W}{N_Z} \times 100\% \tag{12-1}$$

其中，R_c 为运行操作准确率；N_W 为报告期内通航建筑物存在误操作的闸次数；N_Z 为报告期内通航建筑物运行闸次总数。

准确、合理的操作是通航建筑物安全、高效运行的前提条件，运行操作准确率应达到 100%。

(2) 主要设备完好率

主要设备完好率是反映设备设施维护保障水平的指标，表征报告期内核定的主要设备中符合设备完好标准的设备数与设备总数的比值，即

$$R_S = \frac{E_H}{E_Z} \times 100\% \tag{12-2}$$

其中，R_S 为主要设备完好率；E_H 为报告期内主要设备完好数；E_Z 为报告期内主要设备总数。

主要设备是指影响通航建筑物正常运行、通航管理业务正常开展，以及影响通航安全的关键设备设施，应保证主要设备完好率大于等于 95%。

(3) 设备故障碍航率

设备故障碍航率是反映通航建筑物技术状况、设备维护质量和故障处置水平的指标，表征报告期内设备故障碍航时间与通航建筑物应通航时间的比值，即

$$R_G = \frac{\sum T_G}{T_Y} \times 100\% \tag{12-3}$$

其中，R_G 为设备故障碍航率；$\sum T_G$ 为报告期内设备故障碍航时间之和；T_Y 为报告期内通航建筑物应通航时间。

碍航故障对通航建筑物的安全、稳定运行影响较大，因此设备故障碍航率应严格控制，保证小于等于 0.1%。

(4) 设备维修停航率

设备维修停航率是反映通航建筑物技术状况和维修效率的指标，表征报告期内通航建筑物维修停航时间与日历时间的比值，即

$$R_W = \frac{\sum T_W}{T} \times 100\% \tag{12-4}$$

其中，R_W 为设备维修停航率；$\sum T_W$ 为报告期内通航建筑物维修停航时间(包括设备设施检查、保养、大修、岁修、抢修、改造等造成的停航时间)之和；T 为报告期内日历时间。

通航建筑物一般 6～10 年大修 1 次。大修停航对设备维修停航率的影响较大，因此设备维修停航率的报告期以 1 个大修周期为宜。对于季节性通航河流上的通航建筑物，需停航进行的设备维修安排在自然原因停航期，此时不计维修停航时间，应保证设备维修停航率小于等于 2%；对于非季节性通航河流上的通航建筑物，应保证设备维修停航率小于等于 8%。

2. 通航调度指挥水平

(1) 远程申报实现率

远程申报实现率是反映通航调度现代化水平的指标，表征报告期内实现远程申报的船舶数与过闸船舶总数的比值，即

$$R_Y = \frac{S_Y}{S_Z} \times 100\% \tag{12-5}$$

其中，R_Y 为远程申报实现率；S_Y 为报告期内实现远程申报的船舶数；S_Z 为报告期内过闸船舶总数。

远程申报是为船舶提供高效、便捷通航服务的重要途径，应保证远程申报实现率大于等于 80%。

(2) 闸次平均间隔时间

闸次平均间隔时间是反映现场调度水平和通航建筑物运行效率的指标，表征报告期内相邻闸次间隔时间之和与闸次间隔次数的比值。

闸次平均间隔时间应小于等于理论闸次间隔时间。

(3) 船舶平均待闸时间

船舶平均待闸时间是反映枢纽通航压力、通航调度水平、通航建筑物运行效率的指标，表征报告期内过闸船舶待闸时间之和与过闸船舶艘次数的比值。

该指标与通航建筑物通过能力有关，在通航建筑物运行饱和前，应保证船舶平均待闸时间小于等于调度计划周期。

(4) 船舶艘次计划完成率

船舶艘次计划完成率是反映调度计划安排准确程度和现场调度执行质量的指标，表征报告期内实际完成过闸的船舶艘次数与调度计划安排的总艘次数的比值，即

$$R_J = \frac{S_G}{S_j} \times 100\% \tag{12-6}$$

其中，R_J 为船舶艘次计划完成率；S_G 为报告期内实际完成过闸的船舶艘次数；S_j 为报告期内调度计划安排的船舶总艘次数。

排除船舶自身因素和不可抗力的影响，船舶艘次计划完成率应达到 100%。

3. 通航安全监管水平

(1) 船舶远程监管覆盖率

船舶远程监管覆盖率是反映船舶安全监管现代化水平的指标，表征报告期内枢纽水域中实施远程监管的船舶数与船舶交通总流量的比值，即

$$R_F = \frac{S_F}{S_Z} \times 100\% \tag{12-7}$$

其中，R_F 为船舶远程监管覆盖率；S_F 为报告期内实施远程监管的船舶数；S_Z 为报告期内船舶交通总流量。

对船舶实施远程监管是枢纽通航现代化管理的具体体现，应保证船舶远程监管覆盖率大于等于 90%。

(2) 船舶违章碍航率

船舶违章碍航率是反映船舶因违反通航管理法规而妨碍枢纽正常通航秩序程度的指标，表征报告期内船舶违章碍航时间与通航建筑物应通航时间的比值，即

$$R_A = \frac{T_A}{T_Y} \times 100\% \tag{12-8}$$

其中，R_A 为船舶违章碍航率；T_A 为报告期内船舶违章碍航时间；T_Y 为报告期内通航建筑物应通航时间。

船舶违章对通航建筑物的安全、稳定运行影响较大，应保证船舶违章碍航率小于等于 0.2%。

(3) 等级事故发生率

等级事故发生率是反映枢纽通航安全管理水平的指标，表征报告期内等级以上事故船舶艘数与船舶交通流量数的比值，即

$$R_D = \frac{S_D}{S_Z} \times 100\% \tag{12-9}$$

其中，R_D 为等级事故发生率；S_D 为报告期内等级以上(指一般等级以上的水上交通事故)事故船舶艘数；S_Z 为报告期内船舶交通流量数。

安全是枢纽通航现代化管理的首要目标，应保证等级事故发生率应小于等于 0.005%。

4. 枢纽航道管理水平

(1) 航道维护水深保证率

航道维护水深保证率是反映航道维护工作质量的指标，表征报告期内航道水深满足航道维护水深的时间与日历时间减去因不可抗力因素导致停航的时间的比值，即

$$R_H = \frac{T_Y - T_B}{T_Y} \times 100\% \tag{12-10}$$

其中，R_H 为航道维护水深保证率；T_Y 为报告期内日历时间减去因不可抗力因素导致停航的时间；T_B 为报告期内航道水深不满足航道维护水深的时间。

Ⅰ、Ⅱ级航道维护水深保证率应大于等于 98%，Ⅲ、Ⅳ级航道维护水深保证率应大于等于 95%。

(2) 航标维护正常率

航标维护正常率是反映航道标志维护质量的指标，表征报告期内枢纽航段排除非维护性失常的航标座天数后，航标维护正常座天数与航标维护总座天数的比值，即

$$R_B = \frac{M_Z - M_S}{M_Z} \times 100\% \tag{12-11}$$

其中，R_B 为航标维护正常率；M_Z 为报告期内航标维护总座天数；M_S 为报告期内航标维护性失常座天数。

一类维护航标维护正常率应大于等于 99%，二类维护航标维护正常率应大于等于 95%。

(3) 锚地指泊准确率

锚地指泊准确率是反映船舶待闸锚地管理水平的指标，表征报告期内待闸锚地准确指泊的船舶数与指泊船舶总数的比值，即

$$R_M = \frac{S_M}{S_Z} \times 100\% \tag{12-12}$$

其中，R_M 为锚地指泊准确率；S_M 为报告期内待闸锚地准确指泊的船舶数；S_Z 为报告期内待闸锚地指泊船舶总数。

准确、合理的指泊是船舶待闸锚地服务功能发挥和枢纽通航效率提高的重要保障，应保证锚地指泊准确率大于等于 98%。

12.2.4　通航支持保障

1. 科研与信息化水平

(1) 技术研发应用水平

技术研发应用水平是反映枢纽通航技术研究和成果转化应用水平的定性指标，主要评价枢纽通航新技术、新工艺、新装备的研发能力，以及科技成果转化应用与推广的程度。

枢纽通航管理部门应具有枢纽通航技术研发团队和科技创新平台，能够研究

通航建筑物运行维护、通航调度指挥、通航安全监管、航道及配套设施保障、绿色通航与服务等方面的关键技术，解决制约枢纽通航发展的技术难题，提高枢纽通航管理水平和保障能力。

(2) 信息网络覆盖率

信息网络覆盖率是反映信息网络在枢纽通航管理各业务站点覆盖程度的指标，表征报告期内已实现信息网络覆盖的业务站点数与枢纽通航管理业务站点总数的比值，即

$$R_X = W_X \times W_Z \times 100\% \tag{12-13}$$

其中，R_X 为信息网络覆盖率；W_X 为报告期内已实现信息网络覆盖的业务站点数；W_Z 为报告期内枢纽通航管理业务站点总数。

枢纽通航现代化管理要求业务站点基本实现信息网络覆盖，应保证信息网络覆盖率大于等于 90%。

(3) 信息系统应用程度

信息系统应用程度是反映枢纽通航管理现代化水平的定性指标，主要评价信息技术手段在枢纽通航管理主要业务中的应用情况。

信息系统在通航建筑物运行维护、通航调度指挥、通航安全监管、航道及配套设施保障、绿色通航与服务等业务中得到广泛应用，能实现数据共享、信息整合。

(4) 网络安全可控度

网络安全可控度是反映枢纽通航管理信息网络及信息系统安全水平的定性指标，主要评价枢纽通航管理各信息网络及信息系统的安全防护能力、自主可控水平。

网络安全风险监控与隐患排查、信息网络及系统运维保障、政务网站安全防护、应急响应与处置等网络安全措施应完备、责任落实，无重大网络安全事件；信息网络、系统及设备关键技术应自主可控。

2. 基础设施及装备水平

(1) 航道及锚地基础设施匹配度

航道及锚地基础设施匹配度是反映枢纽航道及锚地基础设施与通航建筑物适应程度的定性指标，主要评价枢纽航道等级、锚地配套设施完善程度、助航设施配置水平。

枢纽航道等级应达到规划标准，适应通航建筑物通过能力并适度超前。锚地等航运配套设施容量、布置应满足通航建筑物运行需要，并有富余。航道标志等助航设施应配布合理、技术先进。

(2) 工作船艇装备水平

工作船艇装备水平是反映船艇规模、设备性能的定性指标，主要评价船艇规模匹配性、功能适用性，以及设备的完备程度和技术水平。

船艇数量应该适度，尺度及功能搭配合理，适应枢纽通航管理需要。船艇设备应该配置齐全、功能完善、技术先进、标准化水平高，满足快速反应、巡航救助、航道养护和特种作业需要。

(3) 通航建筑物检修装备水平

通航建筑物检修装备水平是反映通航建筑物检修装备保障能力的定性指标，主要评价通航建筑物设备设施检修所需装备的齐全程度与技术水平。

通航建筑物设备设施检查、维护、修理和故障、事故处置所需装备应该齐全、先进，能有效提高检修质量和效率。通航建筑物检修装备包括通航建筑物巡视检查工具与设备、设备设施状态检测设备、安全监测仪器与设备、快速检修设备及专用工装等。

3. 应急处置能力

(1) 通航建筑物抢修及时性

通航建筑物抢修及时性是反映通航建筑物突发故障、事故抢修效率的指标，表征报告期内枢纽通航建筑物突发故障、事故的抢修时间是否在规定的时间之内。

根据故障、事故程度的不同，应有不同等级的抢修时间标准。一般故障、事故应在 4h 内处理完毕；较大故障、事故应在 8h 内处理完毕；重大故障、事故应在 24h 内处理完毕。

(2) 水上应急到达及时率

水上应急到达及时率是反映水上应急处置反应速度的指标，表征报告期内枢纽水域发生应急事件时应急处置力量在规定时间内到达现场的次数与应急反应总次数的比值，即

$$R_{YJ} = \frac{N_D}{N_Z} \times 100\% \tag{12-14}$$

其中，R_{YJ} 为水上应急到达及时率；N_D 为报告期内在规定的时间内应急到达的次数；N_Z 为报告期内应急反应总次数。

全方位覆盖、全天候运行、反应快速是枢纽通航现代化安全管理的重要目标，应保证水上应急到达及时率大于等于 95%。

(3) 航道应急抢通及时性

航道应急抢通及时性是反映枢纽航道突发维护事件应急处置效率的指标，表征报告期内枢纽航道突发维护事件应急抢通时间是否在规定时间之内。

根据突发维护事件的不同，应有不同等级的抢通时间标准，应急抢通时间应在规定时间之内。

4. 人力资源保障水平

(1) 人才结构合理性

人才结构合理性是反映人才队伍建设成效的定性指标，主要评价人才队伍的人才总量、年龄结构、学历结构、专业类型、职称等级、技能等级与通航管理事业发展相适应的程度。

人才队伍素质应该优良、结构合理；人才总量应该满足枢纽通航管理事业发展需求；人才队伍的年龄结构、学历结构、职称结构、技能等级应该分布合理，能够为枢纽通航现代化管理提供人才保障和智力支持。

(2) 人才发展环境适宜性

人才发展环境适宜性是反映人才培养、使用与管理水平的定性指标，主要评价人才引进、培养、使用管理制度与人才激励机制等是否健全有效。

人才引进、培养、使用等方面的制度应该完备、规范；人才成长环境和平台应该有利于人才发展；人才工作经费应该得到保障；人才待遇和奖励政策应该得到落实。

12.2.5 绿色通航与服务

1. 通航供给水平

(1) 枢纽通航保证率

枢纽通航保证率是反映通航建筑物可用性的指标，可衡量通航建筑物的运行维护管理水平，表征报告期内通航建筑物处于通航状态的时间与设计通航时间的比值，即

$$R_{BZ} = \frac{T_T}{T_S} \times 100\% \tag{12-15}$$

其中，R_{BZ} 为枢纽通航保证率；T_T 为报告期内通航建筑物处于通航状态的时间；T_S 为报告期内通航建筑物设计通航时间。

通航建筑物在设计时，考虑自然原因停航、设备维修停航等因素，通过年通航天数、日运行时间等指标，可换算为年设计通航时间。因此，该指标的报告期以年为单位，应保证枢纽通航保证率等于 100%。

(2) 单向年过闸货运量

单向年过闸货运量是反映通航建筑物通过能力的指标，表征报告期内通航建筑物的单向货物通过量。

在社会经济和行业发展没有出现大波动的情况下，应保证单向年过闸货运量大于等于当期设计通过能力。

2. 绿色环保水平

(1) 万艘船舶污染事故率

万艘船舶污染事故率是反映对化危品船舶、油品船舶污染通航水域的防范水平的指标，表征报告期内枢纽水域船舶发生污染水域的事故件数与船舶交通总流量的比值，即

$$R_{WR} = \frac{10000 N_{WR}}{S_Z} \times 100\% \tag{12-16}$$

其中，R_{WR} 为万艘船舶污染事故率；N_{WR} 为报告期内船舶发生污染水域的事故件数；S_Z 为报告期内船舶交通总流量。

枢纽水域的万艘船舶污染事故率应小于等于 5%。

(2) 船舶污染排放达标率

船舶污染排放达标率是反映过闸船舶污染物(包括生活垃圾、油污水、尾气、噪声等)排放控制水平的指标，表征报告期内污染物达标排放的过闸船舶艘数与过闸船舶总艘数的比值，即

$$R_{DB} = \frac{S_{DB}}{S_Z} \times 100\% \tag{12-17}$$

其中，R_{DB} 为船舶污染排放达标率；S_{DB} 为污染物达标排放的过闸船舶艘数；S_Z 为过闸船舶总艘数。

对于现代化的枢纽通航管理，船舶生活垃圾和油污水应实现零排放，船舶尾气和噪声应实现 100%达标排放。

(3) 待闸船舶岸电使用率

待闸船舶岸电使用率是反映待闸船舶清洁能源使用水平的指标，表征报告期内使用岸电供电的待闸船舶艘数与待闸船舶总艘数的比值，即

$$R_{AD} = \frac{S_{AD}}{S_Z} \times 100\% \tag{12-18}$$

其中，R_{AD} 为待闸船舶岸电使用率；S_{AD} 为使用岸电供电的待闸船舶艘数；S_Z 为待闸船舶总艘数。

对于现代化的枢纽通航管理，为减少船舶油料消耗、尾气、噪声，应保证待闸船舶岸电使用率大于等于 70%。

(4) 过闸船舶标准化率

过闸船舶标准化率是反映过闸船舶标准化程度的指标，同时反映枢纽通航对

船型标准化的促进作用，表征报告期内符合标准船型的过闸船舶艘数与过闸船舶总艘数的比值，即

$$R_{BZ} = \frac{S_{BZ}}{S_Z} \times 100\% \tag{12-19}$$

其中，R_{BZ} 为过闸船舶标准化率；S_{BZ} 为符合标准船型的过闸船舶艘数；S_Z 为过闸船舶总艘数。

对于现代化的枢纽通航，为引导船型标准化发展，使过闸船型逐步与通航建筑物相适应，应保证过闸船舶标准化率大于等于 60%。

3. 服务能力

(1) 人命救助成功率

人命救助成功率是反映对船舶遇险人员救助有效性的指标，表征报告期内船舶发生险情时获救人数与遇险人数的比值，即

$$R_r = \frac{H_X - H_S}{H_X} \times 100\% \tag{12-20}$$

其中，R_r 为人命救助成功率；H_X 为报告期内遇险人数；H_S 为报告期内死亡和失踪人数。

提高人命救助成功率是枢纽通航现代化管理的必然要求，人命救助成功率应大于等于 95%。

(2) 行业满意度

行业满意度是反映枢纽通航服务对象对枢纽通航服务总体认可程度的指标。

行业满意度通过对服务对象采用问卷调查等方式统计得出，满意度分数应不低于总分的 85%。

12.3 枢纽通航现代化管理评价方法

对枢纽通航现代化管理水平的评价是一项复杂的多层次多指标的综合评价过程，为科学评价枢纽通航现代化管理水平，需要综合运用层次分析法和德尔菲法确定各项指标的权重，并提出枢纽通航现代化管理综合评价方法。

12.3.1 指标权重

1. 指标递阶层次结构

根据枢纽通航现代化管理评价指标体系，建立递阶层次结构，如表 12-2 所示。

表 12-2　枢纽通航现代化管理评价指标递阶层次结构表

目标层	一级指标	二级指标	三级指标
枢纽通航现代化管理 A	通航管理体制 B_1	—	体制机制协调性 D_{101}
			管理模式高效性 D_{102}
			内控管理规范度 D_{103}
	通航管理业务 B_2	通航建筑物运行维护水平 C_{21}	运行操作准确率 D_{211}
			主要设备完好率 D_{212}
			设备故障碍航率 D_{213}
			设备维修停航率 D_{214}
		通航调度指挥水平 C_{22}	远程申报实现率 D_{221}
			闸次平均间隔时间 D_{222}
			船舶平均待闸时间 D_{223}
			船舶艘次计划完成率 D_{224}
		通航安全监管水平 C_{23}	船舶远程监管覆盖率 D_{231}
			船舶违章碍航率 D_{232}
			等级事故发生率 D_{233}
		枢纽航道管理水平 C_{24}	航道维护水深保证率 D_{241}
			航标维护正常率 D_{242}
			锚地指泊准确率 D_{243}
	通航支持保障 B_3	科研与信息化水平 C_{31}	技术研发应用水平 D_{311}
			信息网络覆盖率 D_{312}
			信息系统应用程度 D_{313}
			网络安全可控度 D_{314}
		基础设施及装备水平 C_{32}	航道及锚地基础设施匹配度 D_{321}
			工作船艇装备水平 D_{322}
			通航建筑物检修装备水平 D_{323}
		应急处置能力 C_{33}	通航建筑物抢修及时性 D_{331}
			水上应急到达及时率 D_{332}
			航道应急抢通及时性 D_{333}
		人力资源保障水平 C_{34}	人才结构合理性 D_{341}
			人才发展环境适宜性 D_{342}

续表

目标层	一级指标	二级指标	三级指标
枢纽通航现代化管理 A	绿色通航与服务 B_4	通航供给水平 C_{41}	枢纽通航保证率 D_{411}
			单向年过闸货运量 D_{412}
		绿色环保水平 C_{42}	万艘船舶污染事故率 D_{421}
			船舶污染排放达标率 D_{422}
			待闸船舶岸电使用率 D_{423}
			过闸船舶标准化率 D_{424}
		服务能力 C_{43}	人命救助成功率 D_{431}
			行业满意度 D_{432}

2. 指标权重计算模型

(1) 建立判断矩阵

建立一级指标 B_1～B_4 的相对重要性判断矩阵，即

$$\begin{bmatrix} B_{11} & B_{12} & B_{13} & B_{14} \\ B_{21} & B_{22} & B_{23} & B_{24} \\ B_{31} & B_{32} & B_{33} & B_{34} \\ B_{41} & B_{42} & B_{43} & B_{44} \end{bmatrix}$$

同理，可以建立二级指标 C_{21}～C_{24}、C_{31}～C_{34}、C_{41}～C_{43}，三级指标 D_{101}～D_{103}、D_{211}～D_{214}、D_{221}～D_{224}、D_{231}～D_{233}、D_{241}～D_{243}、D_{311}～D_{314}、D_{321}～D_{323}、D_{331}～D_{333}、D_{341}～D_{342}、D_{411}～D_{412}、D_{421}～D_{424}、D_{431}～D_{432}的相对重要性判断矩阵。

(2) 两两比较赋值

对 B_i 和 B_j 的重要性进行比较($i, j = 1, 2, 3, 4$)，使用 1～9 的比较标度，赋予其一个数值，比较标度如表 12-3 所示。同理，可以对二级指标和三级指标的重要性进行比较。

表 12-3　指标两两比较标度表

标度值(二级指标)	定义
1	B_i 和 B_j 同样重要
3	B_i 比 B_j 稍微重要
5	B_i 比 B_j 明显重要

续表

标度值(二级指标)	定义
7	B_i 比 B_j 强烈重要
9	B_i 比 B_j 极端重要
2、4、6、8	两个相邻标度的中间值

(3) 权重计算与检验

采取几何平均法计算权重向量，计算步骤如下。

计算判断矩阵每一行元素的乘积，即

$$M_i = \prod_{j=1}^{n} B_{ij}, \quad i=1,2,\cdots,n \tag{12-21}$$

计算 M_i 的 n 次方根，即

$$\bar{W}_i = \sqrt[n]{M_i}, \quad i=1,2,\cdots,n \tag{12-22}$$

对指标权重向量 W_i 归一化，即

$$W_i = \frac{\bar{W}_i}{\sum_{i=1}^{n} \bar{W}_i}, \quad i=1,2,\cdots,n \tag{12-23}$$

为进行一致性检验，计算判断矩阵的最大特征根 $\lambda_{\max}$，即

$$\lambda_{\max} = \frac{1}{n}\sum_{i=1}^{n}\frac{(AW)_i}{W_i} \tag{12-24}$$

计算相容性指标 CI，即

$$\mathrm{CI} = \frac{\lambda_{\max} - n}{n-1} \tag{12-25}$$

查询相应的平均随机一致性指标 RI，得出一致性比例，即

$$\mathrm{CR} = \frac{\mathrm{CI}}{\mathrm{RI}} \tag{12-26}$$

平均随机一致性指标标准值如表 12-4 所示。

表 12-4　平均随机一致性指标标准值表

参数	矩阵阶数									
	1	2	3	4	5	6	7	8	9	10
RI	0	0	0.52	0.89	1.12	1.26	1.36	1.41	1.46	1.49

若 CR < 0.1，就可以认为判断矩阵具有相容性，据此计算的 W 值(指标权重)可以接受。

3. 指标权重计算结果

根据指标权重计算模型，计算各级指标相对于上一级指标的权重，最终得出各指标相对目标层的合成权重计算表(表 12-5)。其中，比较标度值采取德尔菲法确定，以问卷调查形式邀请 12 名国内通航建筑物运行管理专家参与两两比较标度赋值，经过多轮问卷及反馈，可以得到指标两两比较标度值的集体判断结果。

表 12-5　指标相对目标层的合成权重计算表

目标层	一级指标	二级指标	三级指标
枢纽通航现代化管理 A(1.0000)	通航管理体制 B_1(0.0991)	—	体制机制协调性 D_{101}(0.0545)
			管理模式高效性 D_{102}(0.0208)
			内控管理规范度 D_{103}(0.0238)
	通航管理业务 B_2 (0.3878)	通航建筑物运行维护水平 C_{21}(0.1090)	运行操作准确率 D_{211}(0.0302)
			主要设备完好率 D_{212}(0.0398)
			设备故障碍航率 D_{213}(0.0254)
			设备维修停航率 D_{214}(0.0136)
		通航调度指挥水平 C_{22}(0.0985)	远程申报实现率 D_{221}(0.0141)
			闸次平均间隔时间 D_{222}(0.0412)
			船舶平均待闸时间 D_{223}(0.0291)
			船舶艘次计划完成率 D_{224}(0.0141)
		通航安全监管水平 C_{23}(0.1325)	船舶远程监管覆盖率 D_{231}(0.0288)
			船舶违章碍航率 D_{232}(0.0457)
			等级事故发生率 D_{233}(0.0580)
		枢纽航道管理水平 C_{24}(0.0478)	航道维护水深保证率 D_{241}(0.0316)
			航标维护正常率 D_{242}(0.0100)
			锚地指泊准确率 D_{243}(0.0063)
	通航支持保障 B_3 (0.2403)	科研与信息化水平 C_{31} (0.0583)	技术研发应用水平 D_{311}(0.0093)
			信息网络覆盖率 D_{312}(0.0093)
			信息系统应用程度 D_{313}(0.0187)
			网络安全可控度 D_{314}(0.0209)

续表

目标层	一级指标	二级指标	三级指标
枢纽通航现代化管理 A(1.0000)	通航支持保障 B_3 (0.2403)	基础设施及装备水平 C_{32} (0.0444)	航道及锚地基础设施匹配度 D_{321}(0.0235)
			工作船艇装备水平 D_{322}(0.0062)
			通航建筑物检修装备水平 D_{323}(0.0148)
		应急处置能力 C_{33} (0.0747)	通航建筑物抢修及时性 D_{331}(0.0308)
			水上应急到达及时率 D_{332}(0.0194)
			航道应急抢通及时性 D_{333}(0.0245)
		人力资源保障水平 C_{34} (0.0628)	人才结构合理性 D_{341}(0.0419)
			人才发展环境适宜性 D_{342}(0.0209)
	绿色通航与服务 B_4(0.2728)	通航供给水平 C_{41} (0.1310)	枢纽通航保证率 D_{411}(0.1048)
			单向年过闸货运量 D_{412}(0.0262)
		绿色环保水平 C_{42} (0.0697)	万艘船舶污染事故率 D_{421}(0.0298)
			船舶污染排放达标率 D_{422}(0.0180)
			待闸船舶岸电使用率 D_{423}(0.0120)
			过闸船舶标准化率 D_{424}(0.0099)
		服务能力 C_{43} (0.0721)	人命救助成功率 D_{431}(0.0481)
			行业满意度 D_{432}(0.0240)

12.3.2　综合评价方法

枢纽通航现代化管理水平的评价采取千分制。根据指标权重取整得出指标分值，结合指标评价标准，提出枢纽通航现代化管理综合评价方法，确定枢纽通航现代化管理综合评分表(表 12-6)。

表 12-6　枢纽通航现代化管理综合评分表

一级指标	二级指标	三级指标	评分标准	得分
通航管理体制 B_1 (99 分)	—	体制机制协调性 D_{101} (54 分)	管理体制机制有利于枢纽通航的依法管理，充分发挥航运管理职能和专业化管理优势，保障枢纽安全运行。建立枢纽防洪、航运、发电等涉水行业顺畅有效的协调机制，枢纽通航管理单位与港口、船公司等服务对象高效联动的协调机制，实现梯级枢纽通航统一指挥和联合调度，有利于水资源的综合利用、枢纽综合效益的充分发挥，以及枢纽管理各方的协调发展 定性指标得分＝54× 评价等次	

续表

一级指标	二级指标	三级指标	评分标准	得分
通航管理体制 B_1 (99分)	—	管理模式高效性 D_{102} (21分)	枢纽通航管理采用一体化管理或协同化管理模式，能够充分发挥综合管理优势，实现通航建筑物运行维护、通航调度指挥、通航安全监管、航道及配套设施保障、枢纽通航服务，以及安保、消防等业务的高效管理和协调统一，实现枢纽航运安全畅通 定性指标得分＝21× 评价等次	
		内控管理规范度 D_{103} (24分)	具有完备的质量管理体系和职业健康安全管理体系，涵盖通航建筑物运行维护、通航调度指挥、通航安全监管、航道及配套设施保障、枢纽通航服务等业务的全过程，能够提高通航管理工作的程序化、标准化、规范化水平。文化理念和谐、先进，能够在员工内部产生强大的凝聚力和向心力；文化品牌和标识特色鲜明，职工认可度、参与度、满意度高，社会影响力大；文化建设工作规范、行为规范完备，能对通航管理各项工作发挥积极作用 定性指标得分＝24× 评价等次	
通航管理业务 B_2 (388分)	通航建筑物运行维护水平 C_{21} (109分)	运行操作准确率 D_{211} (30分)	报告期内，无误操作的运行闸次数与运行闸次总数的比值。准确、合理的操作是通航建筑物安全、高效运行的前提条件，运行操作准确率应达到100% 发生1次误操作扣5分，最低0分	
		主要设备完好率 D_{212} (40分)	报告期内，核定的主要设备中符合设备完好标准的设备数与设备总数的比值。主要设备是指影响通航建筑物正常运行、通航管理业务正常开展，以及影响通航安全的关键设备，主要设备完好率应大于等于95% 量化指标得分 $=40\times[1-0.4(1-R_s)/(1-95\%)]$，最低0分	
		设备故障碍航率 D_{213} (25分)	报告期内，设备故障碍航时间与通航建筑物应通航时间的比值。通航建筑物应通航时间是指除自然原因停航和计划维修停航之外应处于通航状态的时间。设备故障碍航率应小于等于0.1% 量化指标得分 $=25\times(1-0.4R_c/0.1\%)$，最低0分	
		设备维修停航率 D_{214} (14分)	报告期内，通航建筑物维修停航时间与日历时间的比值。维修停航时间包括设备设施检查、保养、大修、岁修、抢修、改造等停航时间。对于季节性通航河流上的通航建筑物，需停航进行的设备维修应安排在自然原因停航期。不计维修停航时间，应保证设备维修停航率小于等于2%。对于非季节性通航河流上的通航建筑物，应保证设备维修停航率小于等于8% 量化指标最低0分 季节性通航得分 $=14\times(1-0.4R_w/2\%)$ 非季节性通航得分 $=14\times(1-0.4R_w/8\%)$	
	通航调度指挥水平 C_{22} (98分)	远程申报实现率 D_{221} (14分)	报告期内，实现远程申报的船舶数与过闸船舶总数的比值。远程申报是为船舶提供高效、便捷通航服务的重要途径。远程申报实现率应大于等于80% 量化指标得分 $=14\times[1-0.4(1-R_Y)/(1-80\%)]$，最低0分	
		闸次平均间隔时间 D_{222}(41分)	报告期内，相邻闸次间隔时间之和与闸次间隔次数的比值。闸次平均间隔时间应小于等于理论闸次间隔时间 量化指标得分 $=41\times[0.6+2(1-T_J/T_S)]$，$T_S$ 为理论闸次间隔时间，最低0分，最高41分	

续表

一级指标	二级指标	三级指标	评分标准	得分
通航管理业务 B_2 (388 分)	通航调度指挥水平 C_{22} (98 分)	船舶平均待闸时间 D_{223}(29 分)	报告期内，过闸船舶的待闸时间之和与过闸船舶艘次数的比值。通航建筑物运行饱和前，有效率的调度和通航建筑物运行，能最大限度地发挥船闸(升船机)通过能力，降低船舶平均待闸时间。此时，船舶平均待闸时间应小于等于调度计划周期 量化指标得分 $=29\times[0.6+2(1-T_D/T_Z)]$ ，T_Z 为调度计划周期，最低 0 分，最高 29 分	
		船舶艘次计划完成率 D_{224} (14 分)	报告期内，实际完成过闸的船舶艘次数与调度计划安排的总艘次数的比值。排除船舶自身因素和不可抗力的影响，船舶艘次计划完成率应达到 100% 量化指标得分 $=14\times[1-20(1-R_J)]$ ，最低 0 分，最高 14 分	
	通航安全监管水平 C_{23} (133 分)	船舶远程监管覆盖率 D_{231} (29 分)	报告期内，枢纽水域中实施远程监管的船舶数与船舶交通总流量的比值。对船舶实施远程监管是枢纽通航现代化管理的具体体现，应保证船舶远程监管覆盖率大于等于 90% 量化指标得分 $=29\times[1-0.4(1-R_F)/(1-90\%)]$ ，最低 0 分	
		船舶违章碍航率 D_{232} (46 分)	报告期内，船舶违章碍航时间与通航建筑物应通航时间的比值。因船舶违章对通航建筑物的安全、稳定运行影响较大，此指标应严格控制，保证船舶违章碍航率小于等于 0.2% 量化指标得分 $=46\times(1-0.4R_A/0.2\%)$ ，最低 0 分	
		等级事故发生率 D_{233} (58 分)	报告期内，等级以上事故船舶艘数与船舶交通流量数的比值。等级以上事故是指一般等级以上的水上交通事故。安全是枢纽通航现代化管理的首要目标，等级事故发生率应小于等于 0.005% 量化指标得分 $=58\times(1-0.4R_D/0.005\%)$ ，最低 0 分	
	枢纽航道管理管水平 C_{24} (48 分)	航道维护水深保证率 D_{241} (32 分)	报告期内，航道水深满足航道维护水深的时间与日历时间减去因不可抗力因素而导致停航的时间的比值，应保证Ⅰ、Ⅱ级航道维护水深保证率大于等于 98%，Ⅲ、Ⅳ级航道维护水深保证率大于等于 95% 量化指标最低 0 分 Ⅰ、Ⅱ级航道得分 $=32\times[1-0.4(1-R_H)/(1-98\%)]$ Ⅲ、Ⅳ级航道得分 $=32\times[1-0.4(1-R_H)/(1-95\%)]$	
		航标维护正常率 D_{242} (10 分)	报告期内，枢纽航段排除非维护性失常的航标座天数后，航标维护正常座天数与航标维护总座天数的比值。一类维护航标维护正常率应大于等于 99%，二类维护航标维护正常率应大于等于 95% 量化指标最低 0 分 一类维护航标得分 $=10\times[1-0.4(1-R_B)/(1-99\%)]$ 二类维护航标得分 $=10\times[1-0.4(1-R_B)/(1-95\%)]$	
		锚地指泊准确率 D_{243} (6 分)	报告期内，待闸锚地准确指泊的船舶数与指泊船舶总数的比值。准确、合理的指泊是船舶待闸锚地服务功能发挥和枢纽通航效率提高的重要保障，锚地指泊准确率应大于等于 98% 量化指标得分 $=6\times[1-0.4(1-R_M)/(1-98\%)]$ ，最低 0 分	

续表

一级指标	二级指标	三级指标	评分标准	得分
通航支持保障 B_3 (240分)	枢纽航道管理水平 C_{24} (48分)	技术研发应用水平 D_{311}(9分)	枢纽通航管理应具有枢纽通航技术研发团队和科技创新平台，能够研究通航建筑物运行维护、通航调度指挥、通航安全监管、航道及配套设施保障、枢纽通航服务等方面的关键技术，解决制约枢纽通航发展的技术难题，提高枢纽通航管理水平和保障能力 定性指标得分 = 9× 评价等次	
		信息网络覆盖率 D_{312} (9分)	报告期内，已实现信息网络覆盖的业务站点数与枢纽通航管理业务站点总数的比值。枢纽通航现代化管理要求业务站点基本实现信息网络覆盖，为实时采集、利用和发布信息，信息网络覆盖率应大于等于90% 量化指标得分 $=9\times[1-0.4(1-R_X)/(1-90\%)]$，最低0分	
	科研与信息化水平 C_{31} (58分)	信息系统应用程度 D_{313}(19分)	信息系统在通航建筑物运行维护、通航调度指挥、通航安全监管、航道及配套设施保障、枢纽通航服务等业务中得到广泛应用，能实现数据共享、信息整合 定性指标得分 = 19× 评价等次	
		网络安全可控度 D_{314} (21分)	网络安全风险监控与隐患排查、信息网络及系统运维保障、政务网站安全防护、应急响应与处置等网络安全措施完备、责任落实，无重大网络安全事件。信息网络、系统及设备关键技术应自主可控 定性指标得分 = 21× 评价等次	
	基础设施及装备水平 C_{32} (44分)	航道及锚地基础设施匹配度 D_{321}(23分)	枢纽航道等级达到规划标准，适应通航建筑物通过能力并适度超前。锚地等航运配套设施容量、布置满足通航建筑物运行需要，并有富余。航道标志等助航设施配布合理、技术先进 定性指标得分 = 23× 评价等次	
		工作船艇装备水平 D_{322}(6分)	船艇数量适度，尺度及功能搭配合理，适应枢纽通航管理需要；船艇设备配置齐全、功能完善、技术先进、标准化水平高，满足快速反应、巡航救助、航道养护和特种作业的需要 定性指标得分 = 6× 评价等次	
		通航建筑物检修装备水平 D_{323} (15分)	通航建筑物设备设施检查、维护、修理和故障、事故处置所需装备齐全、先进，能有效提高检修质量和效率。通航建筑物检修装备应包括通航建筑物巡视检查工具与设备、设备设施状态检测、安全监测仪器与设备、快速检修设备及专用工装等 定性指标得分 = 15× 评价等次	
	应急处置能力 C_{33} (75分)	通航建筑物抢修及时性 D_{331}(31分)	报告期内，枢纽通航建筑物突发故障、事故的抢修时间是否在规定时间之内。一般故障、事故应在4h内处理完毕；较大故障、事故应在8h内处理完毕；重大故障、事故应在24h内处理完毕 量化指标发生1起应急抢通延时事件扣10分，最低0分	
		水上应急到达及时率 D_{332} (19分)	报告期内，枢纽水域发生应急事件，应急处置力量在规定时间内到达现场的次数与应急反应总次数的比值。全方位覆盖、全天候运行、反应快速是枢纽通航现代化安全管理的重要目标。水上应急到达及时率应大于等于95%。 量化指标得分 $=19\times[1-0.4(1-R_{YJ})/(1-95\%)]$，最低0分	

续表

<table>
<tr><th>一级指标</th><th>二级指标</th><th>三级指标</th><th>评分标准</th><th>得分</th></tr>
<tr><td rowspan="3">通航支持保障 B_3 (240 分)</td><td>应急处置能力 C_{33} (75 分)</td><td>航道应急抢通及时性 D_{333} (25 分)</td><td>报告期内，枢纽航道突发维护事件应急抢通时间是否在规定时间之内。航道应急抢通及时性主要评价应急抢通反应速度和应急处置措施的有效性，根据突发维护事件的不同，应有不同等级的抢通时间标准
量化指标，发生 1 起应急抢通延时事件扣 13 分，最低 0 分</td><td></td></tr>
<tr><td rowspan="2">人力资源保障水平 C_{34} (63 分)</td><td>人才结构合理性 D_{341} (42 分)</td><td>人才队伍素质优良、结构合理；人才总量满足枢纽通航管理事业发展需求；人才队伍的年龄结构、学历结构、职称结构、技能等级分布合理，能够为枢纽通航现代化管理提供人才保障和智力支持
定性指标得分＝42×评价等次</td><td></td></tr>
<tr><td>人才发展环境适宜性 D_{342} (21 分)</td><td>人才引进、培养、使用等方面的制度完备、规范。人才成长环境和平台有利于人才的发展。人才工作经费得到保障，人才待遇和奖励政策得到落实
定性指标得分＝21×评价等次</td><td></td></tr>
<tr><td rowspan="7">绿色通航与服务 B_4 (273 分)</td><td rowspan="2">通航供给水平 C_{41} (131 分)</td><td>枢纽通航保证率 D_{411} (105 分)</td><td>报告期内，通航建筑物处于通航状态的时间与设计通航时间的比值。以年为单位，通航建筑物通航保证率应等于 100%
量化指标得分 $=105\times[0.6+3(R_{BZ}-1)]$，最低 0 分，最高 105 分</td><td></td></tr>
<tr><td>单向年过闸货运量 D_{412}(26 分)</td><td>一年的报告期内，通航建筑物的单向货物通过量。在社会经济和行业发展没有出现大波动的情况下，单向年过闸货运量应大于等于当期设计通过能力
量化指标得分 $=26\times[0.6+2(P/P_S-1)]$，$P_S$ 为当期设计通过能力，最低 0 分，最高 26 分</td><td></td></tr>
<tr><td rowspan="4">绿色环保水平 C_{42} (70 分)</td><td>万艘船舶污染事故率 D_{421} (30 分)</td><td>报告期内，枢纽水域船舶发生污染水域的事故件数与船舶交通总流量的比值。现代化的枢纽通航管理，应充分体现对船舶污染更有效的控制能力。枢纽水域的万艘船舶污染事故率应小于等于 5%
量化指标得分 $=30\times(1-0.4R_{WR}/5\%)$，最低 0 分</td><td></td></tr>
<tr><td>船舶污染排放达标率 D_{422} (18 分)</td><td>报告期内，污染物达标排放的过闸船舶艘数与过闸船舶总艘数的比值。现代化的枢纽通航管理，船舶污染排放达标率应达到 100%
量化指标得分 $=18\times[1-20(1-R_{DB})]$，最低 0 分</td><td></td></tr>
<tr><td>待闸船舶岸电使用率 D_{423} (12 分)</td><td>报告期内，使用岸电供电的待闸船舶艘数与待闸船舶总艘数的比值。现代化的枢纽通航管理，应保证待闸船舶岸电使用率大于等于 70%
量化指标得分 $=12\times[1-0.4(1-R_{AD})/(1-70\%)]$，最低 0 分</td><td></td></tr>
<tr><td>过闸船舶标准化率 D_{424}(10 分)</td><td>报告期内，符合标准船型的过闸船舶艘数与过闸船舶总艘数的比值。为引导船型标准化发展，使过闸船型逐步与通航建筑物相适应，应保证过闸船舶标准化率大于等于 60%
量化指标得分 $=10\times[1-0.4(1-R_{BZ})/(1-60\%)]$，最低 0 分</td><td></td></tr>
<tr><td>服务能力 C_{43} (72 分)</td><td>人命救助成功率 D_{431} (48 分)</td><td>报告期内，当船舶发生险情时，获救人数与遇险人数的比值。以人为本，提高人命救助成功率是枢纽通航现代化管理的必然要求，应保证人命救助成功率大于等于 95%
量化指标得分 $=48\times[1-0.4(1-R_r)/(1-95\%)]$，最低 0 分</td><td></td></tr>
</table>

续表

一级指标	二级指标	三级指标	评分标准	得分
绿色通航与服务B_4(273分)	服务能力C_{43}(72分)	行业满意度D_{432}(24分)	行业满意度通过问卷调查等方式统计得出。现代化的枢纽通航管理，要求满意度分数不低于总分的85% 量化指标得分$=24\times[1-0.4(1-M)/(1-85\%)]$，$M$为满意度分数占总分的比值，最低0分	

说明：① 枢纽通航现代化管理综合评分满分为1000分，900分(含)以上为达到现代化管理水平，800分(含)～900分为基本达到现代化管理水平，700分(含)～800分为达到初级现代化管理水平，600分(含)～700分为基本达到初级现代化管理水平。

② 定性指标得分＝指标分值×评价等次。定性指标评价采取专家组打分的方法，分为7个等次，即好$_+$(1)、好(0.9)、好$_-$(0.8)、中$_+$(0.7)、中(0.6)、中$_-$(0.5)、差(0.3)。

12.4　枢纽通航现代化管理实现方法

根据枢纽通航现代化管理的评价指标、标准和综合评价方法，提出枢纽通航现代化管理实现方法，促进枢纽通航管理现代化发展。

12.4.1　通航管理体制

1. 建立权责明晰的枢纽通航管理体制

明晰枢纽通航建筑物事权范围，保障通航管理经费，保证枢纽通航管理的有效开展。完善涉水管理部门的利益协调体制，提高航运管理部门在枢纽管理上的话语权，促进水资源的综合利用，充分发挥枢纽综合效益，实现枢纽管理各方的协调发展。

2. 建立运转流畅的枢纽通航管理机制

建立枢纽通航协同管理模式，在充分发挥枢纽通航管理各相关专业优势的同时，集合枢纽通航管理资源、优化枢纽通航管理流程、实施高效联动、提高管理效率。通过建立与港口、船公司等服务对象的信息沟通反馈机制，有效开展服务。

3. 实施科学规范的枢纽通航内控管理

加强枢纽通航内控管理，实行“硬软约束”结合。通过强化制度的刚性，建立符合标准的质量管理体系和职业健康安全管理体系，提高通航管理工作的程序化、标准化、规范化水平，实现制度的“硬管理”。通过增加文化的柔性，大力推进通航文化建设，建立和弘扬具有枢纽通航管理特色的文化价值理念，以具有导向性和约束力的共同价值取向规范管理行为，实现文化的“软约束”。

12.4.2　通航管理业务

1. 提升通航建筑物运行维护水平

建立并完善通航建筑物运行管理制度、设备巡视/检查/检修/故障/缺陷管理制度、安全生产/消防安全/安全保卫管理制度，形成一套完备有效的通航建筑物运行维护管理制度体系，提高运行维护管理的规范化、标准化水平。制定并完善通航建筑物运行操作、维护检修、安全检测等技术标准，规范运行操作、故障处理、维护保养、修理改造和检测、监测行为等，保障通航建筑物的运行安全可靠。建立完备的通航建筑物运行维护记录、台账、报表等，涵盖设备设施全寿命周期的设备技术档案、运行管理/设备管理/安全管理等统计评价指标体系，以及设备设施分类分级标准。

2. 提升枢纽通航调度指挥水平

与专业部门建立信息沟通协调机制，通过广泛使用信息技术手段，及时获取水文、气象等信息，并采集航道、船闸(升船机)运行、船舶流等基础数据信息，提高枢纽通航调度指挥的有效性。有效应用现代互联网、移动通信、大数据、AIS、北斗等技术手段，实现船舶过坝申请、过坝计划的远程发送和接收，保证船舶呼叫的有效上传，以及调度指令和服务信息的有效下达，实现船岸高效的信息交互。运用调度决策工具或专用系统，优化调度计划安排，提高调度组织的准确性。运用 CCTV、VTS、AIS、北斗等信息化监控手段，掌握船舶通航动态，实现动态实时调度组织，提升船舶过坝的效率。

3. 提高枢纽通航安全监管水平

实施船舶远程可视化监控，通过雷达、北斗、AIS、CCTV 等，有效掌握船舶航行、停泊、作业动态，提供助航和信息服务，及时纠正违章和危险行为。优化、整合通航安全监管资源，实现远程监控与现场监管的有机结合。建立危险品船舶、特殊任务船舶、重点急运物资船舶等重点船舶的专项保障机制，全程跟踪重点保障船舶，保障其过闸过程处于可控状态。通过安全监管，杜绝发生群死群伤、枢纽水域污染、船舶漂流撞坝等恶性事故。

4. 提高枢纽航道养护管理水平

建立航道养护管理体系，科学制定并严格落实养护计划，规范养护行为。利用信息技术，实现河床数据、航道尺度、水文数据、助航设施及历史演变资料等信息的自动化采集、分析、处理，建立数字化模型，深入开展电子航道图推广应用，为航道管养提供决策和分析依据。开展环保、节能航道养护装备研制，加强航道管理与养护技术创新，加大新材料、新能源、新光源的研究和推广应用力度，积极推动绿色航道发展。

12.4.3　通航支持保障

1. 提升枢纽通航科研及信息化水平

建立枢纽通航技术研发团队和科技创新平台，研究通航建筑物运行维护、通航调度指挥、通航安全监管、航道及配套设施保障、绿色通航与服务等方面的关键技术，解决技术难题，提高枢纽通航管理水平和保障能力。

加强现代信息技术在枢纽通航管理中的应用，实现高效的信息采集、传递、处理和反馈。深化信息系统在通航建筑物运行维护、通航调度指挥、通航安全监管、航道及配套设施保障、绿色通航与服务等方面的应用，实现数据共享、信息整合。建立完备的网络安全防护、风险监控与隐患排查、信息网络与系统运维保障、应急响应与处置等网络安全制度，落实网络安全技术防控措施，确保网络安全保障体系运转有效、责任落实，以及信息网络、系统、设备和关键技术的自主可控。

2. 强化基础设施及装备水平

紧密结合经济社会发展趋势，充分考虑航运发展前景，加强航道、船闸、升船机等通航设施规划与建设，适应通航需求发展并适度超前。航道标志等助航设施配布合理、技术先进。适应枢纽通航管理需要，合理配备工作船艇，做到数量适度、配置齐全、功能完善、技术先进，满足快速反应、巡航救助、航道养护和特种作业的需要。加强通航建筑物检修装备配置，配备快速检修设备，研制检修专用工装，适应快速检修的要求。通航建筑物巡视检查、状态检测、安全监测、维护检修等设备和工装齐全，能有效提高检修质量和效率，保障检修安全。

3. 加强应急处置能力建设

制订应急处置预案，适时开展应急演练，实行远程监管和现场应急处置的有效联动，提高应急处置水平，及时发现并处置险情。建立健全水上安全事故救助社会化协作机制，有效开展事故救助。强化设备故障管理，凝练设备运行故障排查处理方法，提高故障处置能力。运用信息技术手段，加强设备点检和保养的过程控制，实行精细化的设备设施维护保养。优化检修管理模式、施工组织方案、技术方案和检修工艺，大力推进新材料、新技术、新工艺的应用，提高检修效率和质量，控制安全风险。运用信息化手段，对人力资源、技术资源、备件材料和检修装备进行科学管理和合理调配，实现维修资源的快速组织与安排，达到快速检修的目的。

4. 提供有效的人力保障

加强通航管理人力资源规划，建设素质优良、结构合理的人才队伍，强化人才储备，人才总量满足枢纽通航管理事业发展需求，优化人才队伍年龄结构、学历结构、职称结构、技能等级结构，为枢纽通航现代化管理提供人才保障和智力支持。

12.4.4 绿色通航与服务

1. 提高通航供给水平

通过对通航设施有效的管、用、养、修和科学的通航调度组织指挥，提高船闸、升船机、锚地的利用效率，有效发挥通过能力，满足船舶过坝需求。

2. 提高通航绿色环保水平

坚持绿色发展理念，加强枢纽水域污染防控，建立健全船舶污染水域管控体系，配备必要的水域防污染设备，建立高效的水域防污染应急队伍，保障枢纽水域清洁。加强船舶污染排放控制，推进待闸船舶岸电使用，降低船舶对水域和大气的污染。通过船型研究、政策引领，促进标准化船型推广，提高船闸(升船机)通航和船舶运载效率。

3. 加强通航服务能力建设

坚持以人民为中心，实施政务公开、文明服务。通过信息技术手段，公开船舶过闸组织流程、申报信息、计划信息、计划调整等，接受社会监督。建立完善通航服务信息化手段，及时向船舶提供气象、水文，以及船闸(升船机)运行等信息服务，引导船方根据通航状况制定、调整生产计划。

参考文献

[1] 齐俊麟, 刘振嘉, 冉晓俊, 等. 三峡及葛洲坝船闸单向同步进出闸与导航靠船设施布置. 中国水运, 2019, (8): 16-19.

[2] 钮新强, 童迪, 宋维邦. 三峡工程双线五级船闸设计. 中国工程科学, 2011, (7): 70-72.

[3] 中华人民共和国交通运输部. 船闸总体设计规范. 北京: 人民交通出版社, 2001.

[4] 郑卫力. 推进三峡通航安全生产治理体系和治理能力现代化的思考. 中国水运, 2021, (10): 47-50.

[5] 齐俊麟. 依托信息化与诚信报告制度强化三峡船闸安全检查. 交通企业管理, 2016, 31(12): 62-64.

[6] 张保军, 郭红民. 安全监测在葛洲坝 1#船闸检修中的应用. 中国三峡建设, 2000, (7): 47-48.

[7] 曹正. 三峡人字门启闭机液压系统仿真及其爬行现象研究. 宜昌: 三峡大学, 2009.

[8] 皮雳. 三峡坝区待闸锚地完善工程锚泊方式的选取. 中国水运, 2019, (7): 102-103.

[9] 中华人民共和国交通运输部. 港口工程基本术语标准. 北京: 中国计划出版社, 1993.

[10] 交通部第一航务工程勘察设计院编. 海港工程设计手册(上). 北京: 人民交通出版社, 2001.

[11] 中华人民共和国交通运输部. 河港工程设计规范. 北京: 中国标准出版社, 1993.

[12] 中华人民共和国交通运输部. 海港总平面设计规范. 上海: 立信会计出版社, 1999.

[13] 中国工程建设标准化协会水运工程委员会. 港口设施技术标准 · 解说(修订版). 北京:中国工程建设标准化协会, 1988.

[14] 中华人民共和国交通运输部. 船闸设计规范 JTJ 261—266 试行. 北京: 人民交通出版社, 1987.

[15] 陈冬元. 三峡工程后续航运配套待闸锚地建设问题. 中国水运, 2012, (5): 43-44.

[16] 齐俊麟. 信息技术在三峡通航管理中的应用. 中国水运, 2015, (5): 28-29.

[17] 齐俊麟. 加强三峡通航技术研究, 促进航运高质量发展. 水运工程, 2020, (2): 1-5.

[18] 齐俊麟, 金锋. 枢纽通航现代化管理综合评价方法研究. 交通企业管理, 2015, (2): 48-49.